ATLAS
GEOGRÁFICO MUNDIAL
VERSÃO ESSENCIAL

AUTOR: **Dr. Stephen Scoffham**, Canterbury Christ Church University

CONSULTOR CHEFE: **Dr. David Lambert**, Geographical Association

CONSULTORES EDITORIAIS: **Paul Baker e Alan Parkinson**

O editor e o autor são gratos ao Dr. Chris Young e a outros colegas do Department of Geographical and Life Sciences, da Canterbury Christ Church University, pelo apoio e orientações.

ORGANIZADORES DA EDIÇÃO BRASILEIRA

ANTONIO JOSÉ TEIXEIRA GUERRA
– Pós-doutorado pela University of Oxford – PhD pela University of London
– Geógrafo pela UFRJ – Professor da Universidade Federal do Rio de Janeiro

HEINRICH HASENACK
– Geógrafo e licenciado em Geografia pela UFRGS – Mestre em Ecologia pela UFRGS
– Professor da Universidade Federal do Rio Grande do Sul e do Centro Universitário La Salle em Canoas (RS)

ADALBERTO SCORTEGAGNA
– Doutor em Ciências pela Unicamp – Mestre em Geociências pela Unicamp
– Geógrafo pela UFPR e Geólogo pela Unisinos – Coordenador de Geografia do CEP (Centro de Estudos e Pesquisas) da Associação Franciscana de Ensino Bom Jesus – Professor do Colégio Bom Jesus e FAE em Curitiba

Editora Fundamento

SUMÁRIO

UTILIZANDO MAPAS
Introdução 3
O Mundo 4-5

O MUNDO
Mapa político 6-7
Mapa físico 8-9
Clima 10-11
Mudanças climáticas 12-13
Desastres naturais 14-15
A vida na Terra 16-17
Ameaças ao meio ambiente 18-19
População 20-21
Globalização 22-23

EUROPA
Europa – Político 24
Europa – Físico 25
Europa vista do espaço 26-27
Norte da Europa 28-29
Europa Ocidental 30-31
Leste Europeu 32-33

ÁFRICA
África – Político 34
África – Físico 35
África vista do espaço 36-37
Norte da África 38-39
Sul da África 40-41

ÁSIA
Ásia – Político 42
Ásia – Físico 43
Ásia vista do espaço 44-45
Rússia e Ásia Central 46-47
Oeste da Ásia e Oriente Médio 48-49
Sul da Ásia 50-51
China e Mongólia 52-53
Coreia e Japão 54-55
Sudeste Asiático 56-57

OCEANIA
Oceania – Político 58
Oceania – Físico 59
Oceania vista do espaço 60-61
Austrália e Nova Zelândia 62-63

AMÉRICAS DO NORTE E CENTRAL
Américas do Norte e Central – Político 64
Américas do Norte e Central – Físico 65
Américas do Norte e Central vistas do espaço 66-67
Canadá e Groenlândia 68-69
Estados Unidos 70-71
México, América Central e Caribe 72-73

AMÉRICA DO SUL
América do Sul – Político 74
América do Sul – Físico 75
América do Sul vista do espaço 76-77
América do Sul 78-79

BRASIL
Político/Fusos horários 80-81
Físico/Perfis de relevo/Limites físicos 82-83
Relevo/Geologia/Tipos de solo 84-85
Solos/Bacias hidrográficas 86-87
Clima/Vegetação/Biomas 88-89
População/Crescimento vegetativo 90-91
IDH/Água potável e saneamento 92-93
PIB Municipal/AIDS, malária e hepatite 94-95
Usinas hidrelétricas/Termelétricas/
Energias alternativas 96-97
Gasodutos/Transporte 98-99
Mortalidade infantil/ Renda *per capita*/
Consumo de calorias 100-101
Setores da Economia 102
Regiões Metropolitanas 103-105
Região Norte Político/Físico 106-107
Região Nordeste Político/Físico 108-109
Região Sudeste Político/Físico 110-111
Região Sul Político/Físico 112-113
Região Centro-Oeste Político/Físico 114-115

POLOS
Antártica 116
Ártico 117

DESENVOLVIMENTO
Desenvolvimento mundial 118-119
Saúde 120-121
Riqueza 122
Comida 123
Educação 124-125
Meio Ambiente 126-127
Água 128-129

DADOS GEOGRÁFICOS
Europa 130
África 131
Ásia 132
Oceania 133
América 134
Brasil 135

ÍNDICE 136-144

INTRODUÇÃO

Um atlas é um livro de mapas. Este atlas, porém, não só indica onde os lugares ficam, como também analisa as mudanças que têm ocorrido em nosso planeta, convidando-nos a pensar sobre algumas das principais questões da atualidade. Vários textos, tabelas, diagramas, fotos e imagens de satélite apresentam informações que ajudarão você a desenvolver suas ideias.

Usando e elaborando mapas

Os mapas deste atlas pretendem mostrar o mundo da maneira mais clara e precisa possível. Ao selecionar as informações a serem apresentadas, as pessoas que elaboraram esses mapas seguiram uma série de regras.

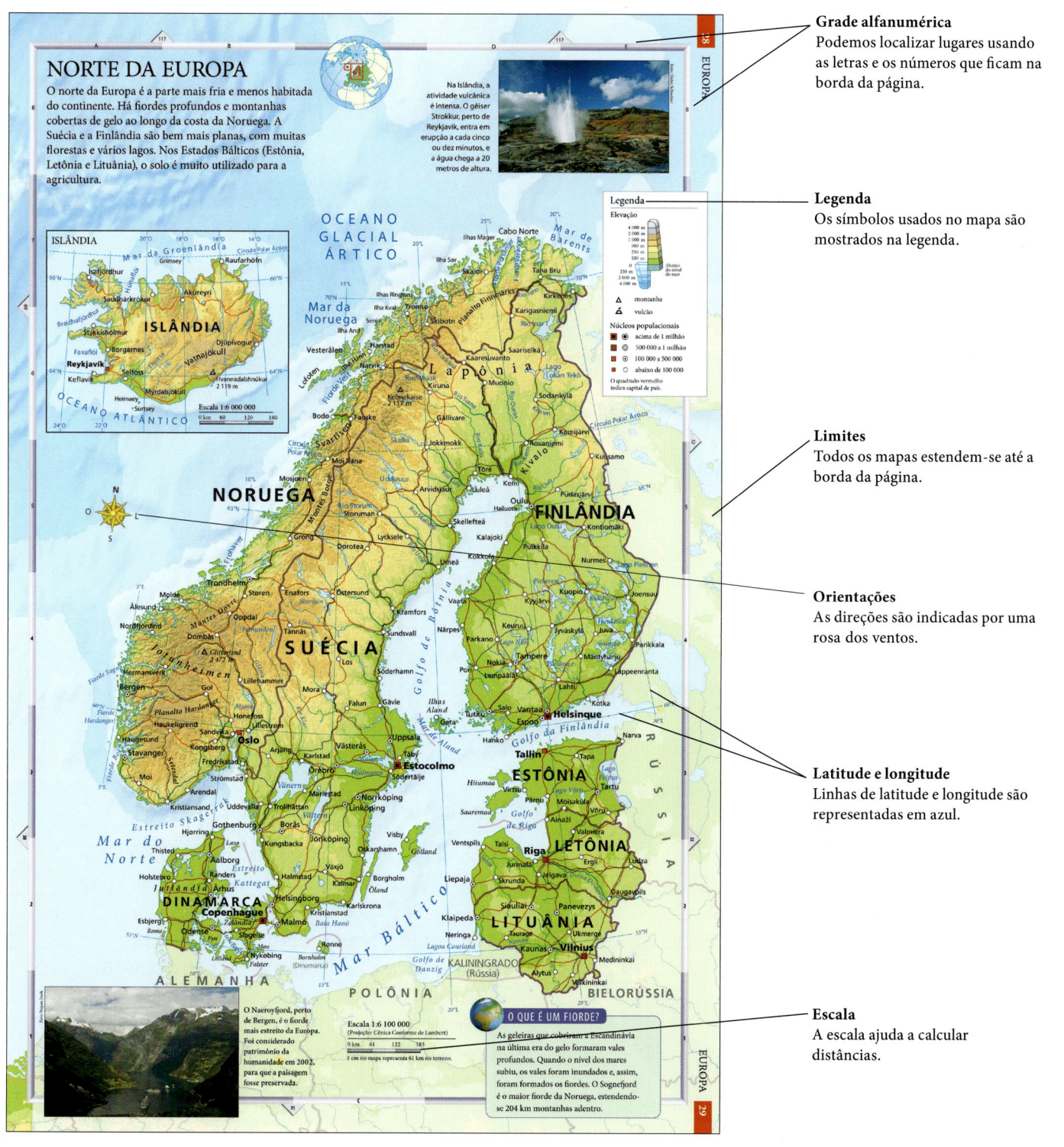

Grade alfanumérica
Podemos localizar lugares usando as letras e os números que ficam na borda da página.

Legenda
Os símbolos usados no mapa são mostrados na legenda.

Limites
Todos os mapas estendem-se até a borda da página.

Orientações
As direções são indicadas por uma rosa dos ventos.

Latitude e longitude
Linhas de latitude e longitude são representadas em azul.

Escala
A escala ajuda a calcular distâncias.

UTILIZANDO MAPAS

O MUNDO

Às vezes, precisamos saber a posição exata de um lugar na superfície da Terra. Há séculos, os gregos e os romanos desenvolveram uma estrutura de linhas imaginárias para resolver esse problema. Essa estrutura é a base para o sistema de latitude e longitude que usamos hoje em dia.

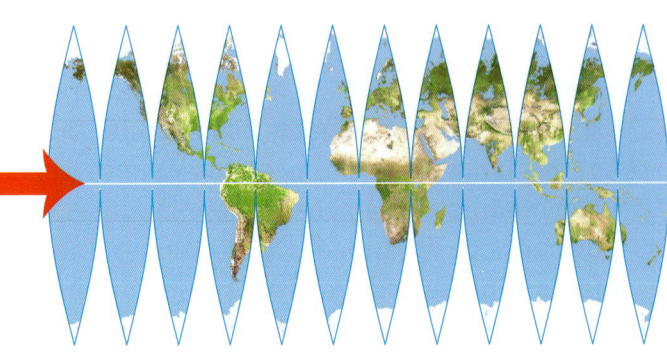

A única coisa que representa o mundo de maneira realmente precisa é um globo terrestre. Mapas planos sempre geram distorções, mas, por outro lado, apresentam a vantagem de mostrarem muito mais detalhes. A maioria dos mapas deste atlas usa a projeção Eckert IV, que provoca as menores distorções possíveis em termos de área e direções.

Latitude

Linhas de latitude circulam a Terra. Elas são paralelas umas às outras e estendem-se de leste a oeste. A mais famosa delas é a linha do Equador (0 grau). A latitude de qualquer lugar na superfície da Terra é o ângulo formado entre o lugar que você quer localizar, a linha do Equador e o centro da Terra. A latitude é medida em graus, ao norte ou ao sul da linha do Equador.

Londres fica 50 graus ao norte da linha do Equador.

O ângulo de inclinação do eixo terrestre é de aproximadamente 23 graus.

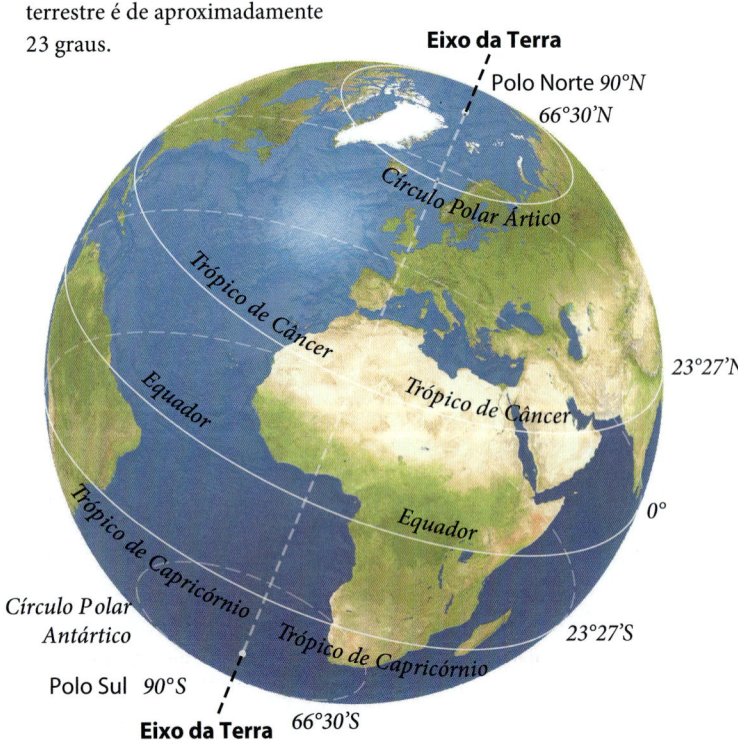

Linhas de latitude especiais

Por causa da inclinação do eixo da Terra, algumas linhas de latitude têm importância especial. Entre o trópico de Câncer e o trópico de Capricórnio, em algumas épocas do ano, os raios solares incidem perpendicularmente, ou seja, a pino. Na região do Círculo Polar Ártico e do Círculo Polar Antártico, o dia dura 24 horas no verão e a noite dura 24 horas no inverno.

UTILIZANDO MAPAS

Longitude

Linhas de longitude estendem-se de norte a sul, dividindo o mundo em segmentos verticais. As linhas são mais próximas umas das outras perto dos polos e mais separadas umas das outras perto da linha do Equador. A longitude de qualquer lugar é o ângulo formado entre o meridiano de Greenwich (0 grau), o eixo da Terra e o lugar que você quer localizar. A longitude é medida em graus a leste ou a oeste do meridiano de Greenwich, o qual, por convenção, passa por Greenwich, em Londres.

Tempo

Linhas de longitude são importantes porque podem ser usadas para medir a rotação da Terra, que é a base para a medida de tempo. Nos lugares que ficam a leste do meridiano de Greenwich, o Sol nasce mais cedo do que naqueles que ficam a oeste desse meridiano. O tempo muda exatamente uma hora a cada 15 graus de longitude. Isso explica por que países grandes são divididos em vários fusos horários e por que pessoas que fazem viagens de longas distâncias precisam ajustar os relógios.

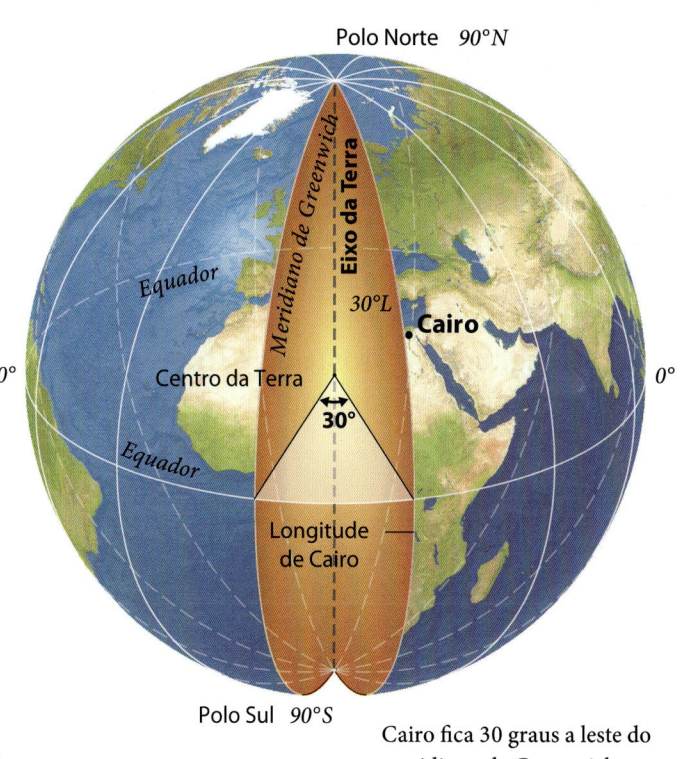

Cairo fica 30 graus a leste do meridiano de Greenwich.

Fusos horários internacionais

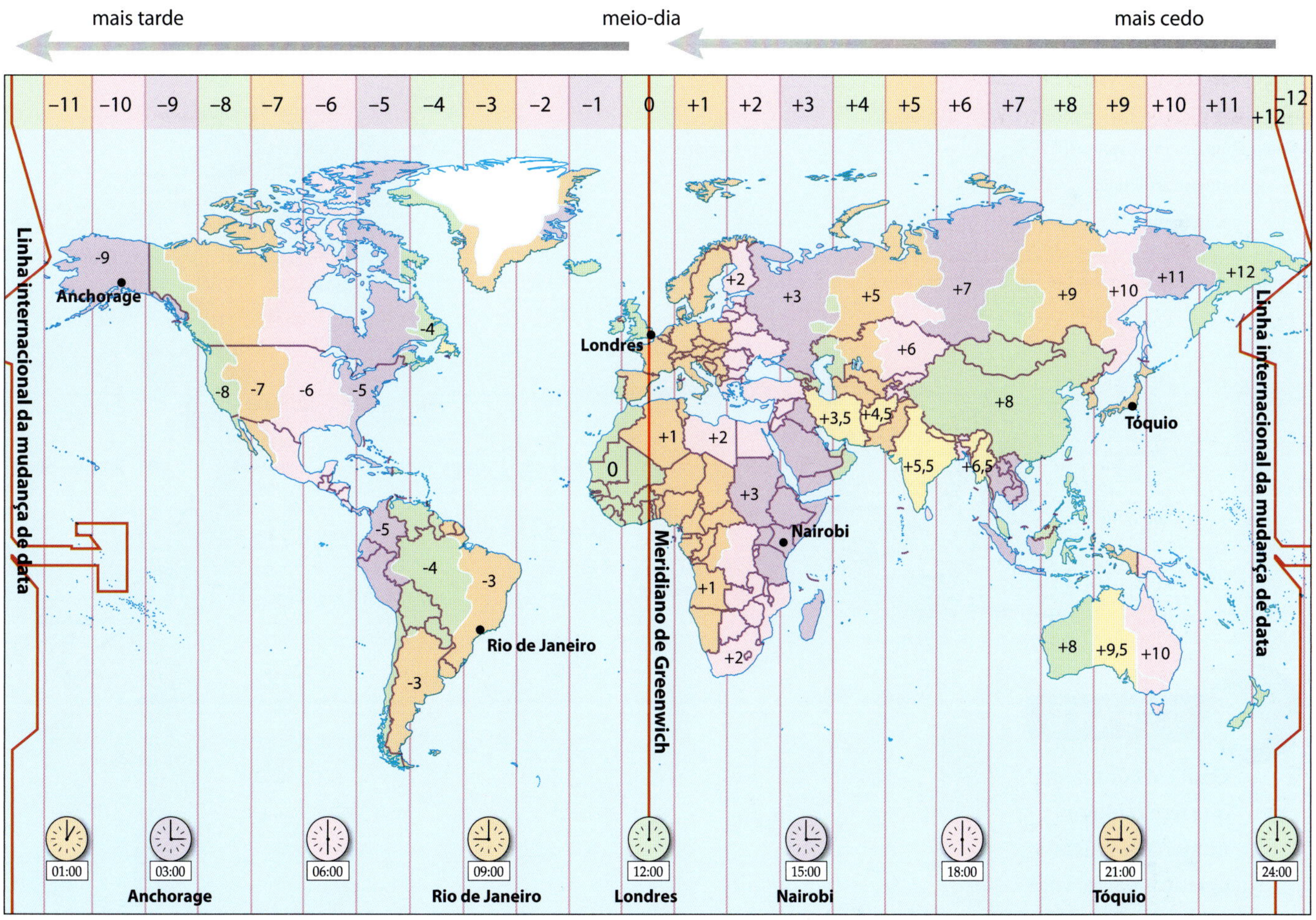

Este mapa mostra as diferenças de horário entre várias cidades do mundo. Na linha internacional da mudança de data, a diferença é de um dia inteiro.

O MUNDO

MAPA POLÍTICO

Este tipo de mapa é chamado de mapa político porque mostra todos os países. Atualmente, existem cerca de 200 países no mundo, mas esse número muda cada vez que surgem novas fronteiras. Algumas fronteiras são delimitadas por aspectos naturais, como rios ou cadeias montanhosas. Outras são longas e retas, pois seguem linhas de latitude ou de longitude. As fronteiras entre países geralmente representam mudanças culturais e de idioma.

O que é um país?

Todos os países têm uma cidade que é a sua capital, bem como uma bandeira e símbolos que representam sua identidade. Os países do mundo têm os mais variados tamanhos, desde pequenas ilhas, como o Sri Lanka, até enormes territórios, como o Canadá e a Rússia.

Escala no Equador 1:108 000 000
(Projeção: Eckert IV)

0 km   1 080   2 160   3 240

1 cm no mapa representa 1 080 km no terreno.

Legenda

Fronteiras

—— fronteira internacional
----- fronteira em litígio
—— fronteira marítima

Número de países

- 1950: 82 países
- 2005: 193 países

A partir de 1950, o fim dos impérios coloniais causou um enorme aumento no número de países.

DEBATE

Qual é o continente que tem o maior número de países? Quantos países você acha que vão existir daqui a cinquenta anos?

O MUNDO

O MUNDO

MAPA FÍSICO

Quase dois terços da superfície da Terra são cobertos por mares e oceanos. O outro terço é formado por ilhas e grandes blocos de terra, chamados de continentes.

O que provoca as mudanças na superfície da Terra?

Algumas partes do nosso planeta estão sofrendo elevações, que formam cadeias de montanhas pontiagudas. Outras áreas estão sendo desgastadas pela ação de rios, do gelo e do mar. A combinação desses fenômenos causa constantes mudanças na superfície da Terra.

Cartograma dos continentes

- EUROPA — 13 000 000 km²
- ÁSIA — 44 000 000 km²
- AMÉRICA DO NORTE E CENTRAL — 24 500 000 km²
- ÁFRICA — 30 000 000 km²
- AMÉRICA DO SUL — 18 000 000 km²
- OCEANIA — 9 000 000 km²
- ANTÁRTICA — 14 000 000 km²

Legenda: 1 milhão de quilômetros quadrados

Em vez de mostrar a forma exata dos continentes, esse mapa mostra a área de cada um deles.

Legenda

Elevação
- 4 000 m
- 2 000 m
- 1 000 m
- 500 m
- 250 m
- 100 m
- 0
- 250 m
- 2 000 m
- 4 000 m
- abaixo do nível do mar

△ montanha
▽ depressão

DEBATE

Qual é a montanha mais alta de cada continente?

Qual é o seu tipo preferido de paisagem?

O MUNDO

CLIMA

O clima varia bastante em toda a superfície da Terra. A chuva e a temperatura combinam-se de diversas maneiras de acordo com as estações do ano. As condições climáticas que afetam uma determinada região durante um número específico de anos determinam o clima dessa região.

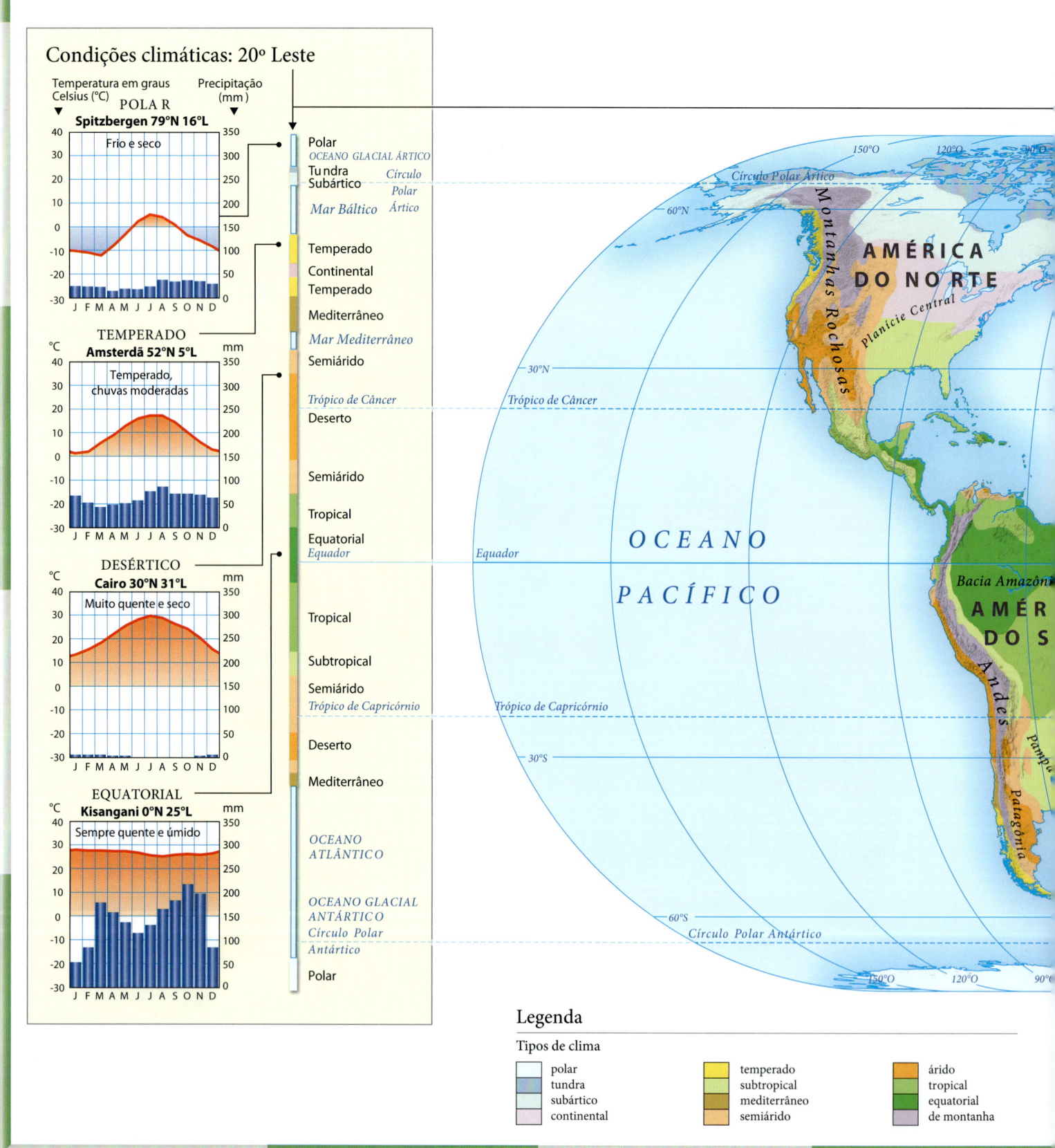

Legenda
Tipos de clima
- polar
- tundra
- subártico
- continental
- temperado
- subtropical
- mediterrâneo
- semiárido
- árido
- tropical
- equatorial
- de montanha

O MUNDO

Por que existem diferentes tipos de clima?

O clima da Terra é regulado pela energia que recebe do Sol. Geralmente, os lugares mais quentes ficam mais perto da linha do Equador, onde os raios do Sol atingem a Terra mais perpendicularmente. Já os lugares mais frios ficam nas regiões polares, onde os raios do Sol atingem a Terra mais obliquamente. Os ventos e as correntes marinhas contribuem com a distribuição da energia solar, influenciando na formação dos diferentes climas.

Escala na Linha do Equador 1:121 500 000
(Projeção: Eckert IV)

0 km   1 215   2 430   3 645

1 cm no mapa representa 1 215 km no terreno.

— Condições climáticas: 20° Leste

DEBATE

Que outros lugares têm o mesmo tipo de clima que o Brasil?

Qual é o seu tipo de clima preferido?

MUDANÇAS CLIMÁTICAS

O clima do nosso planeta está em constante mudança. Muitas plantas, geleiras, rochas e tipos de solo nos fornecem provas disso. No passado, em diferentes épocas, a Terra já foi bem mais quente e bem mais fria do que é hoje. Mudanças climáticas podem acontecer aos poucos, ao longo de milhares de anos, ou rapidamente, em apenas algumas décadas.

O que é aquecimento global?

Hoje em dia, os cientistas têm certeza de que a Terra está ficando mais quente. Diversos cientistas detectaram, na atmosfera, um aumento na quantidade de dióxido de carbono e de outros gases que retêm o calor do Sol. Alguns países consideram o aquecimento global um sério problema. Esses países assinaram o Protocolo de Kyoto, que tem como objetivo estabilizar e reduzir os níveis de poluição do ar.

Os impactos do aquecimento global

É impossível prever exatamente a velocidade com que as temperaturas irão subir e como o aquecimento global irá nos afetar. O mapa e os quadros abaixo mostram algumas das possibilidades.

Gases estufa

Níveis de dióxido de carbono (partes por milhão)

O dióxido de carbono é um dos principais causadores do aquecimento global. A quantidade desse gás na atmosfera tem aumentado desde a Revolução Industrial, em 1850, e a previsão é de que continuará aumentando.

Nível dos oceanos

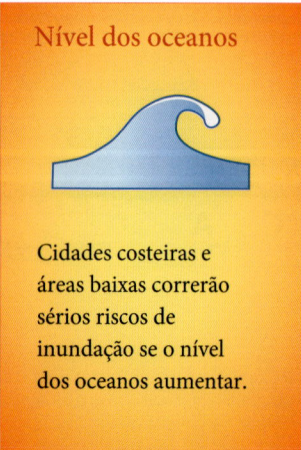

Cidades costeiras e áreas baixas correrão sérios riscos de inundação se o nível dos oceanos aumentar.

Tempestades tropicais

Tempestades tropicais intensas irão prejudicar plantações e construções.

Agricultura

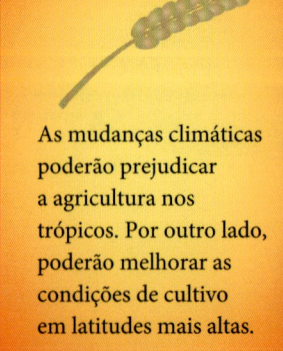

As mudanças climáticas poderão prejudicar a agricultura nos trópicos. Por outro lado, poderão melhorar as condições de cultivo em latitudes mais altas.

O aquecimento global é a maior ameaça que a humanidade já teve de enfrentar.

Lord May, cientista britânico

Escala na Linha do Equador 1:121 500 000
(Projeção: Eckert IV)

0 km 1 215 2 430 3 645

1 cm no mapa representa 1 215 km no terreno.

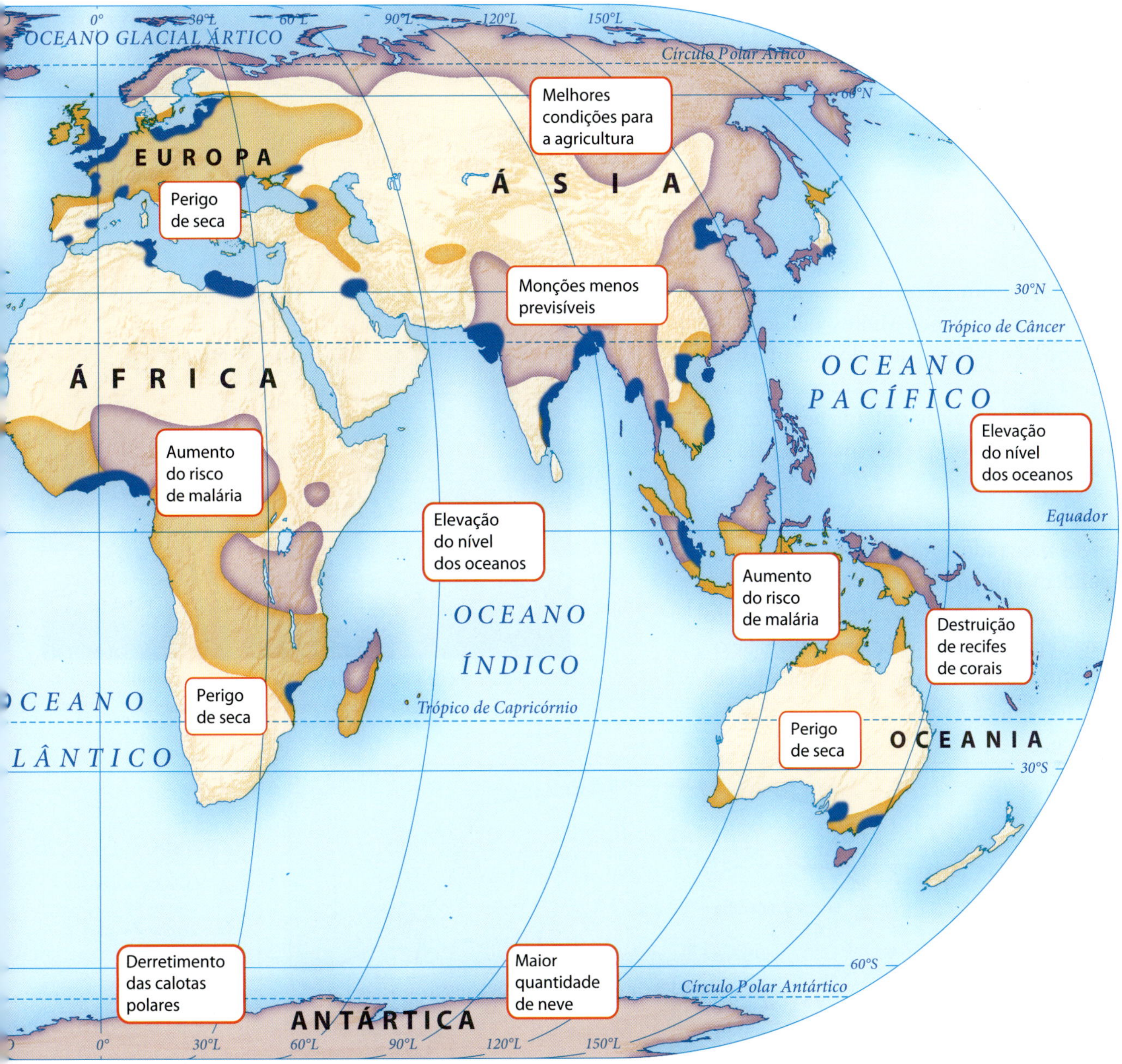

OCEANO GLACIAL ÁRTICO
Círculo Polar Ártico
EUROPA
ÁSIA
ÁFRICA
OCEANO PACÍFICO
OCEANO ÍNDICO
OCEANO ATLÂNTICO
OCEANIA
ANTÁRTICA
Trópico de Câncer
Equador
Trópico de Capricórnio
Círculo Polar Antártico
0°
30°L
60°L
90°L
120°L
150°L
60°N
30°N
30°S
60°S
Melhores condições para a agricultura
Perigo de seca
Monções menos previsíveis
Aumento do risco de malária
Elevação do nível dos oceanos
Elevação do nível dos oceanos
Aumento do risco de malária
Destruição de recifes de corais
Perigo de seca
Perigo de seca
Derretimento das calotas polares
Maior quantidade de neve

Plantas e animais

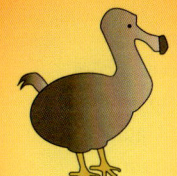

Espécies de plantas e animais poderão extinguir-se, pois não conseguirão migrar nem se adaptar às novas condições.

Água potável

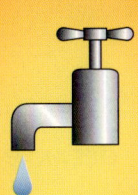

A escassez de água potável em algumas áreas poderá causar novas guerras e conflitos.

Doenças

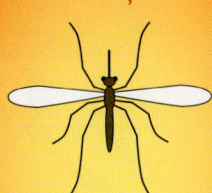

O aumento das temperaturas poderá fazer com que a malária e outras doenças típicas de climas tropicais se espalhem para outras regiões.

DEBATE

Quanto os níveis de dióxido de carbono aumentaram desde 1700?

Na sua opinião, que países e regiões sofrerão mais com o aquecimento global? Que áreas poderão ser beneficiadas?

DESASTRES NATURAIS

Às vezes, a superfície da Terra sofre mudanças violentas e inesperadas. São os chamados desastres naturais. Dentre os desastres, estão as secas, as enchentes, os terremotos e as erupções vulcânicas. À medida que a população do planeta cresce, o número de mortes e danos provocados por esses fenômenos também aumenta. Entretanto, melhores sistemas de comunicação têm ajudado as pessoas a prevenirem-se.

Vulcões

As rochas derretidas das profundezas da Terra irrompem para a superfície através dos vulcões. Muitos vulcões são inofensivos. Outros, entretanto, quando entram em erupção, são capazes de devastar enormes áreas com sua força tremenda. Além da destruição causada pela lava, os vulcões liberam gases venenosos que se espalham pelo ar.

Terremotos

Terremotos acontecem quando as diferentes placas da crosta terrestre colidem, sobrepõem-se umas às outras ou se afastam. Geralmente, quando o epicentro do terremoto fica próximo a uma cidade, muitas pessoas morrem. Se o terremoto provoca um tsunami, as destruições podem ser ainda maiores.

Essa sequência de fotos mostra o que aconteceu quando o monte Santa Helena entrou em erupção, em maio de 1980.

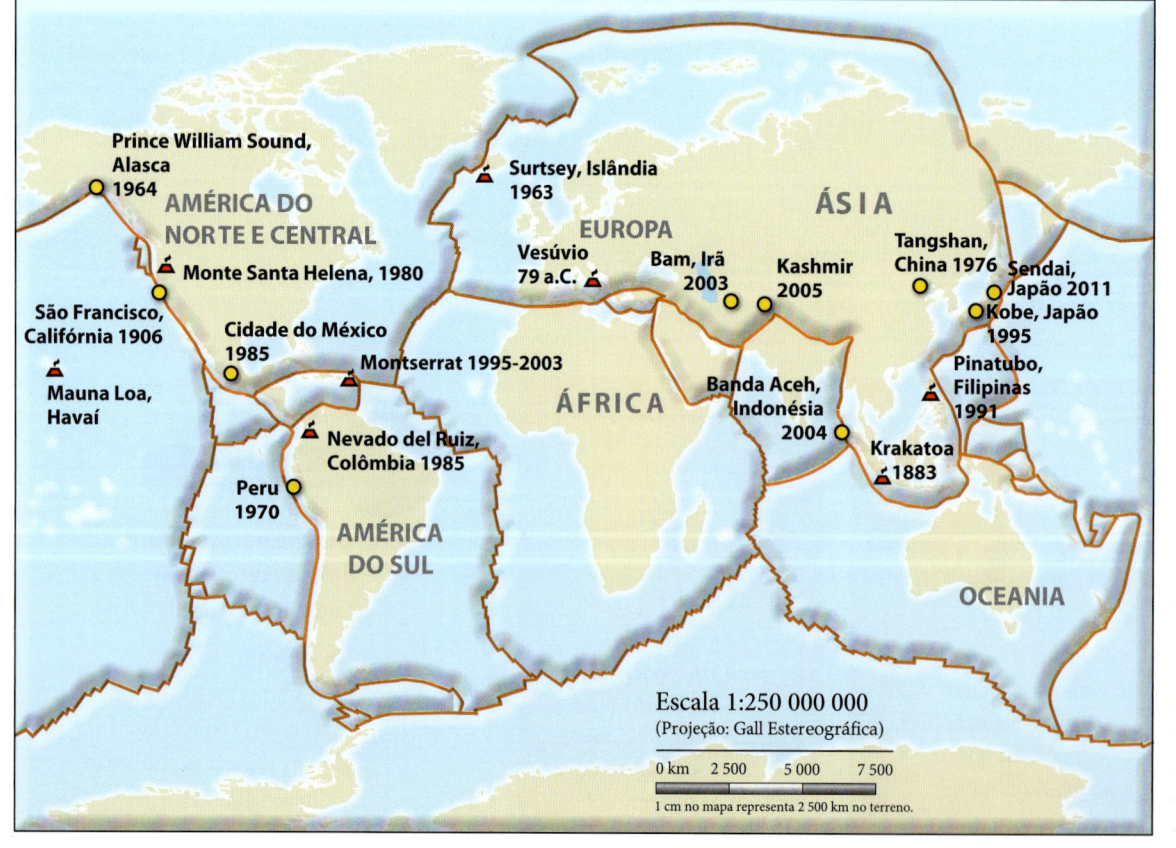

A maioria dos terremotos e vulcões ocorre perto de limites de placas. Alguns vulcões entram em erupção continuamente, e há centenas de pequenos terremotos todos os dias. O mapa ao lado mostra alguns dos eventos mais conhecidos.

O MUNDO

Tempestades tropicais

Nos trópicos, em certas épocas do ano, o calor do mar provoca grandes tempestades. Ventos arrasadores e chuvas torrenciais chegam a destruir bairros e até mesmo pequenas cidades inteiras. Muitas pessoas morrem devido ao desabamento de suas casas.

Secas

Longos períodos sem chuva são chamados de períodos de seca. Nessas épocas, árvores e plantas morrem por falta de água, e pessoas e animais lutam para conseguir o que beber. Algumas vezes, o deserto avança sobre as áreas secas, causando ainda mais prejuízos.

Enchentes

Enchentes podem ser causadas por chuvas fortes, ondas gigantes e terremotos. Quando é possível alertar as pessoas com antecedência, muitas vezes elas conseguem escapar. No entanto, não há como salvar casas e plantações.

A rota das tempestades tropicais

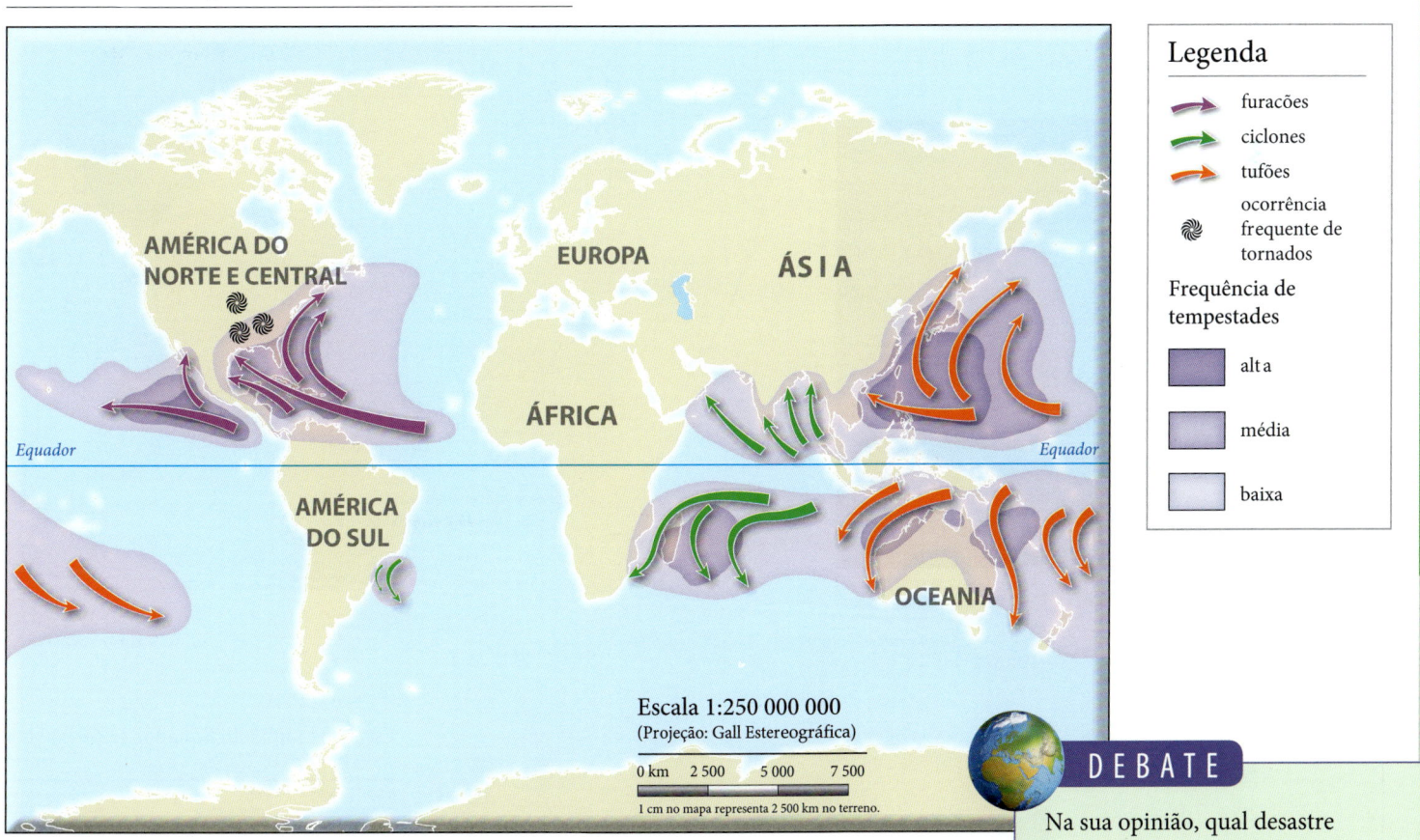

A maioria das tempestades tropicais ocorre no Hemisfério Norte. À medida que elas se afastam da linha do Equador, sua direção é alterada pela rotação do planeta. Quando atingem um pedaço de terra ou águas mais frias, as tempestades perdem intensidade e se desfazem.

DEBATE

Na sua opinião, qual desastre natural é o pior de todos?

Por que desastres naturais parecidos causam diferentes tipos de prejuízo?

O MUNDO

A VIDA NA TERRA

As diferentes regiões do nosso planeta têm combinações únicas de clima, vegetação e paisagem. Essas combinações são chamadas de biomas. Alguns deles, como as florestas tropicais, possuem uma variedade enorme de plantas e outros seres vivos. Biomas como as pradarias e as florestas caducifólias têm sido bastante alterados pela ação do homem.

Além de serem extremamente bonitos, os recifes de corais são o hábitat de um grande número de plantas e outros seres vivos.

Deserto quente

Deserto do Saara, Líbia, norte da África.

Legenda
Biomas do mundo
- polar
- tundra
- floresta de coníferas
- floresta temperada decidual
- pradarias
- mediterrâneo
- savanas
- floresta tropical
- deserto quente
- deserto frio
- montanha

Região polar

Geleiras e icebergs, oceano Ártico.

Tundra

Leste da Sibéria, Rússia.

Escala na Linha do Equador 1:150 000 000
(Projeção: Eckert IV)

0 km   1 500   3 000   4 500

1 cm no mapa representa 1 500 km no terreno.

O MUNDO

No mundo todo, recifes de corais estão morrendo por causa da poluição, do turismo, das mudanças climáticas e dos danos causados pela pesca.

Espécies-símbolos de conservação

Os cientistas acreditam que metade das espécies de plantas e animais poderá extinguir-se nos próximos cinquenta anos. Grupos conservacionistas promovem campanhas em que dão especial atenção a algumas espécies, consideradas símbolos de conservação. Tais espécies, além de estarem correndo risco de extinção, representam proteção para outras formas de vida selvagem.

Algumas espécies-símbolos de conservação:

- pandas
- tigres
- baleias e golfinhos
- rinocerontes
- elefantes
- tartarugas
- macacos

EM RISCO

Floresta caducifólia

Burnham Beeches, Buckinghamshire, Reino Unido.

Floresta tropical

Rancho Grande, Venezuela, América do Sul.

Savana

Parque Nacional Tarangire, Tanzânia, leste da África.

DEBATE

Que outras partes do mundo têm bioma igual ao do Brasil?

A ação do homem pode ajudar a melhorar um bioma?

AMEAÇAS AO MEIO AMBIENTE

A exploração dos recursos naturais da Terra tem causado graves danos ao meio ambiente. Tais recursos são utilizados na indústria, na agricultura e em atividades de lazer. Os níveis de poluição estão cada vez mais altos, e diversas espécies de plantas e animais já foram extintas.

Florestas ameaçadas de extinção

No mundo todo, as florestas estão diminuindo por causa da extração de madeira e da derrubada de árvores para a criação de pastos. Na Europa, as florestas temperadas foram devastadas séculos atrás. Hoje em dia, as florestas tropicais, que abrigam inúmeras espécies de plantas e outros seres vivos, são as mais ameaçadas.

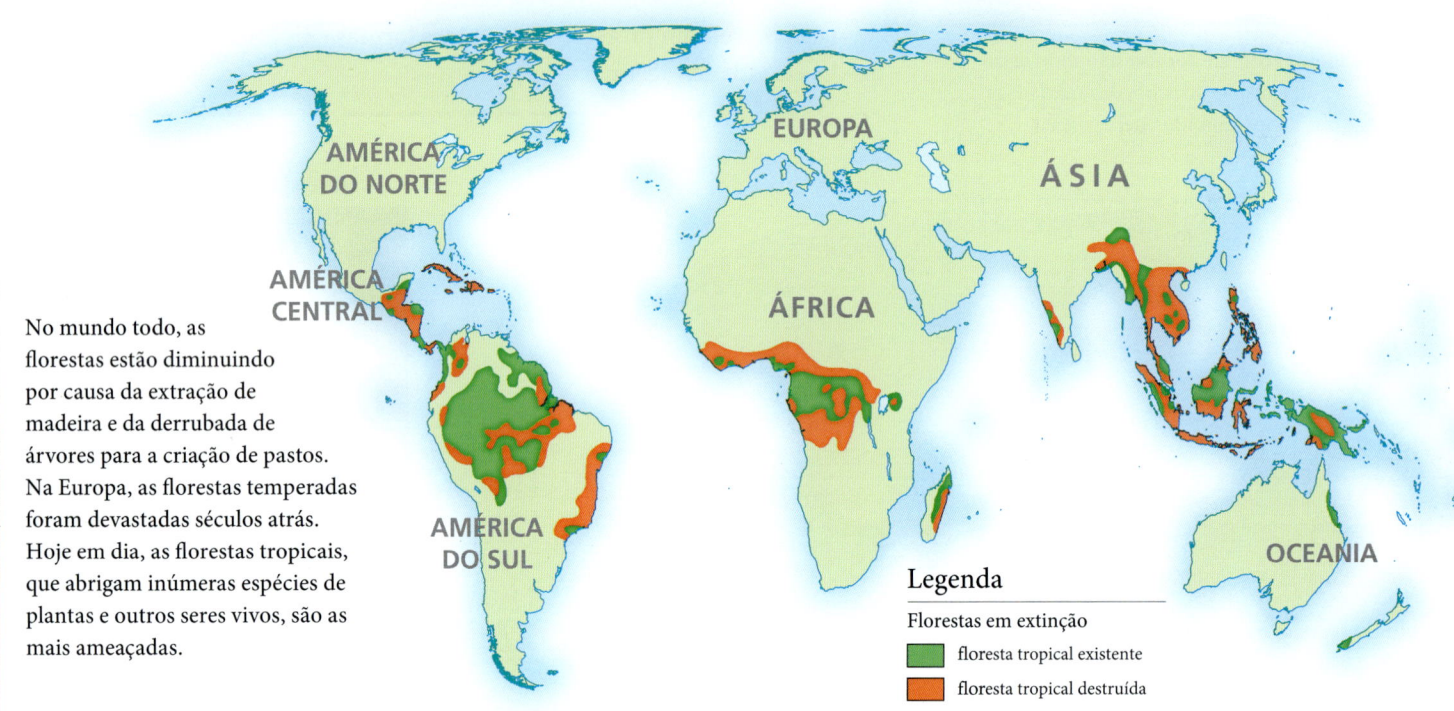

Legenda

Florestas em extinção

- floresta tropical existente
- floresta tropical destruída

Desertificação

A exploração cada vez maior do solo em regiões secas tem transformado essas regiões em desertos. Mudanças climáticas, assim como a criação de muitas áreas para pasto e a derrubada de madeira para ser usada como lenha, estão tornando o problema ainda mais grave.

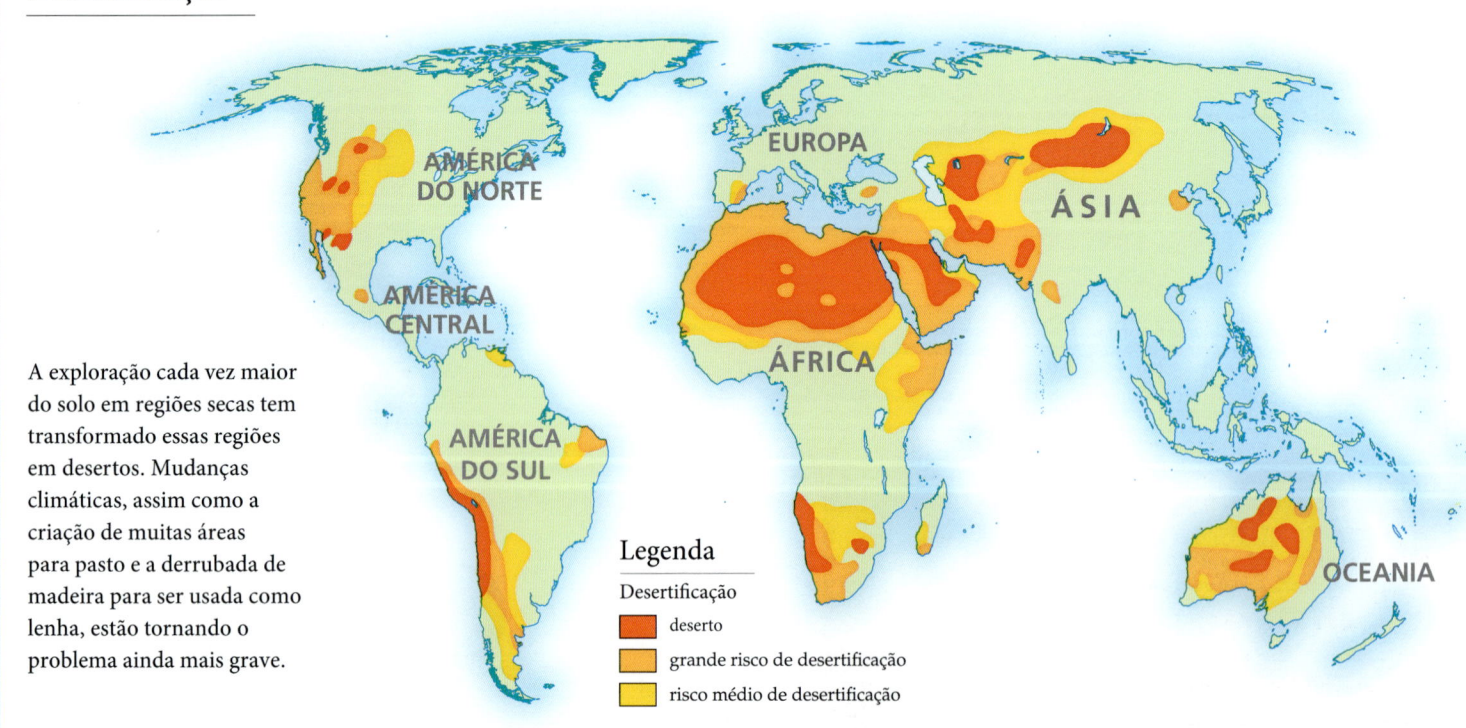

Legenda

Desertificação

- deserto
- grande risco de desertificação
- risco médio de desertificação

O MUNDO

Poluição da água

Rios, mares e oceanos sofrem bastante com a poluição. Algumas regiões litorâneas estão sendo destruídas pelo lixo proveniente de fábricas, fazendas e cidades. A poluição causada pelo óleo também é um problema, especialmente nas principais rotas de navios.

Legenda
Poluição da água
- bastante poluída
- pouco poluída
- óleo de navios

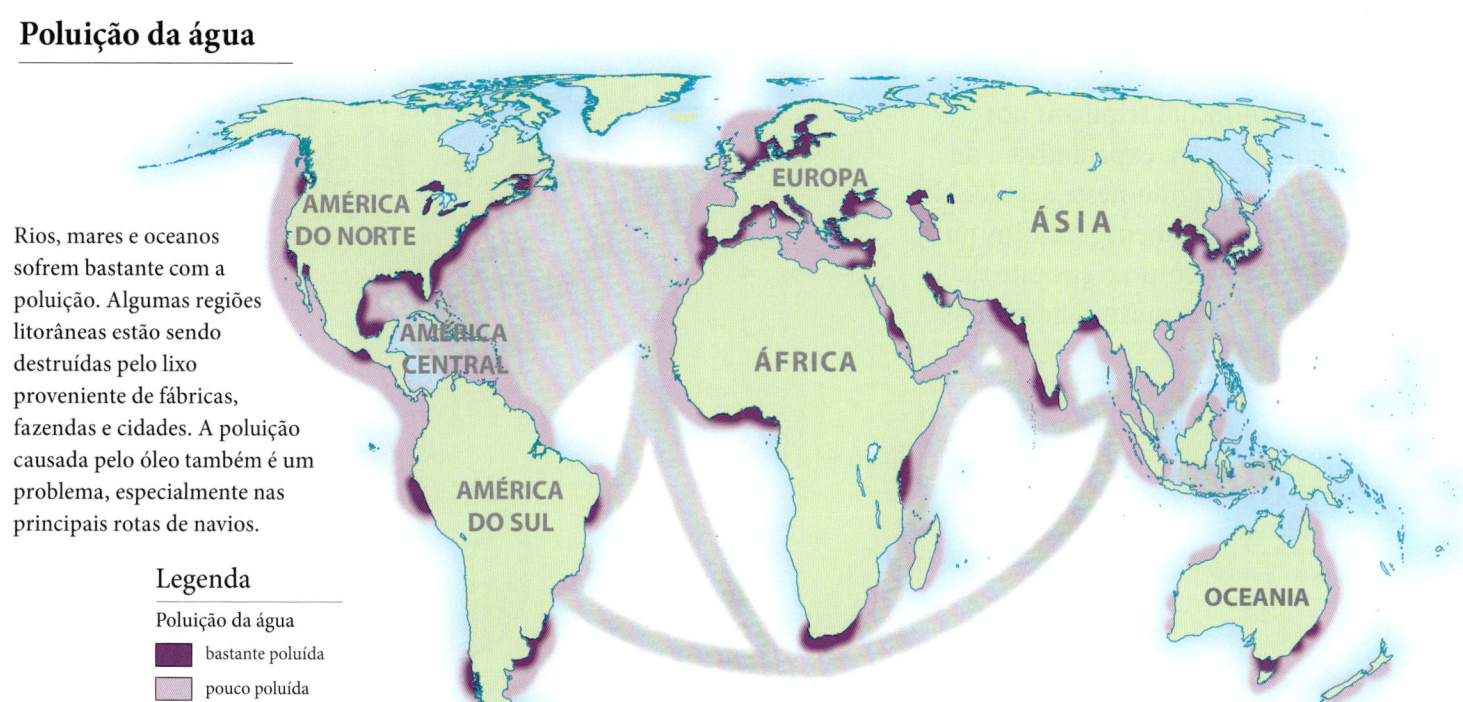

Poluição do ar

A chuva ácida é causada pelo enxofre e pelo nitrogênio provenientes da queima de carvão, óleo e gás. O ácido pode matar árvores e plantas, bem como peixes em rios e lagos.

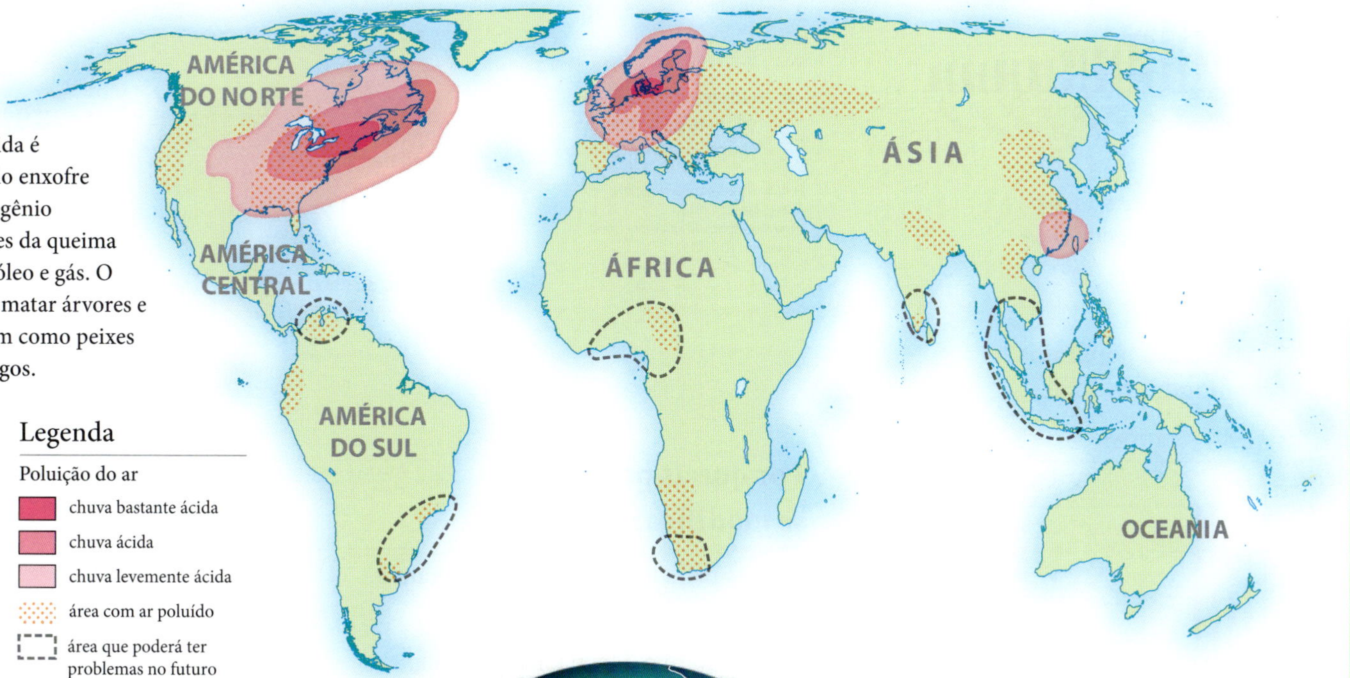

Legenda
Poluição do ar
- chuva bastante ácida
- chuva ácida
- chuva levemente ácida
- área com ar poluído
- área que poderá ter problemas no futuro

Buracos na camada de ozônio

Nas regiões polares, a camada de ozônio nas partes mais altas da atmosfera foi prejudicada por gases conhecidos como CFCs. Esses gases estavam presentes em espumas, refrigeradores e embalagens do tipo aerossol. Embora os CFCs não sejam mais usados hoje em dia, os buracos na camada de ozônio podem levar até cem anos para fechar-se.

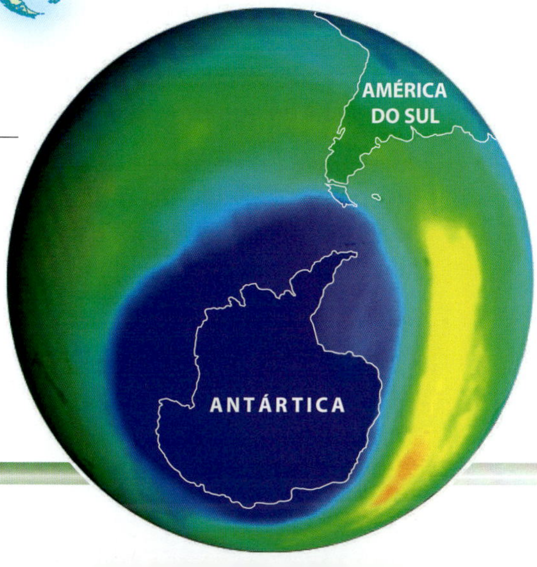

DEBATE

De acordo com os mapas, qual é a principal ameaça a cada continente?

Como você pode ajudar a diminuir essas ameaças ao nosso planeta?

POPULAÇÃO

A população mundial triplicou nos últimos cem anos, e a expectativa é de que continue crescendo neste século. No entanto, a taxa de aumento irá diminuir, e algumas regiões, como o sudeste da Europa, poderão até mesmo ficar mais vazias.

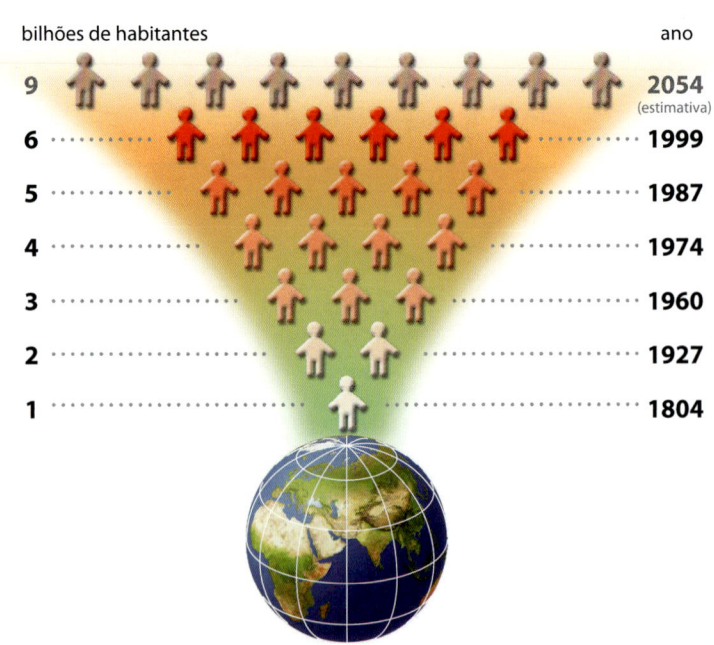

Países mais populosos do mundo em 2010

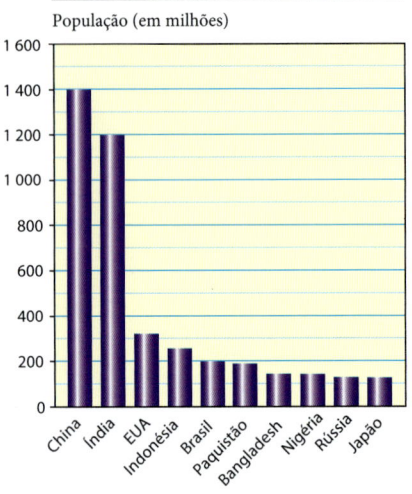

Atualmente, sete dos dez países mais populosos do mundo ficam na Ásia.

Países mais populosos do mundo em 2050

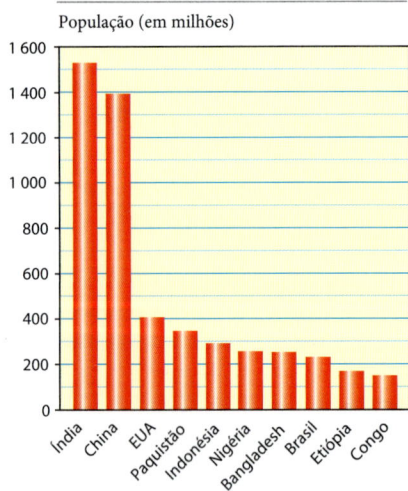

Por volta de 2050, a população dos países do sul da Ásia e de partes da África Central terá crescido consideravelmente.

Legenda

Densidade populacional (habitantes por km²)

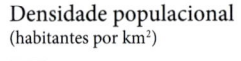

- mais de 200
- 100 a 200
- 50 a 100
- 10 a 50
- 1 a 10
- menos de 1

● cidades com mais de 10 milhões de habitantes (população em milhões)

Fontes: www.nationsonline.org
Acesso em set./2014.
www.worldpopulationreview.com
Acesso em set./2014.

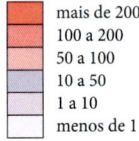

Por que as populações se modificam?

Os três principais fatores que afetam a população de um país são:

- **Expectativa de vida:** hoje em dia, uma alimentação melhor e cuidados com a saúde permitem às pessoas viver mais do que antigamente.

- **Tamanho das famílias:** à medida que as condições de vida melhoram, muitas pessoas têm preferido formar famílias menores.

- **Migração:** algumas pessoas decidem mudar-se para outros países, enquanto outras chegam de países estrangeiros.

O MUNDO

Cartograma populacional

Este cartograma mostra os países de acordo com suas populações. Esse tipo de mapa nos permite comparar o número de habitantes dos países, sem considerarmos o tamanho de cada um deles.

Legenda

Área do país proporcional à sua população

- 1 milhão de habitantes

Fonte: www.worldpopulationreview.com
www.countrymeters.info

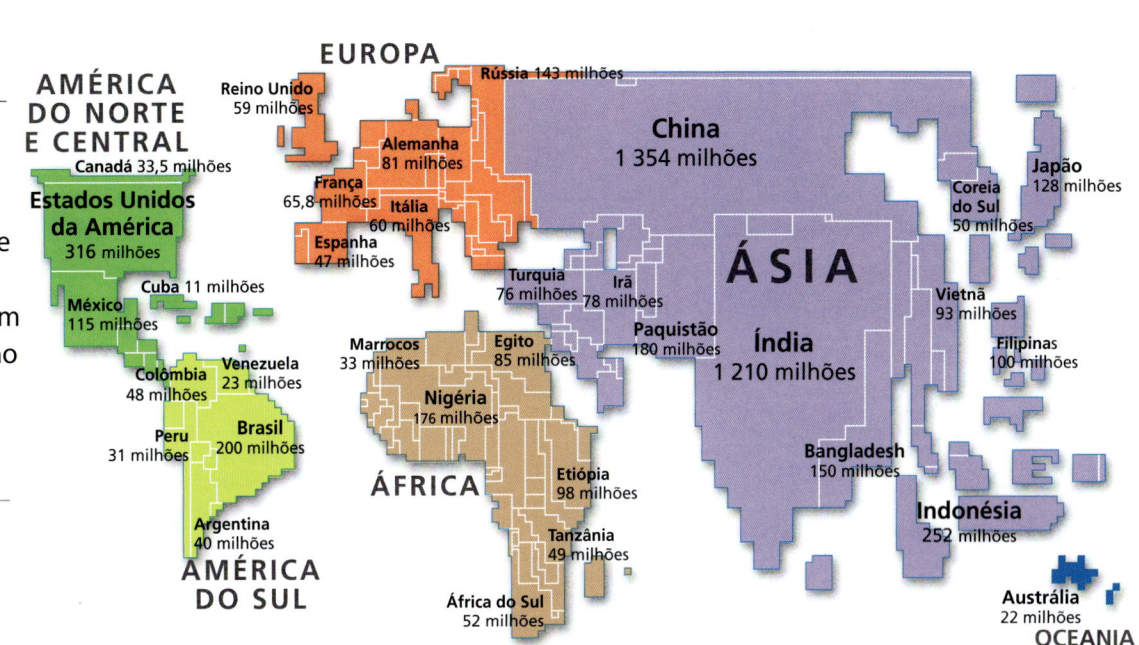

AMÉRICA DO NORTE E CENTRAL
- Canadá 33,5 milhões
- Estados Unidos da América 316 milhões
- Cuba 11 milhões
- México 115 milhões

AMÉRICA DO SUL
- Colômbia 48 milhões
- Venezuela 23 milhões
- Peru 31 milhões
- Brasil 200 milhões
- Argentina 40 milhões

EUROPA
- Reino Unido 59 milhões
- Alemanha 81 milhões
- França 65,8 milhões
- Itália 60 milhões
- Espanha 47 milhões
- Rússia 143 milhões

ÁFRICA
- Marrocos 33 milhões
- Egito 85 milhões
- Nigéria 176 milhões
- Etiópia 98 milhões
- Tanzânia 49 milhões
- África do Sul 52 milhões

ÁSIA
- Turquia 76 milhões
- Irã 78 milhões
- Paquistão 180 milhões
- Índia 1 210 milhões
- China 1 354 milhões
- Japão 128 milhões
- Coreia do Sul 50 milhões
- Vietnã 93 milhões
- Filipinas 100 milhões
- Bangladesh 150 milhões
- Indonésia 252 milhões

OCEANIA
- Austrália 22 milhões

Principais cidades

- Londres 12 milhões
- Moscou 11,5 milhões
- Istambul 13 milhões
- Teerã 14 milhões
- Cairo 15 milhões
- Karachi 21 milhões
- Délhi 16,5 milhões
- Dacca 17 milhões
- Mumbai 18,5 milhões
- Calcutá 14 milhões
- Seul 26 milhões
- Pequim 21 milhões
- Xangai 24 milhões
- Tóquio 37 milhões
- Osaka 17 milhões
- Shenzhen 10 milhões
- Manila 12 milhões
- Lagos 21 milhões
- Jacarta 10 milhões

Escala na Linha do Equador 1:100 000 000
(Projeção: Eckert IV)

0 km 1 000 2 000 3 000

1 cm no mapa representa 1 000 km no terreno.

DEBATE

Sem considerar a Antártica, quais são os dois continentes que têm as menores populações?

Como o aumento ou a diminuição da população de um país pode afetar esse país?

GLOBALIZAÇÃO

As diversas regiões do planeta estão ligadas por uma rede internacional de comércio e comunicações. Isso significa que muitas das coisas que usamos ou que estão à venda nas lojas foram importadas de outros países. Ao longo das últimas décadas, houve um grande aumento na troca de bens, serviços e tecnologia entre as várias partes do mundo. Esse processo é conhecido como globalização.

Café da manhã mundial

As pessoas realizam trocas de objetos e alimentos há milhares de anos. Entretanto, desde o século XVI e a viagem de Cristóvão Colombo pelo Atlântico, produtos, como açúcar, algodão, café e chá, têm sido cultivados em grandes plantações. Hoje em dia, quase todos os produtores estão ligados a um sistema de agricultura mundial.

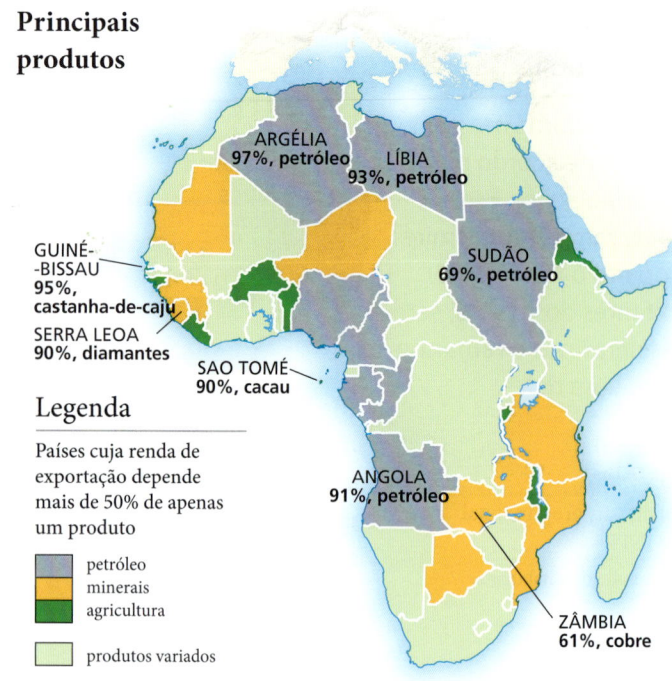

Principais produtos

Legenda

Países cuja renda de exportação depende mais de 50% de apenas um produto
- petróleo
- minerais
- agricultura
- produtos variados

Fonte: Europa World Year Book.

Em muitos países africanos, mais da metade da renda de exportações vem de apenas um produto (petróleo ou minérios, por exemplo). Isso os torna bastante vulneráveis à variação de preços e a acontecimentos inesperados.

1. **Milho (flocos de milho)** — Estados Unidos
2. **Cana-de-açúcar** — Jamaica
3. **Café** — Brasil
4. **Leite** — Reino Unido
5. **Laranjas para compota** — Espanha
6. **Chá** — Sri Lanka
7. **Farinha (pão)** — Austrália
8. **Manteiga** — Nova Zelândia

Fotos: Milho – Monica Adamczyk; Açúcar – Maria Brzostowska; Xícara de Café – Thomas Weißenfels; Leite – Ljupco Smokovski; Laranjas para compota – Djembejambo; Chá – Renate Micallef; Pão – Robert Milek; Manteiga – Pasq.

Por que a globalização aconteceu?

A globalização permite que grandes empresas aproveitem, a um custo baixo, recursos e mão de obra dos países menos desenvolvidos economicamente. Também permite às pessoas comer frutas e hortaliças fora de época. A expansão das viagens aéreas e o desenvolvimento da internet facilitaram mais do que nunca as comunicações entre as mais distantes partes do planeta.

Computador mundial

Computadores são fabricados com diversos componentes. O mapa abaixo apresenta informações sobre uma grande empresa dos Estados Unidos. Os computadores que ela vende são formados por componentes que vêm de diversas partes do mundo. No total, cerca de 400 empresas estão envolvidas no fornecimento de componentes. Muitas delas ficam na Ásia.

Empresas multinacionais são enormes empreendimentos que estão presentes em diversas partes do mundo. Algumas dessas empresas ajudam a desenvolver a economia dos países, enquanto outras apenas exploram os trabalhadores, oferecendo baixos salários.

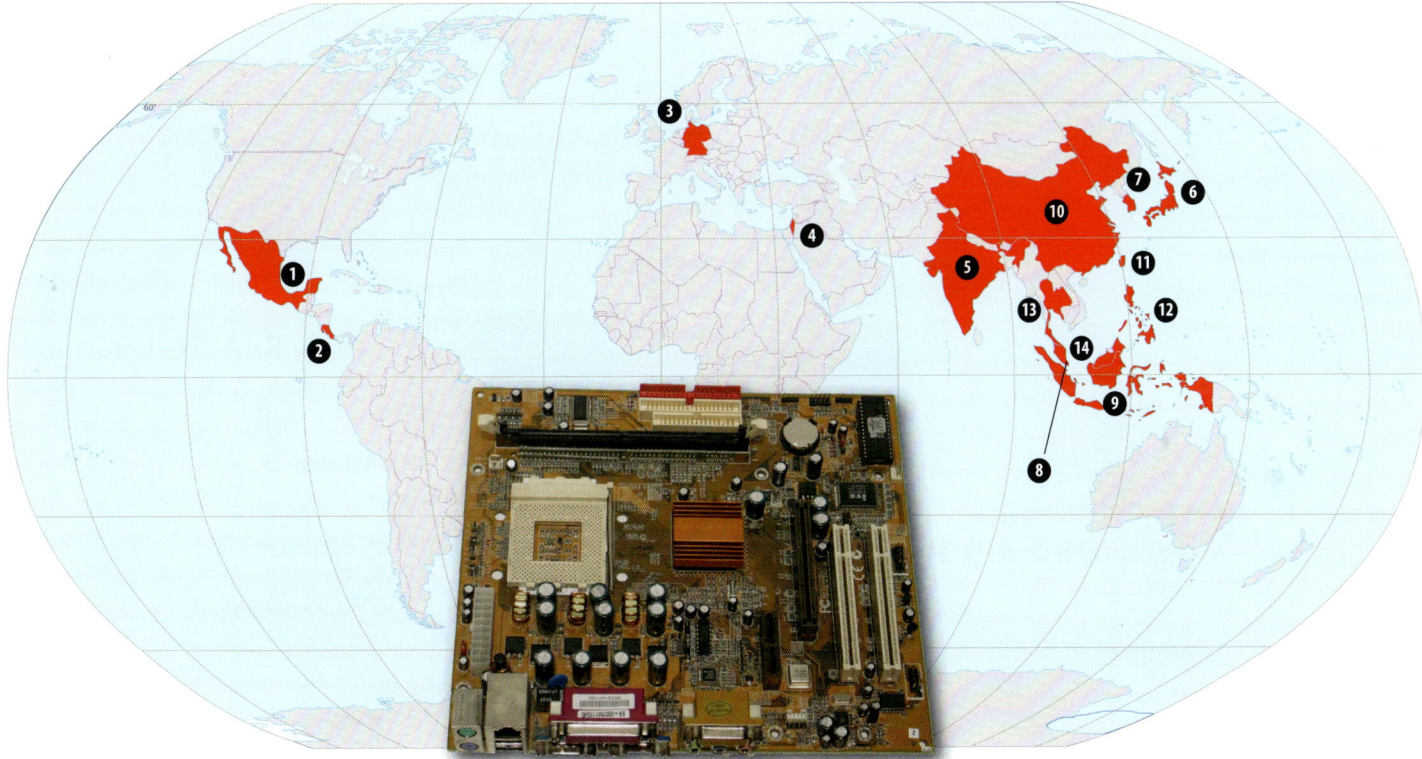

❶ **México**
Bateria

❷ **Costa Rica**
Microprocessador

❸ **Alemanha**
Memória

❹ **Israel**
Cartão de memória

❺ **Índia**
Cabo de força

❻ **Japão**
Memória
Monitor de LCD

❼ **Coreia**
Memória
Monitor de LCD

❽ **Cingapura**
Disco rígido (HD)

❾ **Indonésia**
Drive de CD/DVD

❿ **China**
Teclado
Microprocessador
Placa de vídeo
Placa-mãe
Modem
Bateria
Drive de CD/DVD
Cabo de força
Transformador

⓫ **Taiwan**
Memória
Cooler (ventoinha)
Placa-mãe
Monitor de LCD
Placa para conexão sem fio
Disco rígido (HD)

⓬ **Filipinas**
Microprocessador
Drive de CD/DVD

⓭ **Tailândia**
Disco rígido (HD)
Transformador

⓮ **Malásia**
Microprocessador
Placa para conexão sem fio
Drive de CD/DVD
Cartão de memória
Bateria
Cabo de energia

O mapa mostra a origem dos principais componentes de computadores montados na Malásia.

 **DEBATE**

Que sinais da globalização você consegue perceber na sala de aula?

Na sua opinião, quais são as vantagens e as desvantagens da globalização?

Foto: Placa-mãe – Sue Ashe

EUROPA – POLÍTICO

Apesar de ser um continente pequeno, a Europa abriga mais de 733 milhões de habitantes. Muitos países foram criados com a dissolução da União Soviética (1989-1991). Outros foram formados no sul do continente, entre 1991 e 2001, com o fim da Iugoslávia. Mas ainda hoje há disputas territoriais e novos podem ser criados.

Legenda
■ capital

Escala 1:25 700 000

0 km 257 514 771

1 cm no mapa representa 257 km no terreno.

Crescimento da União Europeia

Membros fundadores, desde 1957
1. Holanda
2. Bélgica
3. Luxemburgo
4. França
5. Alemanha
6. Itália

A partir de 1973
7. Irlanda
8. Reino Unido
9. Dinamarca

A partir de 1981
10. Grécia

A partir de 1986
11. Portugal
12. Espanha

A partir de 1995
13. Suécia
14. Finlândia
15. Áustria

A partir de 2004
16. Estônia
17. Letônia
18. Lituânia
19. Polônia
20. República Tcheca
21. Eslováquia
22. Eslovênia
23. Hungria
24. Chipre
25. Malta

A partir de 2007
26. Romênia
27. Bulgária

A partir de 2013
28. Croácia

Possíveis novos membros
29. Macedônia
30. Turquia
31. Albânia
32. Islândia
33. Montenegro
34. Sérvia
35. Bósnia-Herzegóvina
36. Kosovo

A União Europeia

Durante a Segunda Guerra Mundial (1939-1945), uma grande parte da Europa foi arruinada e teve de ser reconstruída. Os líderes da França e da Alemanha decidiram trabalhar em conjunto para realizar melhorias e manter a paz. Esse foi o início da União Europeia (UE). Atualmente, a UE inclui 28 países e uma população total de 507 milhões de pessoas.

EUROPA – FÍSICO

De norte a sul, a Europa tem cerca de 4 000 km de extensão. A oeste, fica o oceano Atlântico; a leste, os montes Urais fazem a fronteira com a Ásia. Os Alpes são a cadeia de montanhas mais importante do continente, além de serem a nascente do rio Reno, que deságua no mar do Norte.

CURIOSIDADES

PONTO MAIS ALTO: Monte Elbrus 5 642 m

RIO MAIS LONGO: Rio Volga 3 531 km

MAIOR LAGO: Lago Ladoga 17 700 km²

MAIOR ILHA: Grã-Bretanha 218 595 km²

MAIOR PAÍS: Rússia (parte europeia) 4 294 400 km²

MENOR PAÍS: Vaticano 0,44 km²

Escala 1:25 700 000

1 cm no mapa representa 257 km no terreno.

Rochas antigas, utilizadas aqui como monolitos, são encontradas no oeste da França, da Espanha, da Irlanda e do Reino Unido.

DEBATE

Quantos países europeus não têm saída para o mar?

Na sua opinião, por que novos países querem entrar para a União Europeia?

EUROPA VISTA DO ESPAÇO

Foto: M-sat Ltd / Science Photo Library / Stock Photos

Problemas ambientais

1. Vazamento de óleo do navio Prestige, oceano Atlântico, 2002
2. Incêndios florestais, Portugal, 2005
3. Vazamento de óleo do navio Torrey Canyon, ilhas Scilly, 1967
4. Avalanches, Áustria, 2002
5. Chuva ácida, República Tcheca, a partir de 1970
6. "Cemitério" de submarinos nucleares, mar de Barents, a partir de 1950
7. Acidente nuclear, Chernobyl, Ucrânia, 1986
8. Erupções vulcânicas, Islândia

As cores nesta imagem de satélite indicam diferentes tipos de vegetação e uso do solo. As áreas secas na Espanha, Turquia e Ucrânia estão destacadas em marrom e amarelo. O verde representa florestas e pradarias. A calota de gelo Vatnajokull, na Islândia, está indicada em azul-claro.

O acidente de Chernobyl

Abril de 1986

Foto: Cortesia de Pacific Northwest National Laboratory

O pior acidente nuclear do mundo aconteceu em Chernobyl, na Ucrânia, em 1986. O material radioativo que escapou foi levado pelos ventos e se espalhou pela Europa.

A Europa à noite

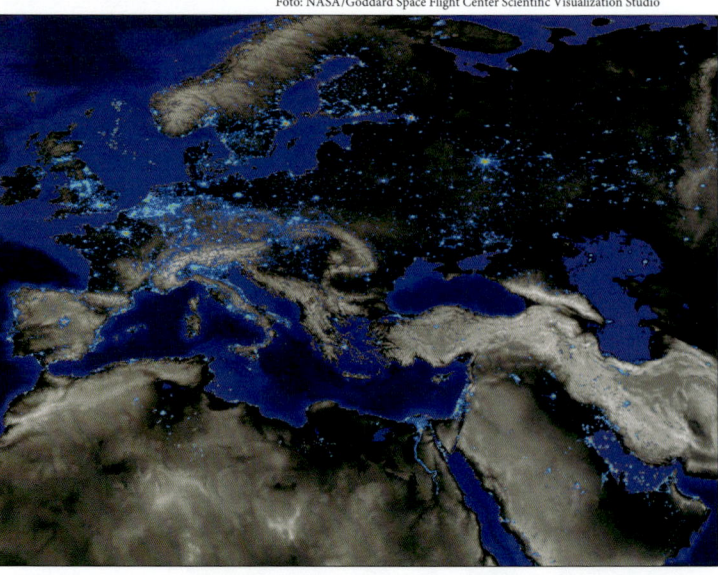

Foto: NASA/Goddard Space Flight Center Scientific Visualization Studio

Algumas cidades ficam claramente visíveis nesta foto noturna. Londres, Paris, Moscou e Madri aparecem como grandes concentrações de luz. As chamas das plataformas de petróleo podem ser vistas no mar do Norte.

EUROPA 27

Enchentes em Carlisle

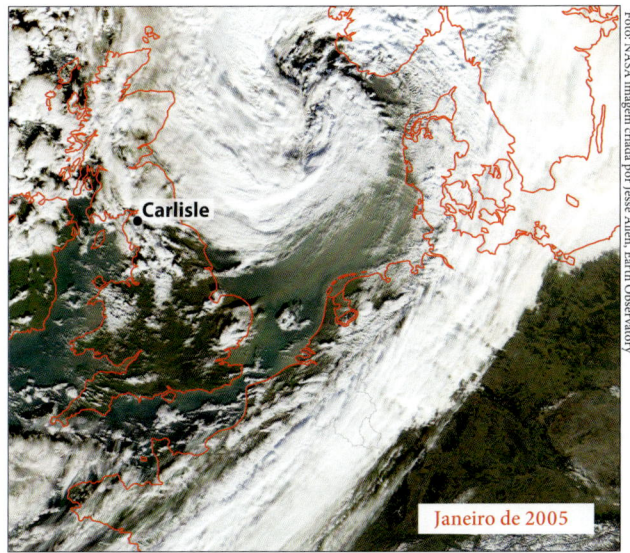

Janeiro de 2005

A depressão do Atlântico que atingiu a Grã-Bretanha e o noroeste da Europa em janeiro de 2005 causou uma das piores enchentes que Carlisle e outras partes da Cúmbria já viram. A espiral de nuvens nesta foto mostra a posição das massas de ar.

Erupção do monte Etna

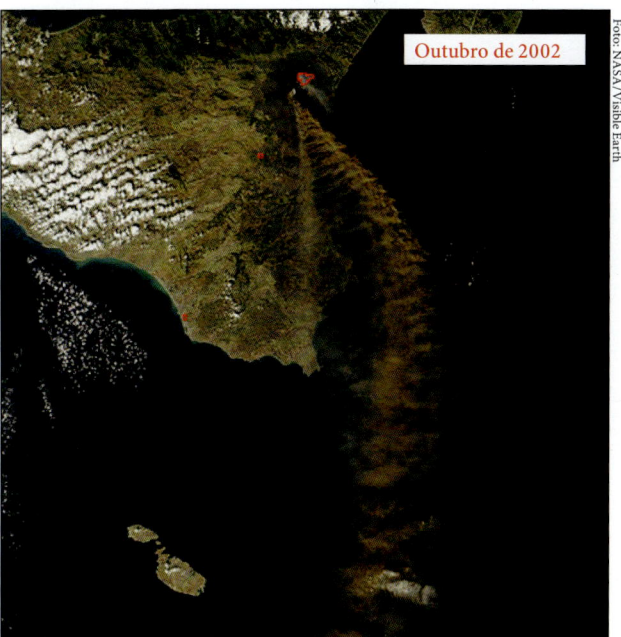

Outubro de 2002

Nesta erupção do Etna, o vento carregou fumaça e cinzas ao longo de centenas de quilômetros, por todo o leste do Mediterrâneo.

Centro de Amsterdã

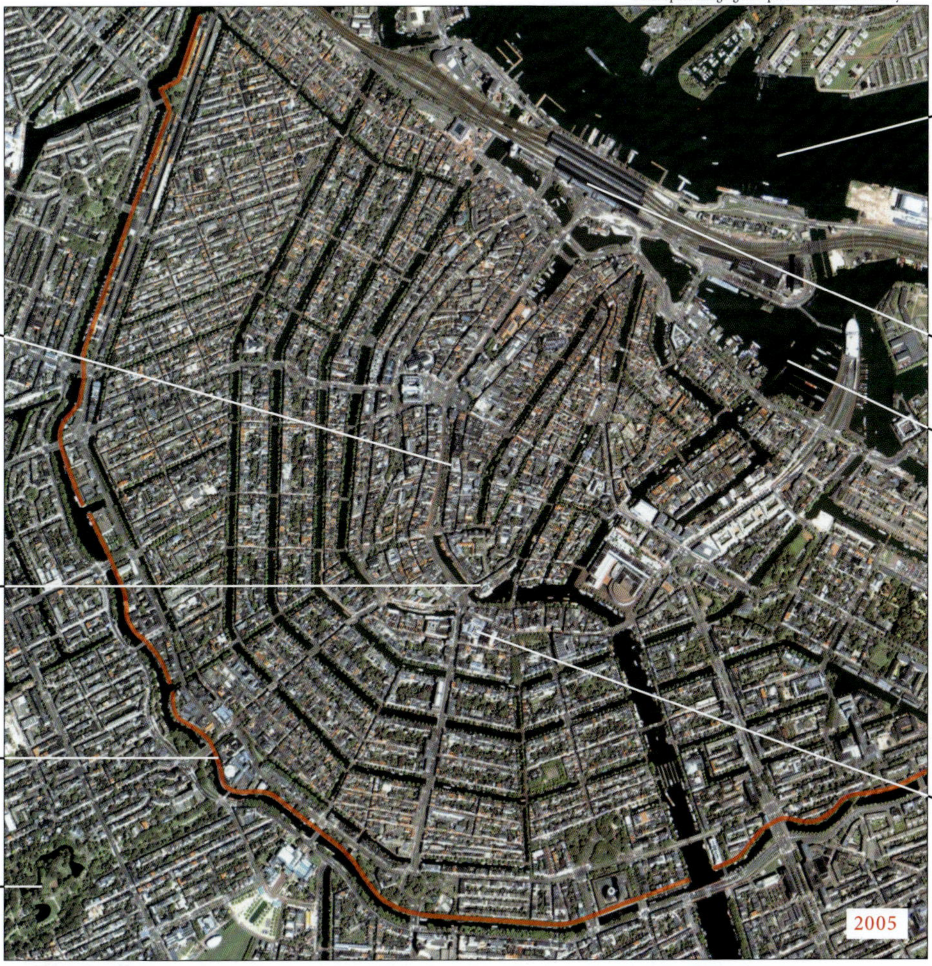

Fundada no século XIII, Amsterdã transformou-se de um pequeno porto em uma moderna capital. Nesta foto aérea, é possível ver claramente o padrão de ruas e canais em volta do centro histórico, bem como construções individuais.

EUROPA

NORTE DA EUROPA

O norte da Europa é a parte mais fria e menos habitada do continente. Há fiordes profundos e montanhas cobertas de gelo ao longo da costa da Noruega. A Suécia e a Finlândia são bem mais planas, com muitas florestas e vários lagos. Nos Estados Bálticos (Estônia, Letônia e Lituânia), o solo é muito utilizado para a agricultura.

Na Islândia, a atividade vulcânica é intensa. O gêiser Strokkur, perto de Reykjavik, entra em erupção a cada cinco ou dez minutos, e a água chega a 20 metros de altura.

Foto: Dieter Schweizer

EUROPA

O QUE É UM FIORDE?

As geleiras que cobriram a Escandinávia na última era do gelo formaram vales profundos. Quando o nível dos mares subiu, os vales foram inundados e, assim, foram formados os fiordes. O Sognefjord é o maior fiorde da Noruega, estendendo-se 204 km montanhas adentro.

Escala 1:6 100 000
(Projeção: Cônica Conforme de Lambert)

| 0 km | 61 | 122 | 183 |

1 cm no mapa representa 61 km no terreno.

O Naeroyfjord, perto de Bergen, é o fiorde mais estreito da Europa. Foi considerado patrimônio da humanidade em 2002, para que a paisagem fosse preservada.

Foto: Stepan Jezek

EUROPA OCIDENTAL

A Europa Ocidental é banhada pelo oceano Atlântico. Ventos trazem umidade do sudoeste para as costas rochosas da Grã-Bretanha, da Irlanda, da França, da Espanha e de Portugal. No passado, exploradores dessas nações partiram em navios para investigar outras partes do globo. Hoje em dia, o comércio ainda é a atividade predominante na economia da Europa Ocidental, que é uma das regiões mais prósperas do mundo.

Foto: Alida Vandenbergh

As lindas paisagens das montanhas dolomíticas, uma parte dos Alpes no norte da Itália, atraem turistas e esquiadores. Os cientistas acreditam que recentes avalanches sejam resultado do aquecimento e resfriamento fora do comum, associados às mudanças climáticas.

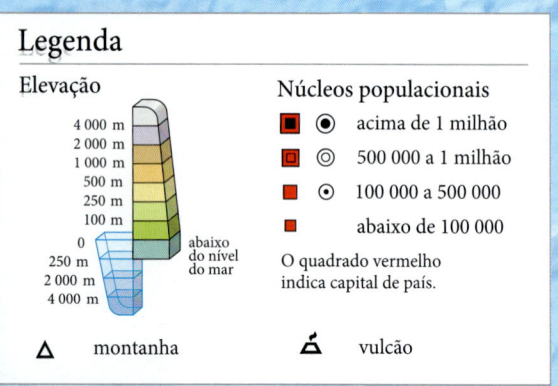

Legenda

Elevação
- 4 000 m
- 2 000 m
- 1 000 m
- 500 m
- 250 m
- 100 m
- 0
- 250 m
- 2 000 m
- 4 000 m
  abaixo do nível do mar

Núcleos populacionais
- ■ ● acima de 1 milhão
- ▣ ◉ 500 000 a 1 milhão
- ▪ ⊙ 100 000 a 500 000
- ▪ abaixo de 100 000

O quadrado vermelho indica capital de país.

△ montanha   ⛰ vulcão

EUROPA

Escala 1:10 000 000
(Projeção: Cônica Conforme de Lambert)

0 km   100   200   300

1 cm no mapa representa 100 km no terreno.

Roterdã, na foz do rio Reno, é o maior porto da Europa. Através dele, são transportados óleo, carvão, minérios e contêineres do mundo todo.

Itália, França e Espanha são os maiores produtores de vinho do mundo. A bebida faz parte da tradição cultural desses países.

O QUE É A CORRENTE DO ATLÂNTICO NORTE?

A corrente marítima que traz calor do Caribe para a Europa Ocidental é conhecida como Corrente do Atlântico Norte. A energia que ela carrega equivale à potência de 1 milhão de usinas. Se essa corrente não existisse, os ventos nessa parte da Europa poderiam ser 10 graus mais frios e o mar congelaria em muitos lugares.

EUROPA

LESTE EUROPEU

Romênia, Polônia, Ucrânia e Rússia são os maiores países do Leste Europeu. Na Rússia, dois grandes rios, o Don e o Volga, correm em direção ao mar, passando tanto por regiões de campos quanto por áreas industriais. No sudeste da Europa, o rio Danúbio liga quatro capitais em sua jornada dos Alpes até o mar Negro. Muitas regiões do Leste Europeu têm clima continental, com temperaturas bem diferentes no verão e no inverno.

Muitos países do Leste Europeu desligaram-se da Federação Russa. A foto mostra uma multidão que se reuniu nas ruas de Kiev, em 2004, para protestar contra os resultados de uma eleição.

Foto: Elke Wetzig

Uma das passagens em estilo gótico mais bonitas do mundo é a ponte Charles, em Praga. Essa ponte atrai muitos turistas. Ela foi construída sobre o rio Vlatva, no século XIV, pelo rei Charles IV, para ligar a cidade ao castelo, que ficava do outro lado do rio.

Foto: Matt Borak

EUROPA

O QUE SÃO AS ESTEPES?

As planícies que se estendem pelo sul da Rússia e da Ucrânia são conhecidas como estepes. A terra plana e o solo profundo e negro encontrados nessas regiões são ideais para a plantação de trigo. Por esse motivo, as estepes são conhecidas como "o cesto de pão" da Europa.

Legenda

Elevação
- 4 000 m
- 2 000 m
- 1 000 m
- 500 m
- 250 m
- 100 m
- 0
- 250 m
- 2 000 m
- 4 000 m
- abaixo do nível do mar

△ montanha ▽ depressão

Núcleos populacionais
- ■ acima de 1 milhão
- ▣ 500 000 a 1 milhão
- ▢ 100 000 a 500 000
- ○ abaixo de 100 000

O quadrado vermelho indica capital de país.

Escala 1:14 500 000
(Projeção: Cônica Conforme de Lambert)

0 km 145 290 435

1 cm no mapa representa 145 km no terreno.

ÁFRICA – POLÍTICO

A África tem 55 países. Muitos deles deixaram de ser colônias europeias nas décadas de 60 e 70. Embora as disputas tenham sido frequentes desde então, as fronteiras impostas pelos colonizadores mudaram muito pouco.

Novos países

Em 1950, apenas quatro países africanos eram independentes. Hoje em dia, todos os países da parte continental da África têm governo próprio.

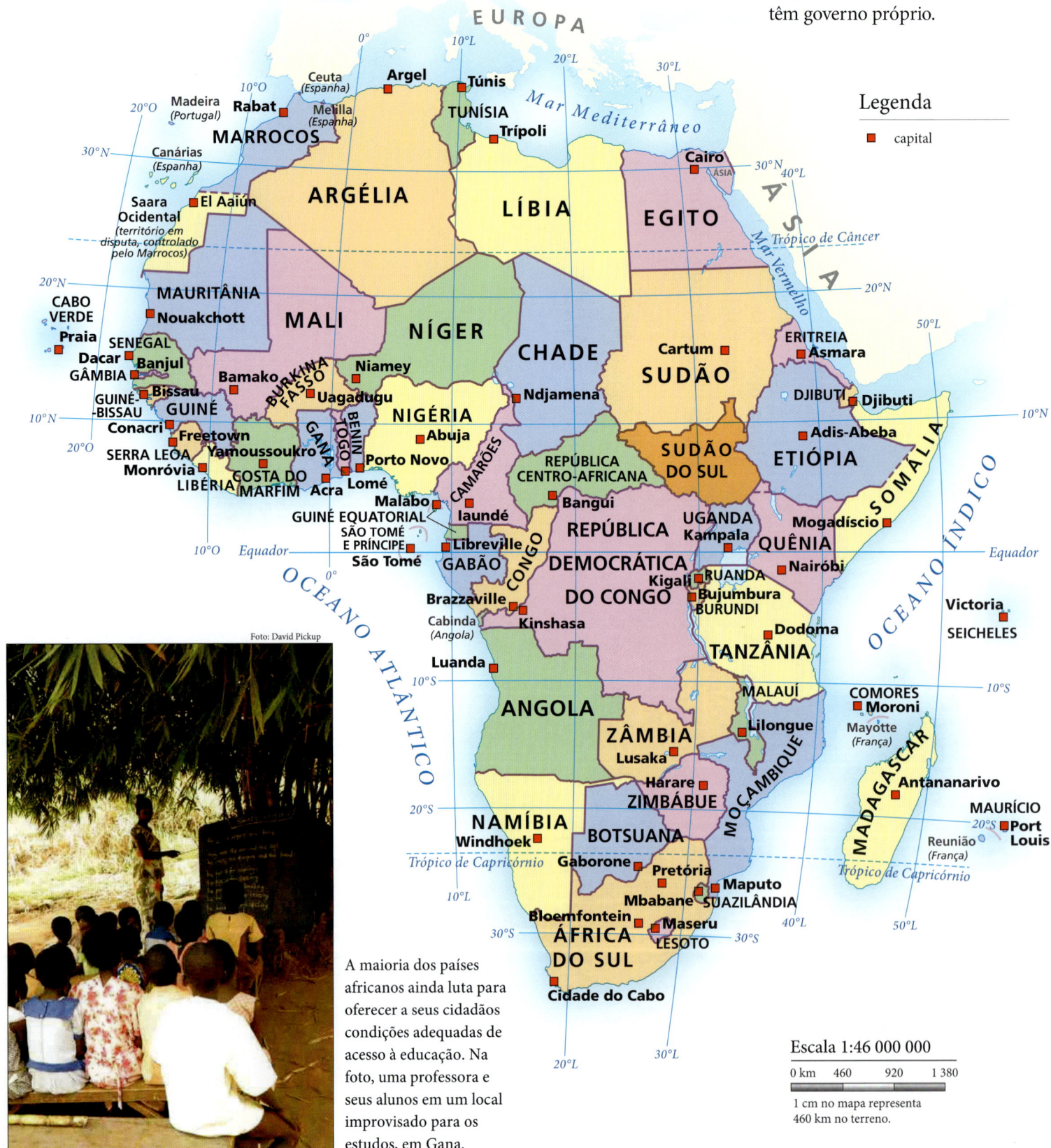

A maioria dos países africanos ainda luta para oferecer a seus cidadãos condições adequadas de acesso à educação. Na foto, uma professora e seus alunos em um local improvisado para os estudos, em Gana.

Legenda
■ capital

Escala 1:46 000 000

0 km   460   920   1 380

1 cm no mapa representa 460 km no terreno.

ÁFRICA – FÍSICO

A África é o terceiro maior continente do mundo. Estende-se do mar Mediterrâneo até o cabo da Boa Esperança. Quase toda a África fica entre os trópicos. Desertos, florestas tropicais e savanas compõem boa parte da paisagem. No sul e no leste, ocorrem planaltos elevados onde ficam as nascentes de muitos rios africanos conhecidos.

CURIOSIDADES

PONTO MAIS ALTO: Monte Kilimanjaro 5 895 m

RIO MAIS LONGO: Rio Nilo 6 671 km

MAIOR LAGO: Lago Vitória 69 500 km²

MAIOR ILHA: Madagascar 581 540 km²

MAIOR DESERTO: Saara 9 000 000 km²

MAIOR PAÍS: Sudão 2 505 810 km²

MENOR PAÍS: Seicheles 455 km²

Escala 1:46 000 000

1 cm no mapa representa 460 km no terreno.

Legenda

Elevação

- △ montanha
- ⌃ vulcão
- ▽ depressão

Foto: Blueshade

O rio Nilo corta o deserto do Saara, levando água para o Egito. A água é usada na agricultura e na geração de energia.

DEBATE

Quantos lagos aparecem no mapa?

Os maiores países africanos ficam todos em regiões de desertos?

ÁFRICA VISTA DO ESPAÇO

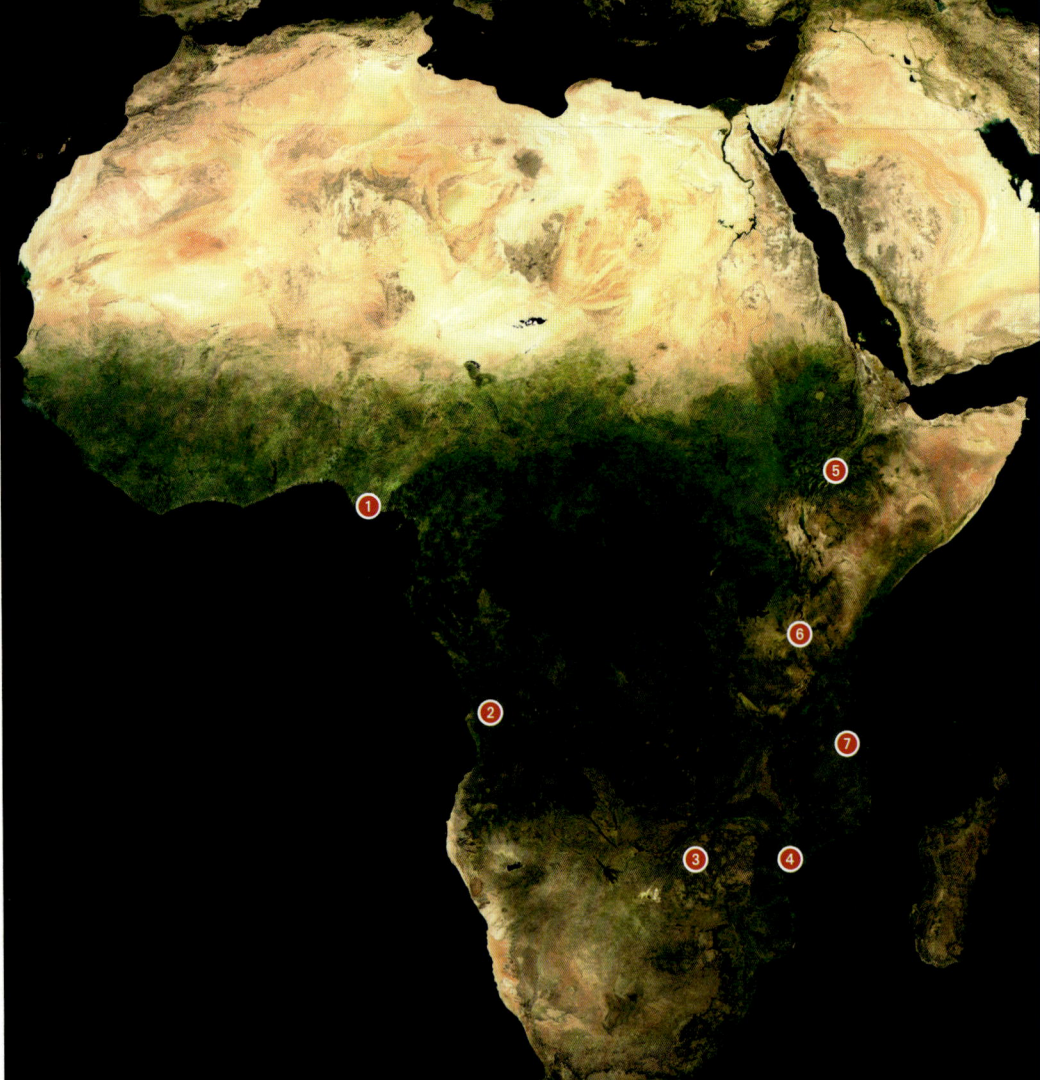

Problemas ambientais

1. Vazamentos de óleo, delta do Níger, atualmente
2. Minas terrestres, Angola, atualmente
3. Seca, Zimbábue, a partir de 2002
4. Enchentes, Moçambique, 2000 e 2001
5. Seca, Etiópia, a partir de 1984
6. Derretimento de geleiras, Kilimanjaro, Tanzânia, atualmente
7. Diminuição das florestas de mangue, Tanzânia, atualmente

Nesta imagem de satélite, o deserto do Saara aparece como uma faixa amarelada no norte da África. A área alaranjada no sudoeste do continente representa o deserto de Kalahari. As florestas tropicais e as savanas, tanto acima quanto abaixo da linha do Equador, aparecem em verde. Também é possível traçar o curso do rio Nilo, que segue em direção ao mar Mediterrâneo.

A África à noite

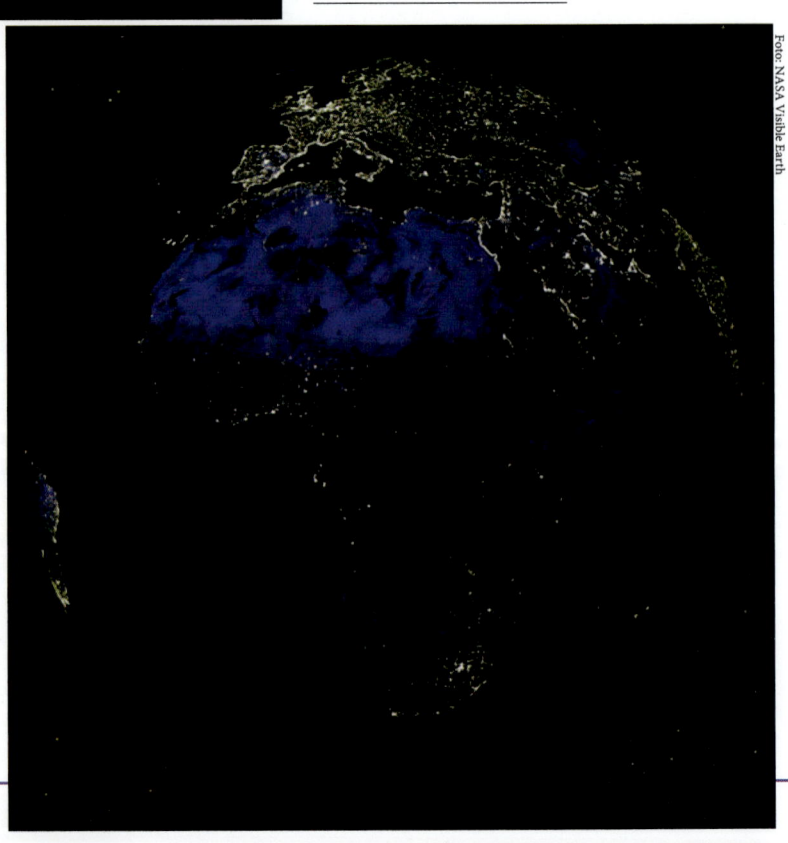

Enchentes em Moçambique

Agosto de 2000

Março de 2000

Os ciclones que atingiram Moçambique em 2000 e 2001 destruíram plantações e deixaram 500 mil pessoas desabrigadas.

Nesta imagem, os pontos em tons claros representam as luzes das cidades. É interessante perceber como há poucas luzes na África, em comparação com a Europa (no alto da imagem).

ÁFRICA 37

Queimadas

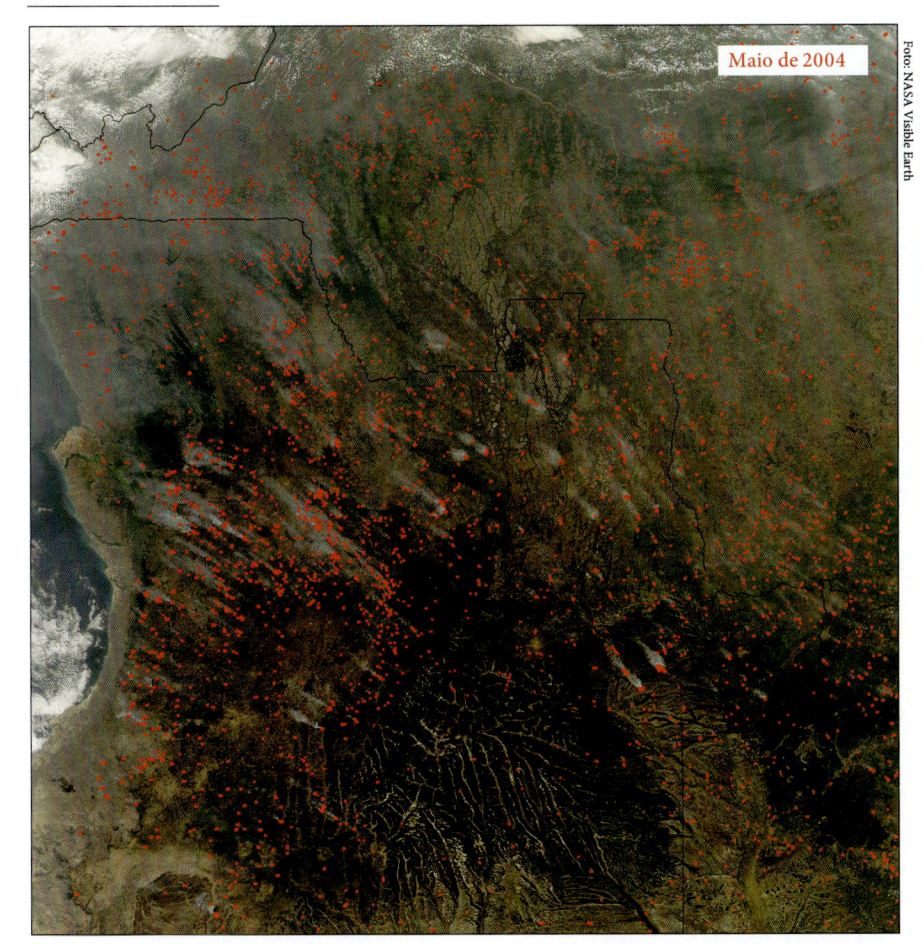

Maio de 2004

Foto: NASA Visible Earth

A ocorrência de queimadas é comum em território africano. Na foto, os pontos em vermelho indicam focos de incêndio em Angola e no Congo.

Campos no deserto

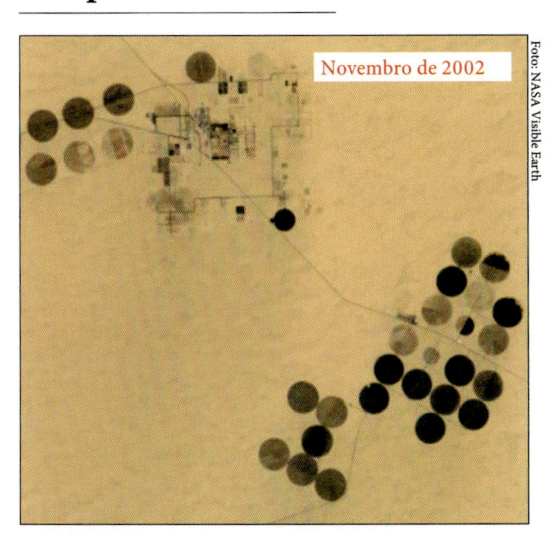

Novembro de 2002

Foto: NASA Visible Earth

Estes campos circulares perto da fronteira entre o Egito e o Sudão são irrigados com água subterrânea. Essa água acumulou-se durante milhares de anos, mas é bastante provável que acabe antes de 2050 se as pessoas continuarem a usar as mesmas quantidades que usam hoje em dia.

Lago Chade

Foto: NASA Visible Earth

1973   1987   1997

2001

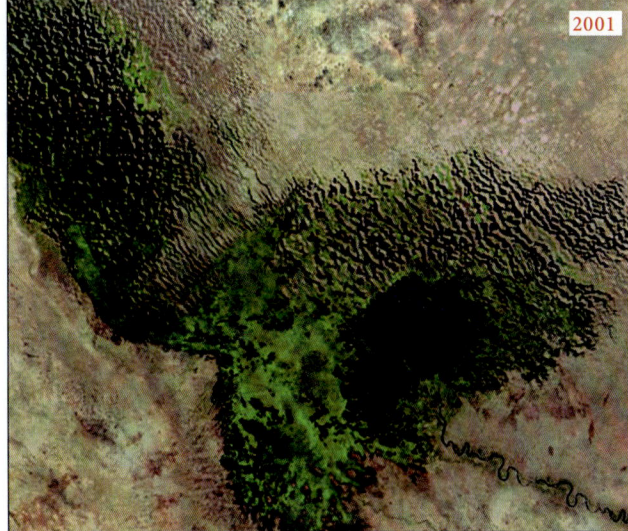

O lago Chade fica em uma bacia hidrográfica interna. Estas imagens de satélite mostram como o lago diminuiu nas últimas décadas.

Tempestade de areia na África

Foto: NASA Visible Earth

Maio de 2003

Às vezes, ventos fortes no deserto do Saara agitam a areia e a sopram para o mar. Na imagem acima, podemos ver uma grande tempestade de areia na costa ocidental da África.

NORTE DA ÁFRICA

O maior deserto do mundo é o deserto do Saara. Ele fica no norte da África e se estende por quase 5 000 km, do oceano Atlântico ao mar Vermelho. Poucas pessoas moram nessa área, pois ela é bastante seca. Ao sul, há savanas. Ao norte, ao longo do mar Mediterrâneo, uma estreita faixa de terra recebe chuva suficiente para torná-la fértil.

Frutas, verduras e legumes frescos à venda no Mercado Central de Léo, Burkina Fasso.

Escala 1:20 600 000
(Projeção: Azimutal Equidistante de Lambert)

0 km   206   412   618

1 cm no mapa representa 206 km no terreno.

ÁFRICA

Um oásis pode ser formado tanto por algumas árvores no meio do deserto quanto por uma cidade localizada em uma antiga rota comercial.

Foto: Piotr Sikora

O QUE É UM OÁSIS?

Em algumas partes do deserto, há água no subsolo. Muitas vezes, essa água vem para a superfície, criando um oásis. Movendo-se de um oásis para outro, nômades e viajantes conseguem sobreviver nas extremas condições climáticas do deserto.

Principais localidades e acidentes geográficos

- Mar Mediterrâneo
- CHIPRE
- ISRAEL, JORDÂNIA, ARÁBIA SAUDITA, IÊMEN
- Misratah, Al Bayda, Tobruk, Alexandria, Delta do Nilo, Port Said, Canal de Suez, Suez
- Golfo de Sidra, Bengazi
- Depressão de Qattara, El-Giza, Cairo, Sinai, Monte Sinai 2 285 m
- LÍBIA: Waddan, Jalu, Grande Deserto de Areia, El Minya, Asyut
- Deserto da Líbia, EGITO, El Kharga, Luxor
- Ramlat Rabyanah, Al Khufrah, Aswan, Lago Nasser
- Trópico de Câncer
- Pico Bette 2 286 m, Pico Uwaynát 1 907 m
- Montes Tibesti, Zouar, Pico Emi Koussi 3 415 m
- Akasha, Deserto da Núbia
- Porto Sudão, Mar Vermelho
- Faya, Ennedi, El Atrun, Atbara
- SUDÃO, ERITREIA, Kassala, Asmara
- CHADE, Abéché, Omdurman, Cartum, Wad Medani, Gedaref
- Planalto Darfur, El Fasher, El Obeid, Gonder, Lago Tana, Lago Assal 156 m, Aseb
- Ndjamena, Nyala, Bahir Dar, Dese, Abuye Meda 4 000 m
- Golfo de Áden, DJIBUTI, Djibuti, Berbera, Shimbiris 2 407 m, Cabo Guardafui
- Sarh, Birao, Malakal, Adis Abeba, Dire Dawa, Hargeysa, SOMÁLIA, Garoowe
- REPÚBLICA CENTRO-AFRICANA, Bouar, Bambari, Wau, Nilo Branco, Planalto da Etiópia, Jima, ETIÓPIA, Ogaden, Shebeli
- Bérberati, Bangui, SUDÃO DO SUL, Obo, Juba, Negele, Beledweyne
- REP. DEM. DO CONGO, UGANDA, Lago Turkana, QUÊNIA, Marka, Mogadíscio, Kismaayo
- Equador, OCEANO ÍNDICO

Legenda

Elevação: 4 000 m, 2 000 m, 1 000 m, 500 m, 250 m, 100 m, 0, 250 m, 2 000 m, 4 000 m (abaixo do nível do mar)

Núcleos populacionais:
- ■● acima de 1 milhão
- ■◉ 500 000 a 1 milhão
- ■○ 100 000 a 500 000
- ○ abaixo de 100 000

O quadrado vermelho indica capital de país.

△ montanha   ▽ depressão

SUL DA ÁFRICA

Grande parte do sul da África fica 1 000 metros ou mais acima do nível do mar. A região é famosa pelos animais selvagens que habitam as savanas. Grandes rios, como o Orange e o Zambezi, recebem águas dos planaltos. Nessa região, há valiosas reservas de ouro, cobre, diamante e outros minerais. Entretanto, a maioria da riqueza vai para outros países, e o sul da África continua sendo um dos lugares mais pobres do mundo.

As cataratas de Vitória, no rio Zambezi, são a maior cortina de água do mundo, com 1,7 km de largura. As quedas são também patrimônio da humanidade da Unesco.

O Grande Vale do Rift atravessa a Tanzânia. As encostas são íngremes, e o vale chega a ter 60 km de largura.

Escala 1:18 500 000
(Projeção: Azimutal Equidistante de Lambert)

0 km   185   370   555

1 cm no mapa representa 185 km no terreno.

Legenda

Elevação
- 4 000 m
- 2 000 m
- 1 000 m
- 500 m
- 250 m
- 100 m
- 0
- 250 m
- 2 000 m
- 4 000 m
- abaixo do nível do mar

Núcleos Populacionais
- ■ ◉ acima de 1 milhão
- ▫ ◎ 500 000 a 1 milhão
- ▫ ◦ 100 000 a 500 000
- ▫ ○ abaixo de 100 000

O quadrado vermelho indica capital de país.

△ montanha   ▽ depressão

ÁFRICA

Foto: Charles J Sharp

O monte Kilimanjaro, a maior montanha da África, é um vulcão extinto. O Kilimanjaro observa imponente as planícies que o cercam.

O QUE É O GRANDE VALE DO RIFT?

O Grande Vale do Rift é uma trincheira criada pela movimentação das placas tectônicas ao longo de milhões de anos. Ele atravessa a Tanzânia e outras partes do leste da África. A profundidade do vale é tão grande que há significativas diferenças de temperatura entre as áreas mais baixas e as encostas mais elevadas.

ÁSIA – POLÍTICO

Origem de muitas civilizações antigas, a Ásia é dividida em 49 países. Embora a Rússia seja o maior país em termos de área, a Índia, a China, o Paquistão, a Indonésia e Bangladesh têm população maior. Na Ásia, ocorrem várias disputas por fronteiras, e o Oriente Médio, na área ao sul da Turquia, sofre há décadas por causa desses conflitos. Países como Geórgia, Armênia e Azerbaijão são por vezes considerados países transcontinentais entre Europa e Ásia. Por critérios fisiográficos, integram a Ásia; por critérios históricos e culturais, têm mais vínculo com a Europa.

A China passou por grandes mudanças políticas no último século. No portão principal do antigo palácio dos imperadores, em Pequim, há um retrato do presidente Mao, o último líder comunista.

Foto: Nicholas Ink

Legenda
■ capital

Escala 1:56 000 000

0 km   560   1 120   1 680

1 cm no mapa representa 560 km no terreno.

ÁSIA – FÍSICO

A Ásia é o maior continente do planeta. É maior do que a Europa e a África juntas. Rios correm do planalto do Tibete através de florestas e planícies em direção aos oceanos que cercam o continente. O centro da Ásia é uma região de desertos, incluindo os famosos desertos de Gobi e Takla Makan. Ao sul e ao leste, o território asiático é cheio de pequenas ilhas.

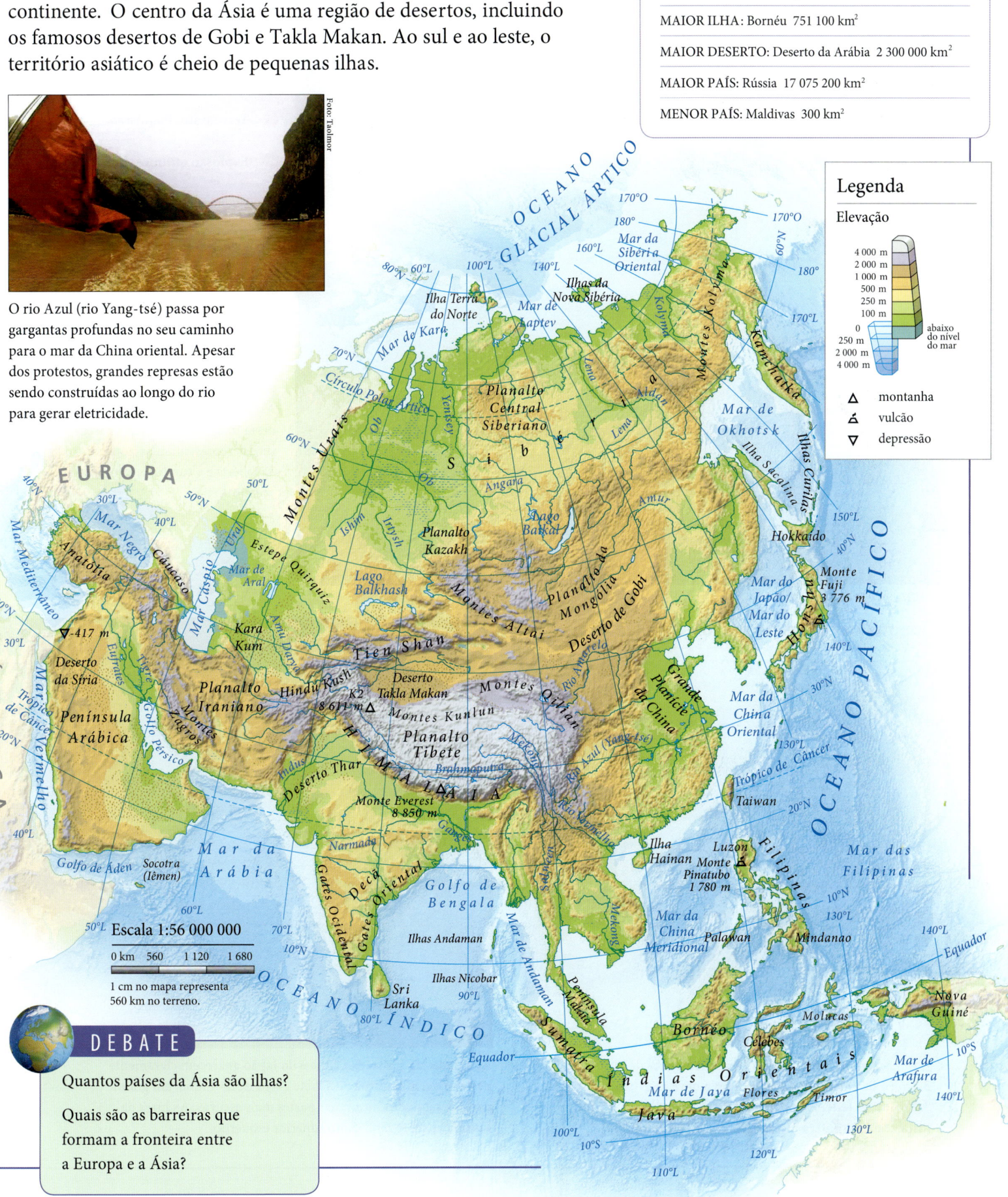

Foto: Taolmor

O rio Azul (rio Yang-tsé) passa por gargantas profundas no seu caminho para o mar da China oriental. Apesar dos protestos, grandes represas estão sendo construídas ao longo do rio para gerar eletricidade.

CURIOSIDADES

PONTO MAIS ALTO: Monte Everest 8 850 m

RIO MAIS LONGO: Rio Azul (rio Yang-tsé) 6 380 km

MAIOR LAGO: Mar Cáspio 370 999 km²

MAIOR ILHA: Bornéu 751 100 km²

MAIOR DESERTO: Deserto da Arábia 2 300 000 km²

MAIOR PAÍS: Rússia 17 075 200 km²

MENOR PAÍS: Maldivas 300 km²

Legenda

Elevação

- 4 000 m
- 2 000 m
- 1 000 m
- 500 m
- 250 m
- 100 m
- 0
- 250 m
- 2 000 m
- 4 000 m

abaixo do nível do mar

△ montanha
△ vulcão
▽ depressão

Escala 1:56 000 000

0 km 560 1 120 1 680

1 cm no mapa representa 560 km no terreno.

DEBATE

Quantos países da Ásia são ilhas?

Quais são as barreiras que formam a fronteira entre a Europa e a Ásia?

ÁSIA VISTA DO ESPAÇO

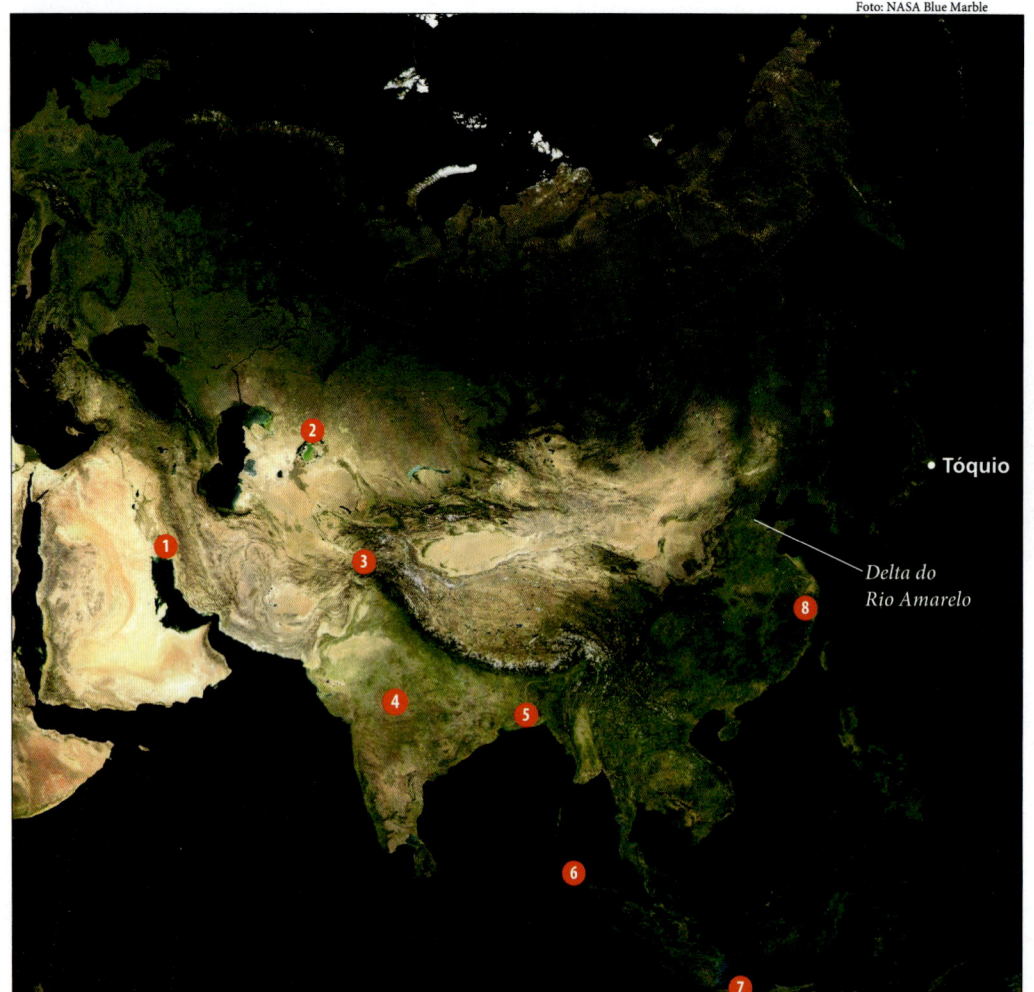

Foto: NASA Blue Marble

• Tóquio

Delta do Rio Amarelo

Problemas ambientais

1. Queima de poços de petróleo da Guerra do Golfo, Iraque, 1991
2. Perda de água, mar de Aral, atualmente
3. Terremoto, Paquistão, 2005
4. Explosão química, Bhopal, Índia, 1984
5. Enchentes, Bangladesh, 1998
6. *Tsunami*, Banda Aceh, Indonésia, 2004
7. Incêndios florestais, Indonésia, 1997
8. Cidades poluídas, China, atualmente

Os desertos da Arábia Saudita e da Ásia central aparecem em marrom nesta imagem. Ao norte, as áreas verdes representam as florestas da Sibéria e a tundra em volta do oceano Ártico.

Queima de poços de petróleo no Golfo

Foto: Lt. Parsons U.S. Military

Fevereiro de 1991

A fumaça proveniente dos incêndios em poços de petróleo na Guerra do Golfo poluiu a neve no Himalaia, 3 000 km ao leste. A imagem acima mostra uma instalação petrolífera incendiada durante o conflito.

A Ásia à noite

Foto: NASA Visible Earth

As cidades da Índia, da China e do Japão aparecem claramente nesta imagem noturna. O Tibete e o oeste da China, em grande parte desabitados, ficam nas partes mais escuras. As luzes da Europa aparecem no canto superior esquerdo.

ÁSIA 45

Delta do rio Amarelo

O rio Amarelo, na China, carrega grandes quantidades de sedimentos para o mar. Esta imagem mostra quanto o delta desse rio cresceu em vinte e dois anos.

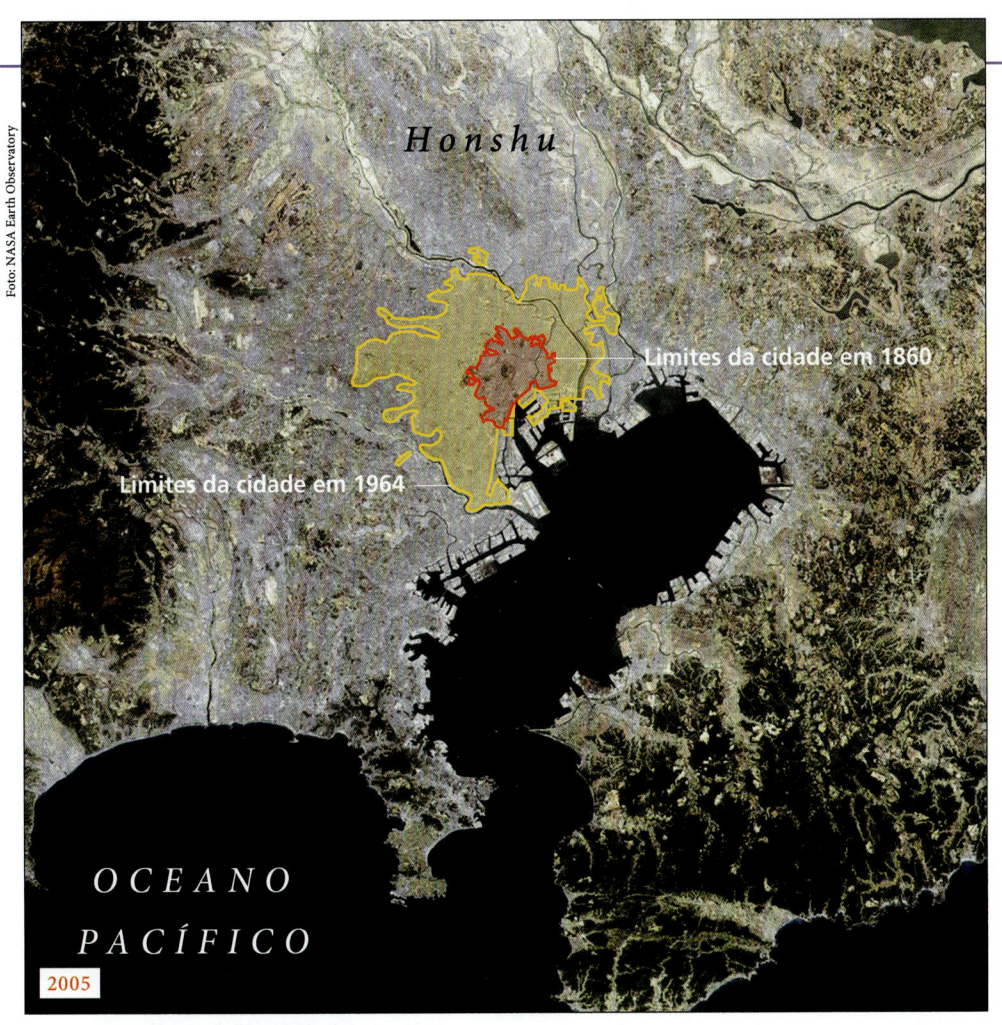

O crescimento de Tóquio

A população de Tóquio aumentou de aproximadamente 1,5 milhão em 1860 para os 35 milhões de hoje. A área construída, que aparece em cinza na foto acima, cresceu para o norte e para o oeste a partir do centro histórico.

Estragos causados pelo *tsunami*

Esta foto da região nordeste da Indonésia foi tirada antes do *tsunami* de 2004. Grande parte da área tem florestas; também aparecem campos e vilas nas planícies. As praias estão bem visíveis, em branco.

Esta foto foi tirada depois do *tsunami*. As áreas marrons mostram o desmatamento e os danos causados pelas grandes enchentes. Os detritos mudaram a cor do mar perto da costa.

RÚSSIA E ÁSIA CENTRAL

A Rússia é o maior país do mundo – tem quase o mesmo tamanho que a Europa e a Austrália juntas. Boa parte da Rússia é coberta por florestas de coníferas, especialmente na Sibéria. Essa vasta área é rica em recursos naturais e ainda é escassamente povoada devido às extremas condições climáticas. Ao sul, há montanhas, planícies e desertos no Cazaquistão e em outros países da Ásia central.

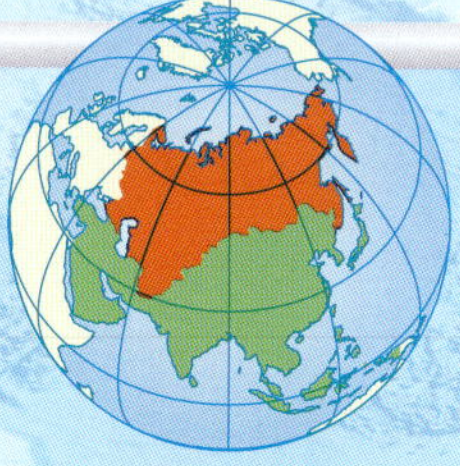

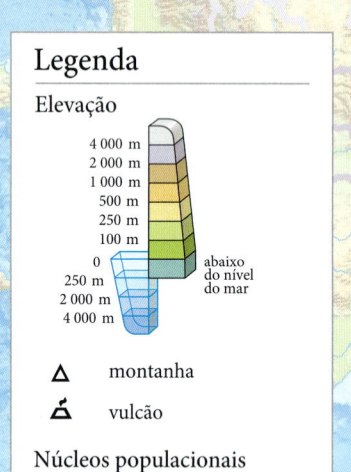

Legenda

Elevação
- 4 000 m
- 2 000 m
- 1 000 m
- 500 m
- 250 m
- 100 m
- 0
- 250 m
- 2 000 m
- 4 000 m
- abaixo do nível do mar

- △ montanha
- ⟁ vulcão

Núcleos populacionais
- ■ ⊙ acima de 1 milhão
- ▪ ⊚ 500 000 a 1 milhão
- ▪ ⊙ 100 000 a 500 000
- ○ abaixo de 100 000

O quadrado vermelho indica capital de país.

Samarcanda, no Uzbequistão, fica na histórica rota da seda entre a China e a Europa. Esta fotografia mostra uma parte da praça Registan, uma maravilha arquitetônica que atrai turistas do mundo todo.

Foto: Farkhod Fayzullaev

ÁSIA

O QUE É A TUNDRA?

No norte da Rússia, há grandes áreas pantanosas chamadas de tundra. Nessas áreas, embora haja um verão curto, o solo embaixo da superfície fica congelado o ano todo. A água se acumula em pântanos nas planícies.

As árvores não conseguem sobreviver ao frio intenso da tundra.

Escala 1:25 000 000
(Projeção: Azimutal Equidistante de Lambert)
0 km 250 500 750
1 cm no mapa representa 250 km no terreno.

OESTE DA ÁSIA E ORIENTE MÉDIO

A Turquia e o Irã são países montanhosos. Mais ao sul, a Síria e o Iraque são mais quentes e secos, com desertos que se estendem até o extremo da península Arábica. Os maiores campos de petróleo e de gás do mundo são encontrados nessa região. Por isso, ela desempenha um papel muito importante na economia mundial.

A cidade de Sana, capital do Iêmen, é patrimônio cultural da humanidade, em razão da arquitetura típica iemenita.

A exploração de petróleo é importante para a economia do Azerbaijão. A região do mar Cáspio, nas proximidades de Baku, concentra os maiores campos petrolíferos do país.

O QUE É A IRRIGAÇÃO?

Quando o solo é muito seco para cultivo, as pessoas às vezes buscam água em outros lugares. Isso é chamado de irrigação. No passado, grandes civilizações cresceram ao longo das margens de rios, como o Tigre e o Eufrates, que forneciam água para irrigação. Hoje em dia, a água ainda é um recurso fundamental para o Oriente Médio, sendo também uma possível causa de conflitos.

ÁSIA

49

Legenda

Elevação
- 4 000 m
- 2 000 m
- 1 000 m
- 500 m
- 250 m
- 100 m
- 0
- 250 m
- 2 000 m
- 4 000 m

abaixo do nível do mar

△ montanha

Núcleos populacionais
- ■ ● acima de 1 milhão
- ◎ 500 000 a 1 milhão
- ▪ ○ 100 000 a 500 000
- ▫ ○ abaixo de 100 000

O quadrado vermelho indica capital de país.

Escala 1:13 200 000
(Projeção: Cônica Conforme de Lambert)

0 km 132 264 396

1 cm no mapa representa 132 km no terreno.

RÚSSIA, Sokhumi, GEÓRGIA, Kutaisi, Tbilisi, Vanadzor, Ierevan, ARMÊNIA, Monte Ararat 5 137 m, AZERBAIJÃO, Ganca, Baku, Ardabil, Monte Sabalan 4 811 m, Lago Van, Van, Diyarbakir, Tabriz, Lago Urmia, Maragheh, Rasht, Amol, Mar Cáspio, Gorgãn, Mashhad, TURCOMENISTÃO, Mosul, Kirkuk, Zanjan, Karaj, Teerã, Monte Damavand 5 671 m, Sabzevar, Deserto Kavir, AFEGANISTÃO, Bagdá, IRAQUE, Hamadan, Qom, Kashan, IRÃ, Kermanshah, An Najaf, Eufrates, Tigre, Dezful, Isfahan, Yazd, Ahvaz, Montes Zagros, Kerman, Zahedan, PAQUISTÃO, Basra, Shiraz, Iranshahr, Kuwait, KUWAIT, Bushire, Deserto Nafud, Hail, Al Jubayl, Bandar-e Abbas, Jásk, Estreito de Hormuz, Buraydah, Az Zahran, BAREIN, Manama, QATAR, Sharjah, Dubai, Al Fujayrah, Golfo de Omã, Trópico de Câncer, Al Hufuf, Doha, Abu Dhabi, Ar Rustaq, Mascate, Riad, EMIRADOS ÁRABES UNIDOS, Sur, ARÁBIA SAUDITA, Península Arábica, OMÃ, Abha, Najran, Sharurah, Salalah, OCEANO ÍNDICO, IÊMEN, Sana, Sayhut, Socotra (Iêmen), Hodeida, Pico Thamar 2 514 m, Al Mukalla, Taizz, Áden, Golfo de Áden, DJIBUTI

SUL DA ÁSIA

O sul da Ásia é limitado pela cordilheira do Himalaia ao norte e por mares e oceanos nas demais direções. Três grandes rios, o Indo, o Ganges e o Bramaputra, levam água das montanhas para as planícies, que são muito utilizadas na agricultura. Quase um quarto da população mundial vive nessa região. Embora haja grandes cidades, a maioria das pessoas vive em vilas tradicionais.

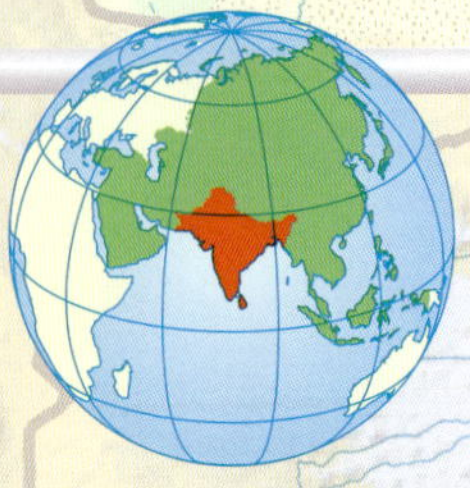

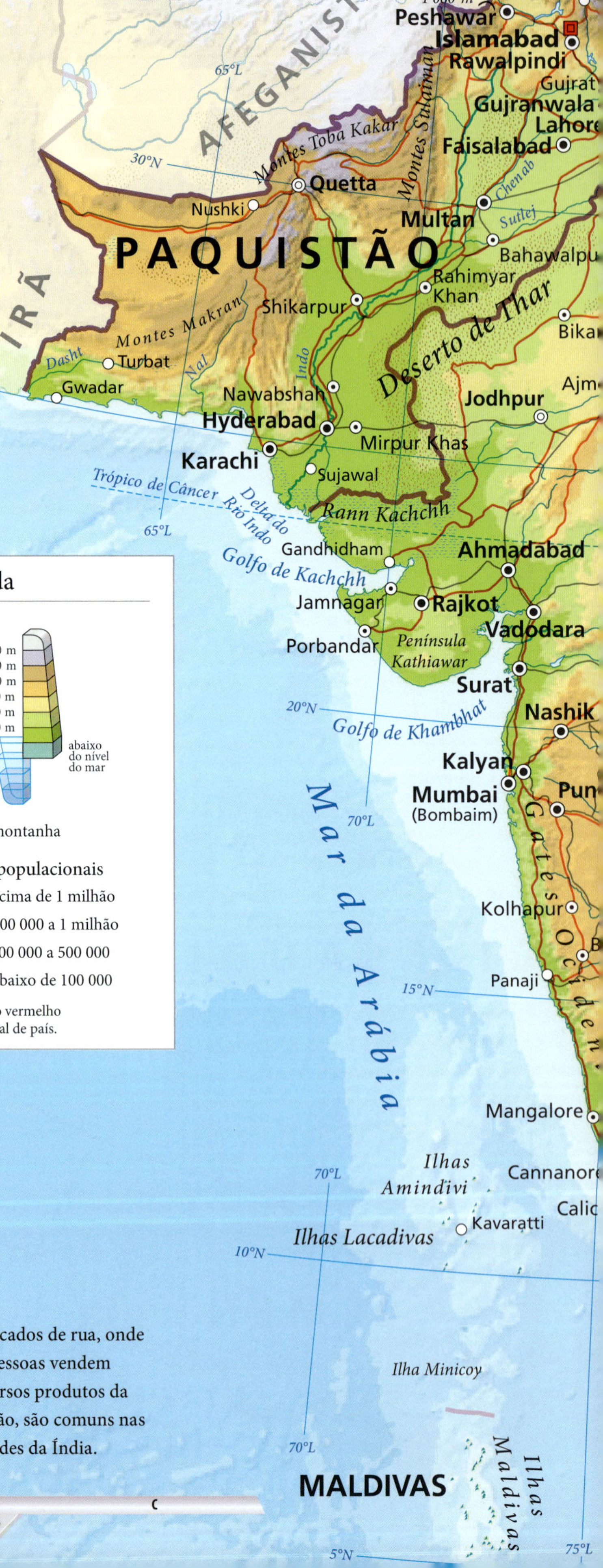

Ônibus e caminhões são meios de transporte comuns em viagens de longa distância. Há relativamente poucos carros particulares. As viagens de trem são baratas, e a Índia tem uma extensa malha ferroviária.

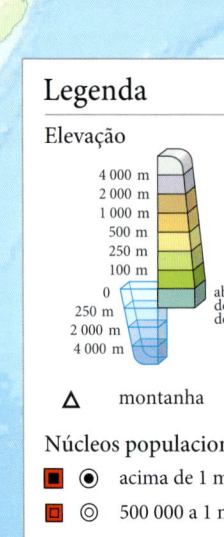

Legenda

Elevação
- 4 000 m
- 2 000 m
- 1 000 m
- 500 m
- 250 m
- 100 m
- 0
- 250 m
- 2 000 m
- 4 000 m
- abaixo do nível do mar

△ montanha

Núcleos populacionais
- ■ ⊙ acima de 1 milhão
- ▣ ◎ 500 000 a 1 milhão
- ▪ ⊙ 100 000 a 500 000
- ▪ ○ abaixo de 100 000

O quadrado vermelho indica capital de país.

Mercados de rua, onde as pessoas vendem diversos produtos da região, são comuns nas cidades da Índia.

ÁSIA

O K2 é uma montanha da cordilheira de Karakoram, na fronteira do Paquistão com a China. É o segundo pico mais alto do mundo, depois do monte Everest, com uma altitude de 8 611 metros.

Foto: Kogo

O QUE SÃO AS MONÇÕES?

A vida na Índia, na China e em outras partes do sudeste da Ásia depende das monções. As monções são um período de chuvas fortes em que o vento sopra do oceano para o continente. Antes de as monções chegarem, as temperaturas estão elevadas e o solo está seco. Quando elas acontecem, a chuva ameniza a temperatura e fornece água para o crescimento das plantas.

Escala 1:12 000 000
(Projeção: Cônica Conforme de Lambert)

0 km 120 240 360

1 cm no mapa representa 120 km no terreno.

CHINA E MONGÓLIA

A parte mais povoada da China é o leste. Nessa região, há muitas grandes cidades e terras férteis. Na Mongólia e nas áreas centrais da China, o que predomina é a aridez do deserto de Gobi.

Escala 1:16 000 000
(Projeção: Cônica Conforme de Lambert)
0 km 160 320 480
1 cm no mapa representa 160 km no terreno.

Foto: Robdigphot

A China sempre negociou produtos com outros países. No passado, mercadores levavam seda para a Europa. Atualmente, o país exporta roupas, além de outros bens manufaturados para o resto do mundo.

Localidades no mapa: Ulaangom, Burqin, Hovd, Moron, Lago Uvs, Lago Hyargas, Lago Har, Lago Haysgol, Selenga, Montanhas Altai, Hangayn Nuruu, Fuyun, Karamay, Shihezi, Altay, Urumqi, Yining, Montes Bohoro, Aj Bogd Uul 3 802 m, Atas Bogd 2 702 m, Dalandzad, Kashi, Montes Tien, Monte Tomiir 7 443 m, Korla, Turpan, Hami, Govi, Ejin Qi, Rio Aksu, Rio Tarim, Lago Bosten, Kuruktag, Yumen, Montes Yabra, Yecheng, Bacia de Tarim, Deserto Takla Makan, Lago Lop, Ruoqiang, Montes Altun, Bacia Qaidam, Montes Qilian, Deserto Tengger, K2 8 611 m, Passagem de Karakoram 5 575 m, Montanhas Kunlun, Muz Tag 6 973 m, Monte Bukan Daban 6 860 m, Lago Qinghai, Xining, Lanzhou, Rutog, Dogai Coring, Rio Tongtian, Montes Burhan Buda, Montes A'nyemaqen, Gar, Planalto do Tibete, Montes Bayan Har, Yushu, Nyima, Nagqu, Qamdo, Lago Nam, Montes Nyainqentanglha, Chengdu, Monte Xixabangma 8 027 m, Lhasa, Litang, Leshan, Monte Everest 8 850 m, Bramaputra, Xichang, Wuliang Shan, Dongchuan, Dali, Mekong, Kunming, Kaiyuan

Países: RÚSSIA, CAZAQUISTÃO, QUIRGUISTÃO, TADJIQUISTÃO, PAQUISTÃO, HIMALAIA, NEPAL, ÍNDIA, BUTÃO, MIANMAR, LAOS, MONGÓLIA, CHINA

Trópico de Câncer

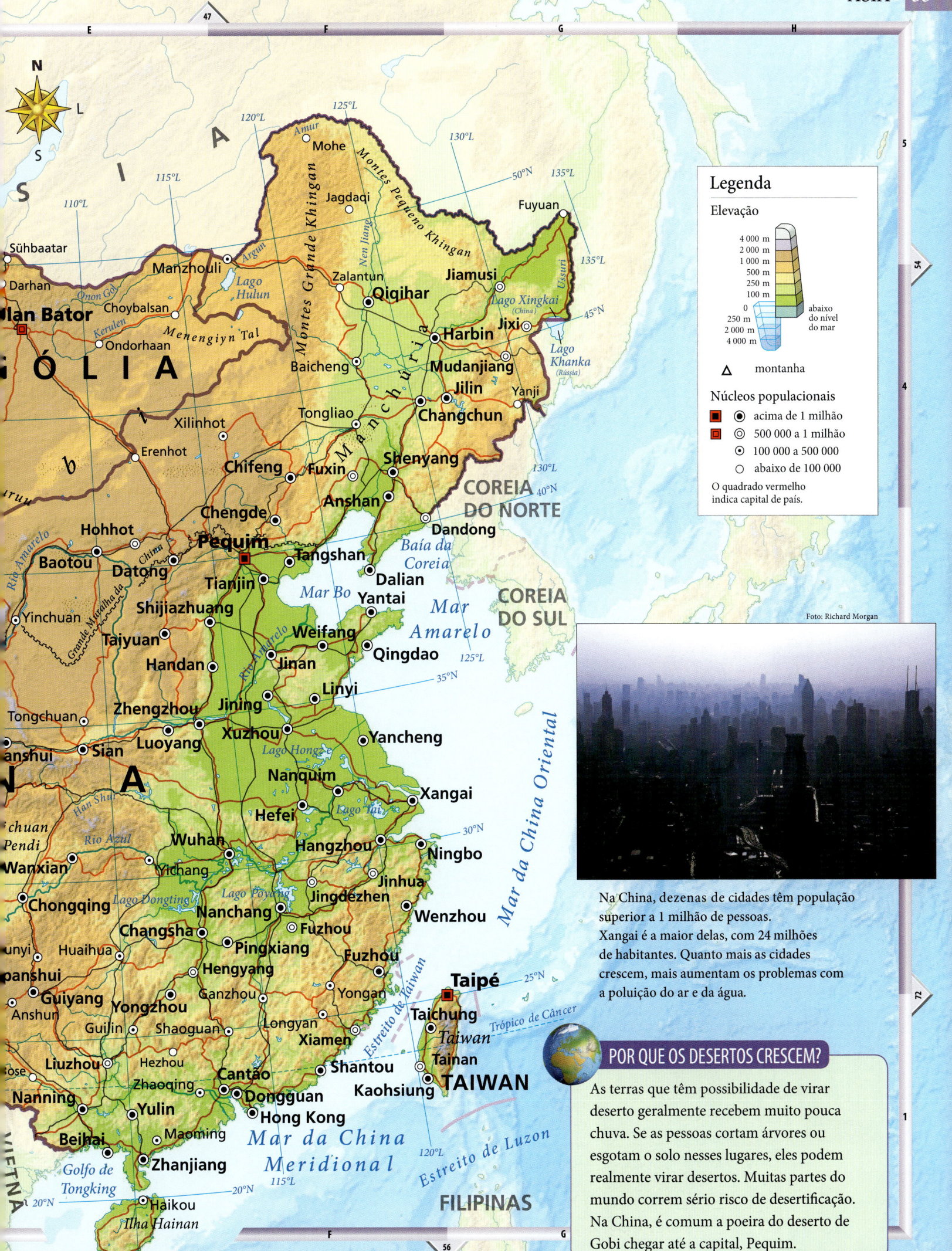

ÁSIA

Legenda

Elevação

- 4 000 m
- 2 000 m
- 1 000 m
- 500 m
- 250 m
- 100 m
- 0
- 250 m — abaixo do nível do mar
- 2 000 m
- 4 000 m

△ montanha

Núcleos populacionais
- ■ ⦿ acima de 1 milhão
- ◉ 500 000 a 1 milhão
- ⊙ 100 000 a 500 000
- ○ abaixo de 100 000

O quadrado vermelho indica capital de país.

Foto: Richard Morgan

Na China, dezenas de cidades têm população superior a 1 milhão de pessoas. Xangai é a maior delas, com 24 milhões de habitantes. Quanto mais as cidades crescem, mais aumentam os problemas com a poluição do ar e da água.

POR QUE OS DESERTOS CRESCEM?

As terras que têm possibilidade de virar deserto geralmente recebem muito pouca chuva. Se as pessoas cortam árvores ou esgotam o solo nesses lugares, eles podem realmente virar desertos. Muitas partes do mundo correm sério risco de desertificação. Na China, é comum a poeira do deserto de Gobi chegar até a capital, Pequim.

Localidades identificadas no mapa: Mohe, Jagdaqi, Fuyuan, Sühbaatar, Darhan, Manzhouli, Zalantun, Jiamusi, Ulan Bator, Choybalsan, Qiqihar, Jixi, Ondorhaan, Lago Hulun, Harbin, Mudanjiang, Baicheng, Jilin, Yanji, Xilinhot, Tongliao, Changchun, Erenhot, Chifeng, Fuxin, Shenyang, Chengde, Anshan, Dandong, Hohhot, Pequim, Tangshan, Baotou, Datong, Tianjin, Dalian, Yantai, Yinchuan, Shijiazhuang, Weifang, Qingdao, Taiyuan, Handan, Jinan, Tongchuan, Zhengzhou, Jining, Linyi, Sian, Luoyang, Xuzhou, Yancheng, Nanquim, Hefei, Xangai, Wuhan, Hangzhou, Wanxian, Yichang, Jinhua, Ningbo, Chongqing, Nanchang, Jingdezhen, Wenzhou, Changsha, Fuzhou, Pingxiang, Huaihua, Hengyang, Fuzhou, Guiyang, Yongzhou, Ganzhou, Yongan, Taipé, Anshun, Guilin, Shaoguan, Longyan, Taichung, Liuzhou, Hezhou, Xiamen, Tainan, Nanning, Zhaoqing, Cantão, Shantou, Kaohsiung, Beihai, Yulin, Dongguan, Hong Kong, Maoming, Zhanjiang, Haikou

Acidentes geográficos: Rio Amur, Montes Grande Khingan, Montes Pequeno Khingan, Nen Jiang, Ussuri, Lago Xingkai (China), Lago Khanka (Rússia), Manchúria, Menengiyn Tal, Baía da Coreia, Mar Bo, Rio Amarelo, Mar Amarelo, Grande Muralha da China, Han Shui, Lago Hongze, Rio Azul, Lago Tai, Mar da China Oriental, Lago Dongting, Lago Poyang, Estreito de Taiwan, Trópico de Câncer, Ilha Hainan, Golfo de Tongking, Mar da China Meridional, Estreito de Luzon

Países/regiões: MONGÓLIA, RÚSSIA, COREIA DO NORTE, COREIA DO SUL, TAIWAN, VIETNÃ, FILIPINAS

COREIA E JAPÃO

O Japão é formado por quatro ilhas principais e cerca de 3 000 ilhas menores. Mais de três quartos das ilhas são ocupados por áreas montanhosas com diversos vulcões, por isso, a maioria das pessoas vive nas planícies próximas à costa. O Japão é uma nação bastante industrializada, com diversas fábricas de carros e de aparelhos eletrônicos. Na Coreia do Sul, localizada na parte continental, as indústrias de alta tecnologia também se desenvolveram.
A Coreia do Norte, que tem governo comunista, permanece isolada do resto do mundo.

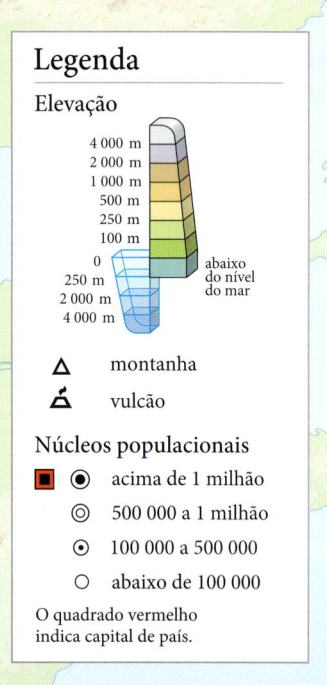

Legenda

Elevação
- 4 000 m
- 2 000 m
- 1 000 m
- 500 m
- 250 m
- 100 m
- 0
- 250 m
- 2 000 m
- 4 000 m

abaixo do nível do mar

△ montanha
⛰ vulcão

Núcleos populacionais
- ■ ⬤ acima de 1 milhão
- ◉ 500 000 a 1 milhão
- ⊙ 100 000 a 500 000
- ○ abaixo de 100 000

O quadrado vermelho indica capital de país.

Monumento ao Grande Líder, na praça central de Pyongyang, onde ocorrem desfiles e comemorações.

Foto: Oleg Khripunkov

(A Coreia do Sul e do Norte foram divididas por um cessar-fogo em 1953)

Liancourt Rocks (reclamadas pelo Japão e pela Coreia do Sul)

ÁSIA

Mar de Okhotsk

Wakkanai
Ilha Rebun
Ilha Rishiri
Nayoro • Kitami • Abashiri
Asahikawa
Baía Ishikari
Otaru
Sapporo
Pico Asahi 2 290 m
Nemuro
Hokkaido
Suttsu
Obihiro • Kushiro
Pico Horoshiri 2 052 m
Tomakomai
Ilha Okushiri
Muroran
Baía Uchiura
Hakodate

Ilhas Curilas (Rússia)

Mar do Japão

Estreito La Perouse
Estreito Tsugaru
Aomori
Hirosaki • Hachinohe
Noshiro
Miyako
Akita • Morioka
Sakata • Kesennuma
Tsuruoka • Furukawa • Ishinomaki
Yamagata • Baía Sendai
Sendai
Niigata
Sado
Fukushima
Nagaoka • Koriyama
Joetsu • Iwaki
Toyama • Nagano • Utsunomiya • Hitachi
Kanazawa • Maebashi • Mito
Fukui
Planície de Kanto
Hida-sanmyaku
Kasumiga-ura
Matsumoto
Tsuruga
Tóquio
Choshi
Gifu • Chiba
Kyoto • Nagoya • Yokohama
Lago Biwa
Monte Fuji (Fuji-san) 3 776 m
Hiratsuka
Himeji
Tsu • Toyota • Fuji
Izu-hanto
Kobe • **Osaka**
Hamamatsu
Baía Sagami
Wakayama
Ise
Baía de Ise
Ilha O
Tokushima
Baía Suruga
Tanabe
Ilha Kozu • Ilha Mikura
Kii-sando
Ilhas Izu
Ilha Hachijo

Mar das Filipinas

Oceano Pacífico

JAPÃO

Ou-sanmyaku

Escala 1:6 500 000
(Projeção: Cônica Conforme de Lambert)

0 km — 65 — 130 — 195

1 cm no mapa representa 65 km no terreno.

O QUE CAUSA OS TERREMOTOS?

A maioria dos países banhados pelo oceano Pacífico são atingidos por terremotos.
Terremotos acontecem quando as diferentes placas que formam a crosta terrestre se movimentam. No Japão, acontecem cerca de 1 500 movimentos de placas a cada ano. A maioria desses terremotos são de pequena intensidade e não causam danos.
Porém, em 2011, um terremoto seguido de *tsunami* deixou mais de 13 mil mortos e 16 mil desaparecidos. Houve graves danos à estrutura viária, construções e fornecimento de energia. A Central Nuclear de Fukushima foi tão afetada que teve de ser desativada.

A cidade de Tóquio, que no século XVI era apenas um pequeno castelo, tornou-se uma das maiores cidades do mundo.

SUDESTE ASIÁTICO

As planícies do sudeste asiático já foram cobertas por florestas tropicais. Muitas dessas florestas foram derrubadas para dar lugar a fábricas, moradias e pastagens. A Indonésia é o maior país e também o mais populoso da região. Tem mais de 5 000 km de extensão e é formado por mais de 13 000 ilhas. Outra nação formada por ilhas são as Filipinas, que têm modernas indústrias.

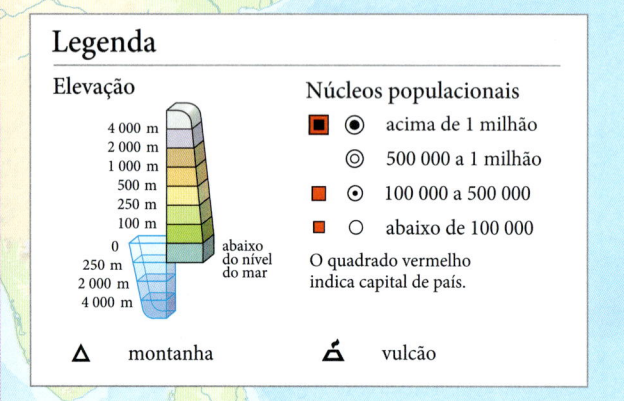

Legenda

Elevação
- 4 000 m
- 2 000 m
- 1 000 m
- 500 m
- 250 m
- 100 m
- 0
- 250 m abaixo do nível do mar
- 2 000 m
- 4 000 m

Núcleos populacionais
- acima de 1 milhão
- 500 000 a 1 milhão
- 100 000 a 500 000
- abaixo de 100 000

O quadrado vermelho indica capital de país.

△ montanha △ vulcão

Escala 1:18 200 000
(Projeção: Mercator)

0 km — 182 — 364 — 546

1 cm no mapa representa 182 km no terreno.

Cingapura, o menor país da Ásia, transformou-se de um pequeno porto em uma grande área industrial.

Foto: Christian Beckers

ÁSIA

Além de ser um hábitat incomparável, a densa vegetação da floresta tropical protege o solo contra a erosão quando da ocorrência de chuvas fortes.

O budismo é uma religião bastante forte no sudeste asiático. Os templos atraem visitantes de várias partes do mundo.

O QUE É UM ARQUIPÉLAGO?

Um arquipélago é um grupo ou uma cadeia de ilhas. Alguns arquipélagos são formados pelo topo de cadeias de montanhas submersas. Outros, como as Filipinas, ergueram-se do solo oceânico devido ao movimento das placas tectônicas ou devido à atividade vulcânica.

OCEANIA – POLÍTICO

Sem dúvida, a Austrália é o maior e mais populoso país da Oceania. Assim como a Nova Zelândia, a Austrália era colônia britânica, mas conquistou sua independência há mais de cem anos. Localizado mais ao norte, Papua-Nova Guiné é outro país importante. A leste, há vários países formados por ilhas espalhadas pelo oceano Pacífico.

Legenda

- ■ capital
- □ capital de território não independente

Escala 1:56 000 000

0 km   560   1 120   1 680

1 cm no mapa representa 560 km no terreno.

As ilhas do oceano Pacífico

Algumas ilhas do Pacífico, como Nova Caledônia e Guam, ainda pertencem a outras nações. Outras ilhas, apesar de serem bem pequenas, constituem países independentes. Os polinésios, habitantes originais dessas regiões, ainda são o principal grupo populacional.

Foto: U.S. Department of Energy's Atmospheric Radiation Measurement Program

A ilha de Nauru é um país tão pequeno que não tem capital. A renda nacional desse país depende, há muito tempo, do fosfato exportado para a Austrália. Agora que o mineral está acabando, Nauru precisa encontrar outra maneira de garantir seu futuro financeiro.

OCEANIA – FÍSICO

A Oceania é o menor dos continentes. É formado pela Austrália, pela Nova Zelândia, por Papua-Nova Guiné e por mais de 20 mil ilhas pequenas espalhadas pelo oceano Pacífico. A maior parte desse continente fica entre os trópicos. Embora seja cercada por água, a Austrália é famosa por seus desertos. A Nova Zelândia e a Nova Guiné têm paisagens montanhosas. Muitas das pequenas ilhas são antigos vulcões que afundaram no oceano. Esse processo fez com que apenas uma pequena parte desses vulcões permanecesse acima do nível do mar, formando, assim, as ilhas.

CURIOSIDADES

PONTO MAIS ALTO: Monte Wilhelm 4 509 m

RIO MAIS LONGO: Rio Murray/Rio Darling 3 718 km

MAIOR LAGO: Lago Eyre 9 000 km

MAIOR ILHA: Nova Guiné 800 000 km^2

MAIOR DESERTO: Grande Deserto Vitória 424 400 km^2

MAIOR PAÍS: Austrália 7 686 850 km^2

MENOR PAÍS: Nauru 21 km^2

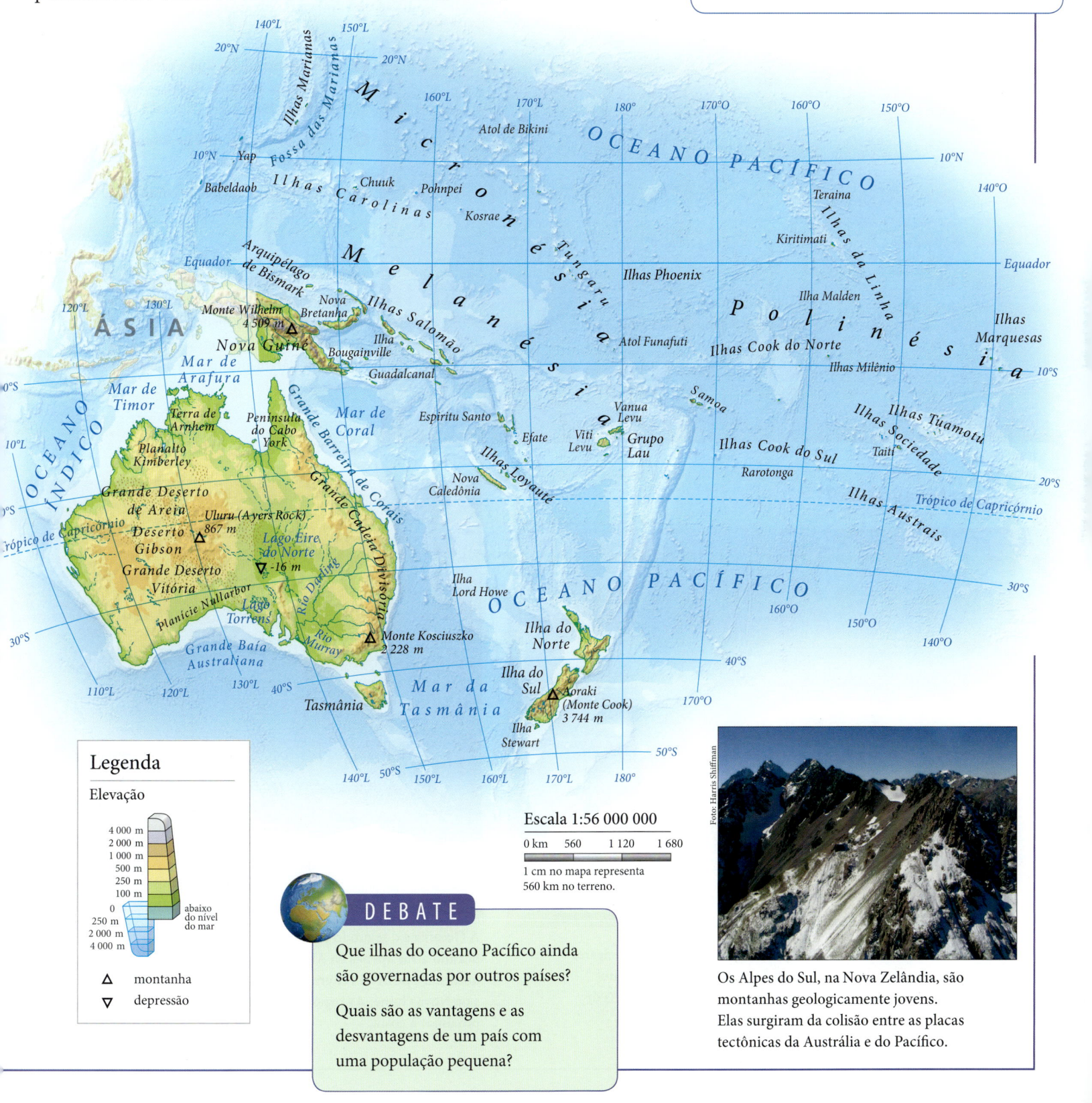

Legenda

Elevação

- 4 000 m
- 2 000 m
- 1 000 m
- 500 m
- 250 m
- 100 m
- 0
- 250 m
- 2 000 m
- 4 000 m

abaixo do nível do mar

△ montanha
▽ depressão

Escala 1:56 000 000

0 km   560   1 120   1 680

1 cm no mapa representa 560 km no terreno.

DEBATE

Que ilhas do oceano Pacífico ainda são governadas por outros países?

Quais são as vantagens e as desvantagens de um país com uma população pequena?

Os Alpes do Sul, na Nova Zelândia, são montanhas geologicamente jovens. Elas surgiram da colisão entre as placas tectônicas da Austrália e do Pacífico.

OCEANIA VISTA DO ESPAÇO

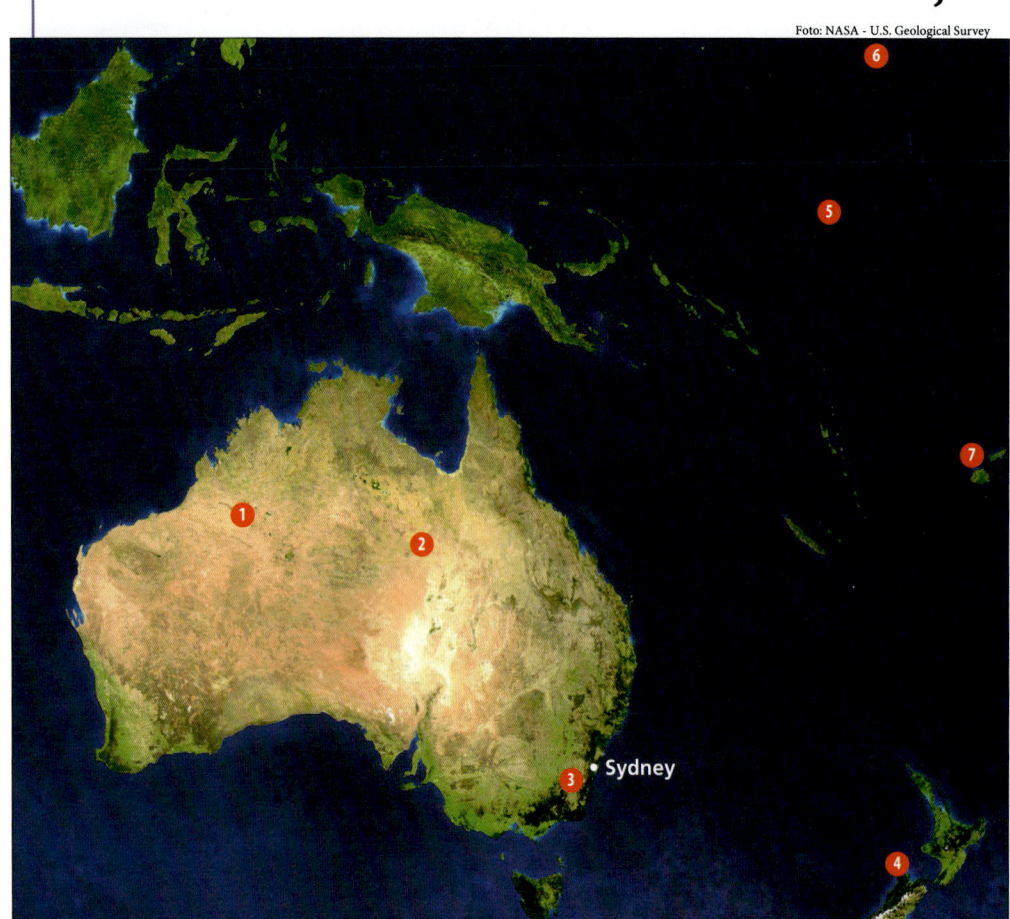

Problemas ambientais

1. Desertificação, Austrália, atualmente
2. Poluição do ar, mina monte Isa, Austrália, atualmente
3. Incêndios (*bush fires*), Nova Gales do Sul, Austrália, 2001, 2002, 2004
4. Buraco na camada de ozônio, a partir de 1980
5. Contaminação do solo e perda de vegetação, minas de fosfato, Nauru, a partir de 1980
6. Testes nucleares, Atol de Bikini, Ilhas Marshall, anos 40 e 50
7. Destruição de recifes de corais, Fiji, atualmente

Os desertos da Austrália, bem como as águas rasas do seu litoral, ficam bastante evidentes nesta imagem de satélite. As montanhas e florestas da Nova Guiné aparecem claramente mais ao norte.

Testes nucleares

26 de março de 1954

Os Estados Unidos, a França e a Inglaterra realizaram testes nucleares em algumas ilhas remotas do Pacífico. O local mais famoso, o atol de Bikini, usado nos anos 40 e 50, ainda sofre com os altos níveis de radiação.

A Oceania à noite

A Oceania é o segundo continente menos populoso, ficando atrás apenas da Antártica. Nesta imagem noturna, é possível ver grandes áreas vazias na Austrália e na Nova Guiné. As regiões mais habitadas ficam próximas à costa.

OCEANIA | **61**

Porto de Sydney

Foto: Geoeye / Science Photo Library / Stock Photos

- Prefeitura
- Porto de Darling
- Jardim Botânico Real
- Docas
- Sede do Governo
- Sydney Opera House (Teatro de Sydney)
- Ponte do Porto de Sydney

Julho de 2000

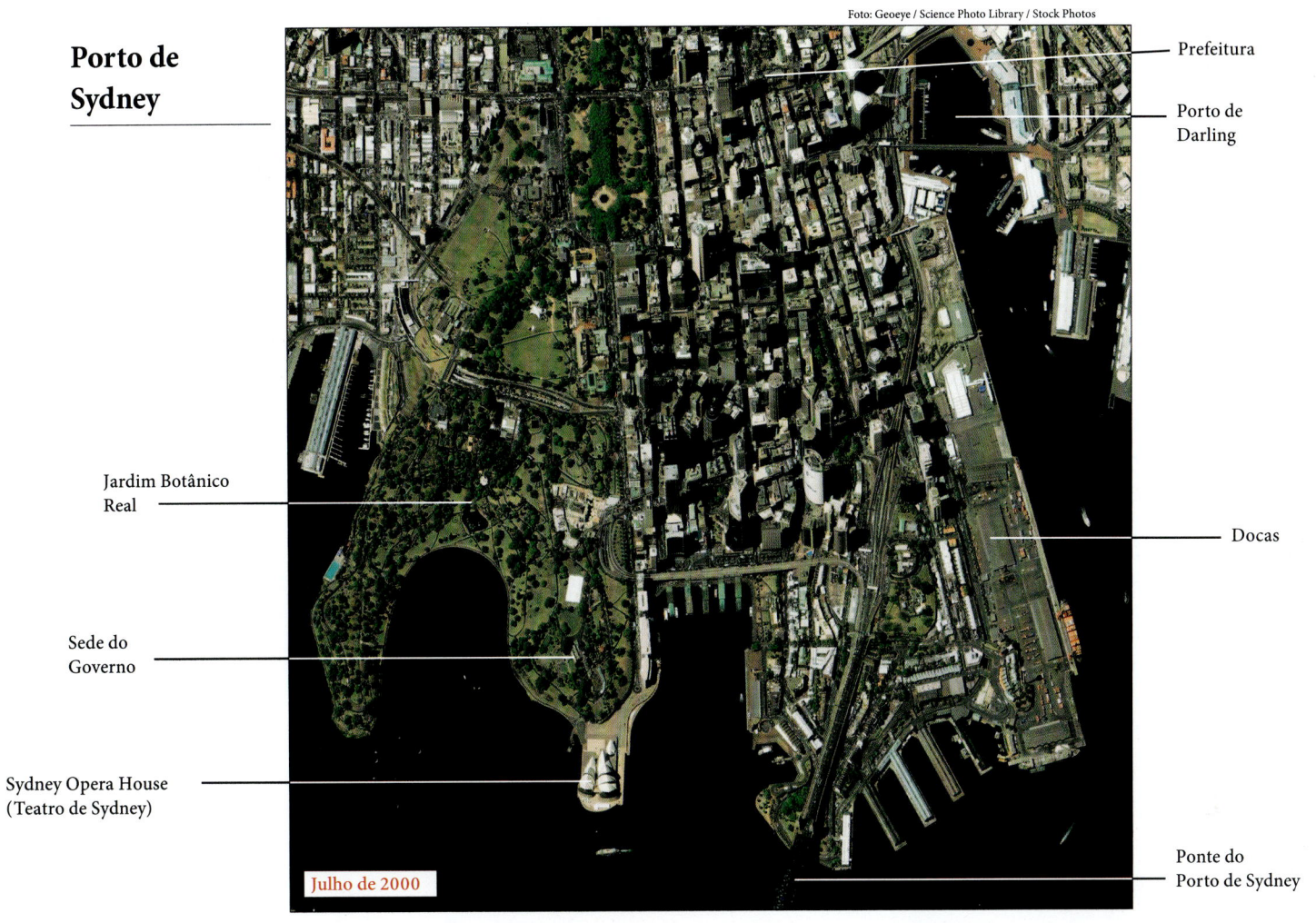

Esta imagem aérea mostra o centro de Sydney, que se desenvolveu ao redor da primeira área ocupada pelos europeus, em 1778.

Ilha Wake – ilhas de corais

Foto: NASA NLT Landsat 7 (Visible Color) Satellite Image

Abril de 2005

Há diversas ilhas de corais espalhadas pelo oceano Pacífico. Nesta imagem, observando a cor da água, é possível ver a diferença de profundidade entre a lagoa rasa e o oceano, que é bem mais fundo. Por terem apenas alguns poucos metros de altitude, as ilhas de corais são bastante vulneráveis à elevação do nível dos oceanos.

Incêndios

Foto: Nasa / Science Photo Library / Stock Photos

AUSTRÁLIA DO SUL — NOVA GALES DO SUL — Sydney — VITÓRIA — Tasmânia

Janeiro de 2003

Escala 1:13 800 000
0 km 138 276 414

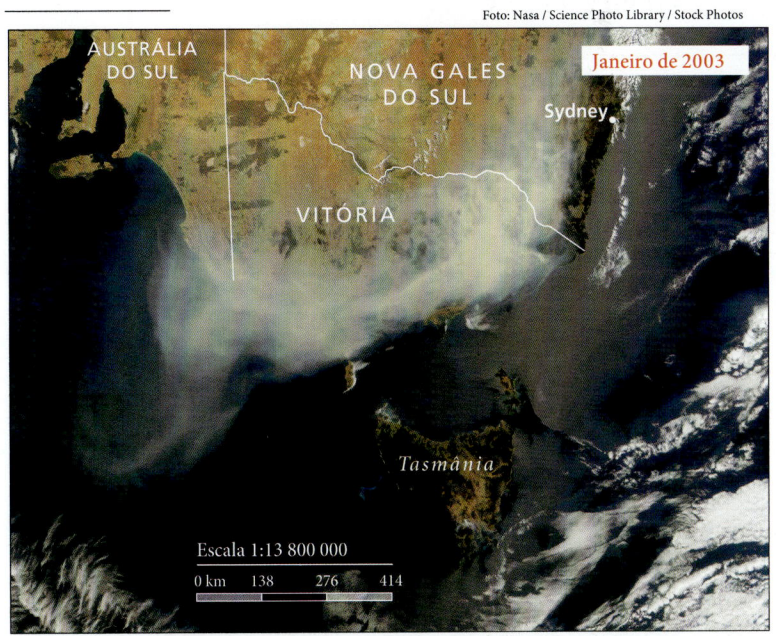

No fim de 2002, aconteceram alguns incêndios em Vitória e Nova Gales do Sul, na Austrália, depois de um longo período de seca. Muitos focos de incêndio foram registrados ao mesmo tempo. As chamas chegaram a 30 metros de altura e foram espalhadas pelo vento.

AUSTRÁLIA E NOVA ZELÂNDIA

A Austrália é o sexto maior país do mundo em extensão. Desertos e áreas de vegetação rasteira cobrem a maior parte da região central do país. Essa região é conhecida como *outback*. Ao longo da costa leste, a cordilheira Australiana forma a área mais montanhosa do país. A maioria dos australianos mora nessa região. Localizada 2 mil quilômetros a leste, a Nova Zelândia é um dos países mais isolados do mundo. Ele é dividido em duas ilhas principais. A ilha do Norte é de origem vulcânica; a ilha do Sul é formada predominantemente por montanhas recentes denominadas de Alpes do Sul.

A Sydney Opera House (Teatro de Sydney) é uma das construções mais famosas do mundo. Seu telhado em forma de velas de barco virou um símbolo da Austrália.

Este é um dos muitos atóis ameaçados pela elevação do nível dos oceanos. Os corais, que crescem há 30 milhões de anos, irão morrer se ocorrerem mudanças climáticas abruptas.

O QUE É UM ATOL?

Grandes colônias de corais crescem nas águas rasas em volta das ilhas do Pacífico Sul. Com o passar do tempo, os corais se transformam em recifes, criando lagoas próximas à costa. Às vezes, o solo dentro da lagoa afunda, devido à erosão ou a mudanças no assoalho oceânico, e a lagoa aumenta. O resultado desse processo é chamado de atol.

OCEANIA

Escala 1:20 000 000
(Projeção: Azimutal Equidistante de Lambert)

0 km 200 400 600

1 cm no mapa representa 200 km no terreno.

PAPUA-NOVA GUINÉ

- Madang
- Rabaul
- Nova Irlanda
- Mount Hagen
- Monte Wilhelm 4 509 m
- Cordilheira Central
- Nova Guiné
- Lae
- Nova Bretanha
- Ilha de Bougainville
- Kerema
- **Port Moresby**
- INDONESIA

Mar de Salomão

Ilhas Salomão

ILHAS SALOMÃO
- Honiara
- Guadalcanal
- Ilhas Banks

VANUATU
- Espiritu Santo
- Port Vila

Nova Caledônia (França)
- Ilhas Loyauté
- Nova Caledônia
- Nouméa

FIJI
- Lautoka
- Viti Levu
- Suva
- Grupo Lau

Trópico de Capricórnio

OCEANO PACÍFICO

Mar de Coral

Grande Barreira de Corais

- Cooktown
- Cairns
- Townsville
- Charters Towers
- Mackay
- Clermont
- Rockhampton
- Bundaberg
- Charleville
- Roma
- Toowoomba
- **Brisbane**
- Surfers Paradise
- Bourke
- Moree
- Grafton
- Tamworth
- Port Macquarie
- Ilha Lord Howe
- Cunnamulla
- Marree
- Cloncurry
- Longreach
- Burketown
- Mitchell
- Darling

QUEENSLAND

NOVA GALES DO SUL
- Ivanhoe
- Newcastle
- Parramatta
- Sydney
- Wollongong
- Mildura
- Wagga Wagga
- **Camberra**
- TERRITÓRIO DA CAPITAL AUSTRALIANA
- Monte Kosciuszko 2 228 m
- Cooma
- Murray
- VICTORIA
- Bendigo
- Horsham
- Mount Gambier
- **Melbourne**
- Geelong
- Traralgon

Estreito de Bass

- Marrawah
- Devonport
- Launceston
- **TASMÂNIA**
- Tasmânia
- Hobart

Grande Cadeia Divisória

Mar da Tasmânia

NOVA ZELÂNDIA
- Auckland
- Manurewa
- Ilha do Norte
- Hamilton
- Rotorua
- New Plymouth
- Lago Taupo
- Palmerston North
- Hastings
- **Wellington**
- Aoraki (Monte Cook) 3 744 m
- Ilha do Sul
- Alpes do Sul
- Christchurch
- Invercargill
- Ilha Stewart
- Dunedin

Legenda

Elevação
- 4 000 m
- 2 000 m
- 1 000 m
- 500 m
- 250 m
- 100 m
- 0
- 250 m
- 2 000 m
- 4 000 m
- abaixo do nível do mar

△ montanha

Núcleos populacionais
- ⊙ acima de 1 milhão
- ◎ 500 000 a 1 milhão
- ■ ⊙ 100 000 a 500 000
- ■ ○ abaixo de 100 000

O quadrado vermelho indica capital de país.

AMÉRICA DO NORTE E CENTRAL – POLÍTICO

Na América do Norte, fica um dos países mais poderosos do mundo atualmente: os Estados Unidos. Canadá e México são os outros dois países maiores. Ao sul, ficam as ilhas do Caribe e a estreita faixa de terra que forma a América Central, que é composta por diversos países pequenos.

Legenda
- capital

A Estátua da Liberdade foi um presente da França para os Estados Unidos. Inaugurado em 1886, esse monumento é um grande símbolo da democracia.

Groenlândia

A Groenlândia é a maior ilha do mundo e fica no nordeste da América do Norte. A maioria das terras desse país é coberta por uma grossa camada de gelo restante da última era do gelo. A população da Groenlândia é de apenas 56 mil habitantes, a maioria deles esquimós.

Escala 1:49 000 000

0 km 490 980 1 470

1 cm no mapa representa 490 km no terreno.

AMÉRICA DO NORTE E CENTRAL – FÍSICO

As Américas do Norte e Central estendem-se do Ártico até os trópicos. A oeste, ficam as montanhas Rochosas, uma cadeia montanhosa bastante alta. A leste, localizam-se as Grandes Planícies, uma extensa área de terras planas banhadas pelo rio Mississipi. Os Grandes Lagos, criados por geleiras na última era do gelo, ficam na fronteira entre os Estados Unidos e o Canadá e são uma paisagem característica da América do Norte.

CURIOSIDADES

- **PONTO MAIS ALTO:** Monte McKinley 6 194 m
- **RIO MAIS LONGO:** Mississípi/Missouri 6 019 km
- **MAIOR LAGO:** Lago Superior 82 414 km²
- **MAIOR ILHA:** Groenlândia 2 166 086 km²
- **MAIOR DESERTO:** Deserto da Grande Bacia 492 000 km²
- **MAIOR PAÍS:** Canadá 9 970 610 km²
- **MENOR PAÍS:** São Cristóvão e Nevis 269 km²

Legenda

Elevação
- 4 000 m
- 2 000 m
- 1 000 m
- 500 m
- 250 m
- 100 m
- 0
- 250 m
- 2 000 m
- 4 000 m
- abaixo do nível do mar

- △ montanha
- ⌂ vulcão
- ▽ depressão

Escala 1:49 000 000

0 km — 490 — 980 — 1 470

1 cm no mapa representa 490 km no terreno.

Foto: Veronica Stockley

Enormes e extremamente poderosas, as cataratas do Niágara ficam entre os lagos Erie e Ontário. Antes da construção de usinas hidrelétricas, a força das águas provocava uma erosão que reduzia as quedas em cerca de 1,5 metro por ano.

DEBATE

Quantos países das Américas do Norte e Central ficam entre os trópicos?

Qual destes dois países tem paisagem mais variada: o Canadá ou os Estados Unidos?

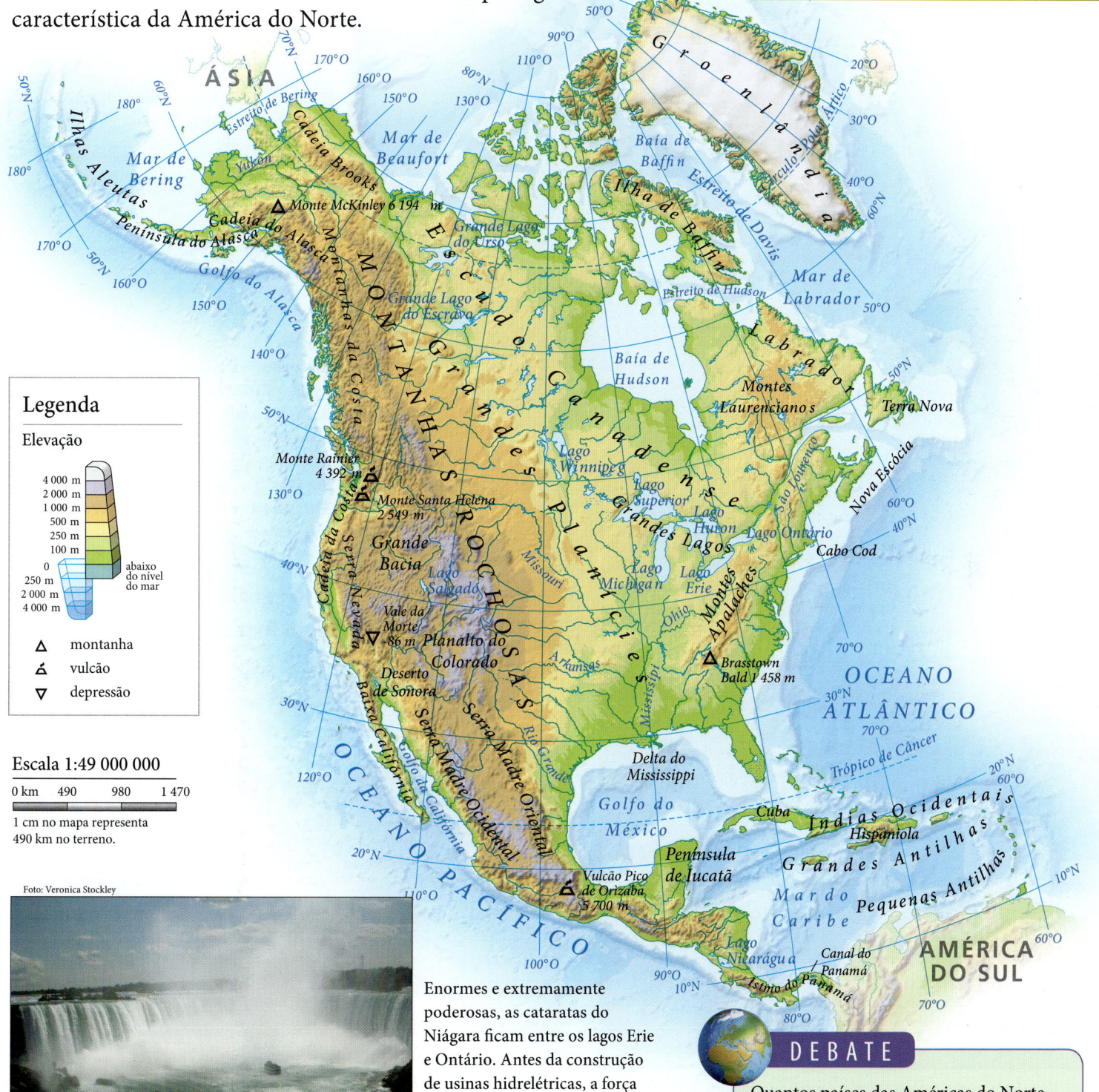

AMÉRICAS DO NORTE E CENTRAL VISTAS DO ESPAÇO

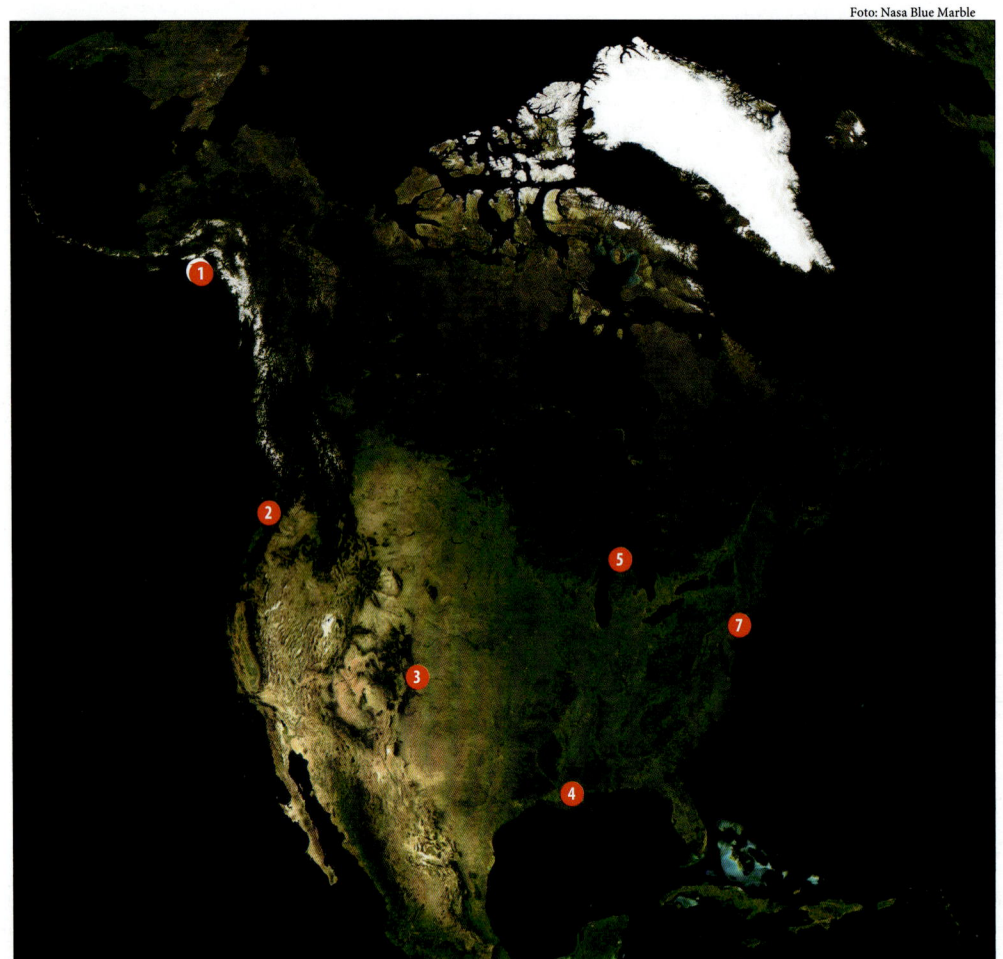

Foto: Nasa Blue Marble

Problemas ambientais

1. Vazamento de óleo, Exxon Valdez, Alasca, 1989
2. Erupção, monte Santa Helena, Estados Unidos, 1980
3. Desastre na região conhecida como *Dust Bown*, Estados Unidos, anos 30
4. Furacão Katrina, Nova Orleans, Estados Unidos, 2005
5. Chuva ácida, Grandes Lagos, atualmente
6. Furacão Mitch, Nicarágua/Honduras, 1998
7. Acidente nuclear, usina Three Mile Island, Estados Unidos, 1979

As regiões áridas do sudoeste dos Estados Unidos e as montanhas Rochosas aparecem em marrom nesta imagem de satélite. Mais ao norte e ao leste, as pradarias são substituídas por florestas. A Groenlândia e as ilhas no extremo norte do Canadá aparecem cobertas por gelo.

Estragos causados pelo furacão Mitch

Américas do Norte e Central à noite

Foto: NASA/Goddard Space Flight Center Scientific Visualization Studio

Esta imagem noturna mostra cidades e núcleos populacionais nas Américas do Norte e Central. É possível perceber como "fios" de luz, ao longo das estradas, fazem a ligação entre algumas das principais cidades.

Foto: United States Geological Survey

Outubro de 1998

Mais de 20 mil pessoas morreram e 3 milhões de habitantes foram prejudicados pelo furacão Mitch, que atingiu a Nicarágua e Honduras. Os ventos foram extremamente fortes, mas foi a chuva que causou os problemas mais graves, pois a tempestade se moveu bastante devagar, o que não é muito comum.

AMÉRICAS DO NORTE E CENTRAL

Nova York

Foto: USGS/NASA Earthshots

Setembro de 2001

Escala 1:250 000
0 km   4   8

Nesta imagem aérea da cidade de Nova York, aparecem prédios, canais e áreas sem construções. Essa foto foi tirada logo após o ataque terrorista que destruiu as torres gêmeas do World Trade Center. É possível ver a fumaça que se espalhou pelo centro da cidade.

Grand Canyon, rio Colorado

Foto: USGS/NASA Earthshots

Junho 2004

Escala 1:800 000
0 km   10   20

O Grand Canyon é um patrimônio da humanidade de enorme importância por causa de sua paisagem, de sua geologia e da vida selvagem que abriga. Essa imagem em infravermelho foi tirada no começo do verão no Hemisfério Norte. A vegetação aparece em vermelho, as florestas aparecem em marrom e as rochas aparecem em cinza.

Delta do rio Mississippi

Foto: USGS/NASA Earthshots

Golfo do México

Maio de 2001

Quando o rio Mississippi chega ao mar, as fortes correntezas fazem com que os sedimentos criem um delta com uma forma diferente, como se fosse a pata de um pássaro. A forma dessa pata sofre constantes alterações à medida que novos canais se formam e outros são bloqueados. Esse processo dificulta a navegação na região.

Tempestades de neve

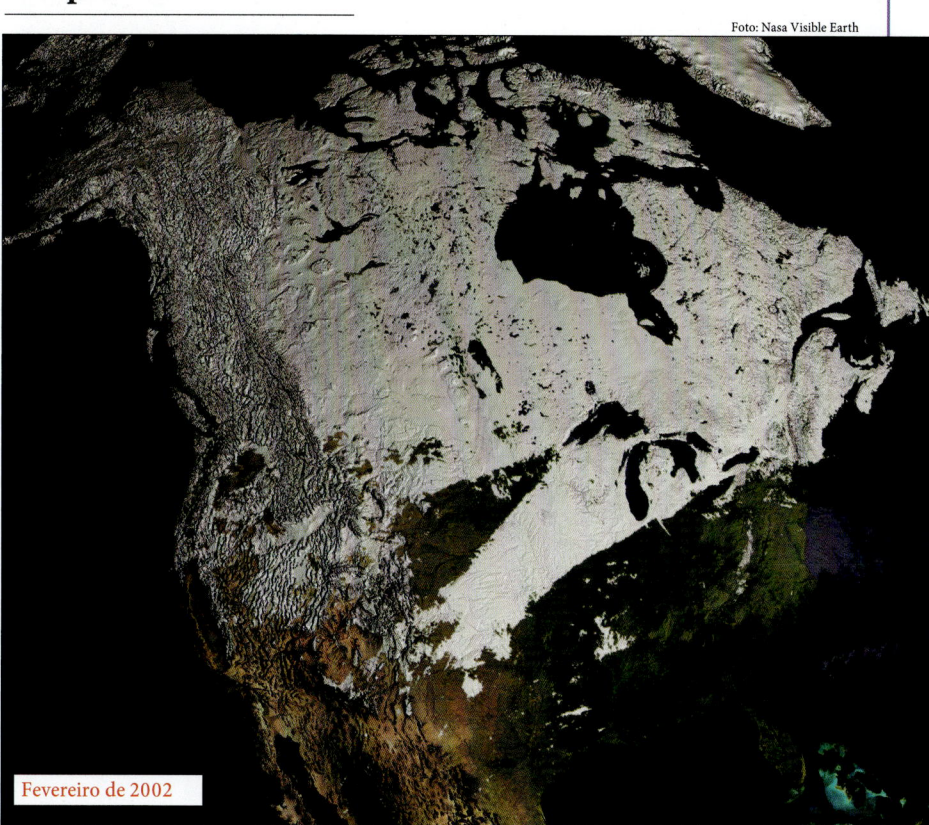

Foto: Nasa Visible Earth

Fevereiro de 2002

Esta imagem mostra áreas que foram atingidas por tempestades de neve. No oeste dos Estados Unidos, a maioria da água consumida pela população vem da neve derretida. Os satélites ajudam a monitorar os fenômenos meteorológicos.

AMÉRICAS DO NORTE E CENTRAL

CANADÁ E GROENLÂNDIA

O Canadá é o segundo maior país do mundo em extensão. A maioria das pessoas vive no sul, perto da fronteira com os Estados Unidos, pois, nessa região, o clima é mais agradável do que nas outras partes do país. Ao norte, há enormes florestas de coníferas e diversos lagos; no extremo norte do continente, encontram-se as terras congeladas que são banhadas pelo oceano Glacial Ártico. As Rochosas são uma cadeia montanhosa que se estende pela costa oeste.

Foto: Pauline Decroix

O lago Moraine fica próximo às montanhas Rochosas, em Alberta. A região de Alberta é bastante procurada por pessoas que gostam de fazer caminhadas. A imagem do lago Moraine aparece em uma das séries de notas de 20 dólares canadenses.

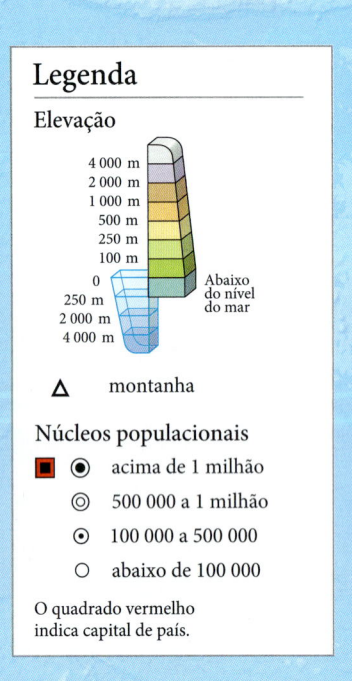

Legenda

Elevação
- 4 000 m
- 2 000 m
- 1 000 m
- 500 m
- 250 m
- 100 m
- 0
- 250 m — Abaixo do nível do mar
- 2 000 m
- 4 000 m

△ montanha

Núcleos populacionais
- ■ acima de 1 milhão
- ◉ 500 000 a 1 milhão
- ⦿ 100 000 a 500 000
- ○ abaixo de 100 000

O quadrado vermelho indica capital de país.

AMÉRICAS DO NORTE E CENTRAL

Foto: Koosha Hashemi

A camada de gelo que cobre a Groenlândia tem mais de 3 km de espessura e contém 10% de toda a água doce da Terra. Se a temperatura do planeta aumentar e esse gelo derreter, o nível dos oceanos irá subir e ocorrerão enchentes em várias partes do mundo.

O QUE SÃO AS PRADARIAS?

A vegetação original típica das planícies do centro dos Estados Unidos e do Canadá são conhecidas como pradarias. Nessas regiões, surgiram enormes plantações de trigo. A maioria dos grãos é exportada para outros países, o que contribui para que a América do Norte tenha um grande poder político.

Escala 1:20 000 000
(Projeção: Cônica Conforme de Lambert)

0 km 200 400 600

1 cm no mapa representa 200 km no terreno.

AMÉRICAS DO NORTE E CENTRAL

ESTADOS UNIDOS

Os Estados Unidos são formados por 50 estados, incluindo o Alasca e o Havaí. Esse país é o mais rico do mundo atualmente, com grandes cidades industrializadas nas áreas próximas às costas e produtivas fazendas nas regiões do interior. O rio Mississippi passa por quase metade dos Estados Unidos.

O Grand Canyon, no estado do Arizona, é uma das grandes maravilhas do mundo. Foi criado pelo rio Colorado, que, escavando e desgastando as rochas, formou um vale com mais de 600 metros de profundidade.

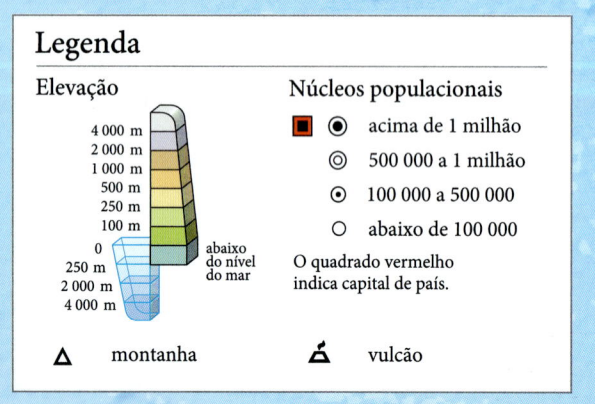

Legenda

Elevação
- 4 000 m
- 2 000 m
- 1 000 m
- 500 m
- 250 m
- 100 m
- 0
- 250 m
- 2 000 m
- 4 000 m
- abaixo do nível do mar

Núcleos populacionais
- acima de 1 milhão
- 500 000 a 1 milhão
- 100 000 a 500 000
- abaixo de 100 000

O quadrado vermelho indica capital de país.

△ montanha ⌂ vulcão

AMÉRICAS DO NORTE E CENTRAL

Um tornado avança pela área rural do estado de Kansas, causando destruição. Esse estado é o que mais tem prejuízos com danos causados por tornados.

Foto: U.S. National Oceanic and Atmospheric Administration

O QUE SÃO TORNADOS?

Tornados são tempestades pequenas, porém bastante violentas. Nessas tempestades, uma espécie de funil se forma entre as nuvens e o solo. Os tornados fazem movimentos giratórios, e os ventos podem chegar a 400 km/h, causando terríveis destruições. Esses fenômenos ocorrem em várias partes do mundo, mas são mais comuns na região central dos Estados Unidos. Acredita-se que eles se formem por causa da mistura de ar quente e ar frio, entre o fim da primavera e o começo do verão.

Escala 1:14 000 000
(Projeção: Cônica Conforme de Lambert)

0 km 140 280 420

1 cm no mapa representa 140 km no terreno.

AMÉRICAS DO NORTE E CENTRAL

MÉXICO, AMÉRICA CENTRAL E CARIBE

A "espinha dorsal" da América Central e do México é formada por uma cadeia de montanhas bastante alta, muitas delas vulcânicas. O México, com sua população de mais de 114 milhões de habitantes, é bem maior que qualquer outro país da região. No Caribe, as diversas pequenas ilhas tropicais são um destino bastante procurado por turistas europeus e norte-americanos.

A civilização Maia teve origem na península de Iucatã, no México. Esta foto mostra o Templo dos Guerreiros, na cidade de Chichen Itzá. Ele foi construído entre os anos de 1100 e 1300 e, hoje em dia, é uma importante atração turística.

Fundada em 1325 e situada 2 mil metros acima do nível do mar, a Cidade do México se transformou em uma grande metrópole. O Anjo da Independência é o monumento que fica no coração da cidade.

AMÉRICAS DO NORTE E CENTRAL

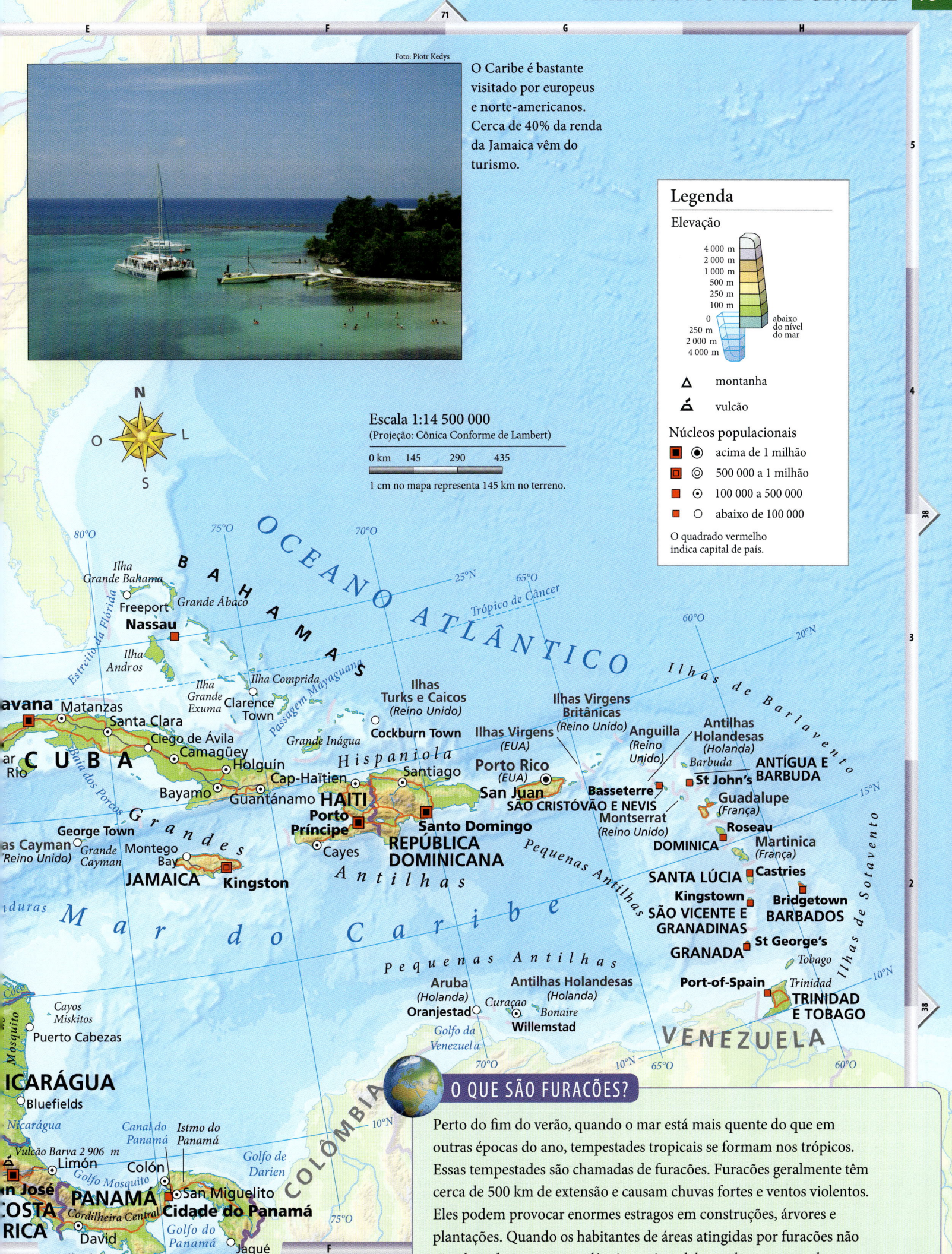

Foto: Piotr Kedys

O Caribe é bastante visitado por europeus e norte-americanos. Cerca de 40% da renda da Jamaica vêm do turismo.

Legenda

Elevação
- 4 000 m
- 2 000 m
- 1 000 m
- 500 m
- 250 m
- 100 m
- 0
- 250 m
- 2 000 m
- 4 000 m

abaixo do nível do mar

△ montanha
⌂ vulcão

Núcleos populacionais
- ■ ● acima de 1 milhão
- ■ ◎ 500 000 a 1 milhão
- ■ ○ 100 000 a 500 000
- ■ ○ abaixo de 100 000

O quadrado vermelho indica capital de país.

Escala 1:14 500 000
(Projeção: Cônica Conforme de Lambert)

0 km — 145 — 290 — 435

1 cm no mapa representa 145 km no terreno.

O QUE SÃO FURACÕES?

Perto do fim do verão, quando o mar está mais quente do que em outras épocas do ano, tempestades tropicais se formam nos trópicos. Essas tempestades são chamadas de furacões. Furacões geralmente têm cerca de 500 km de extensão e causam chuvas fortes e ventos violentos. Eles podem provocar enormes estragos em construções, árvores e plantações. Quando os habitantes de áreas atingidas por furacões não são alertados com antecedência, muitos deles acabam morrendo.

Mapa do Caribe mostrando: OCEANO ATLÂNTICO, Mar do Caribe, Trópico de Câncer, Estreito da Flórida, BAHAMAS (Ilha Grande Bahama, Freeport, Grande Ábaco, Nassau, Ilha Andros, Ilha Grande Exuma, Ilha Comprida, Clarence Town, Grande Inágua, Passagem Mayaguana), CUBA (Havana, Matanzas, Santa Clara, Ciego de Ávila, Camagüey, Holguín, Bayamo, Guantánamo, Baía dos Porcos), Ilhas Turks e Caicos (Reino Unido, Cockburn Town), HAITI (Cap-Haïtien, Porto Príncipe, Cayes), REPÚBLICA DOMINICANA (Santiago, Santo Domingo), Hispaniola, Porto Rico (EUA, San Juan), Ilhas Virgens Britânicas (Reino Unido), Ilhas Virgens (EUA), Anguilla (Reino Unido), SÃO CRISTÓVÃO E NEVIS (Basseterre), Montserrat (Reino Unido), Antilhas Holandesas (Holanda), ANTÍGUA E BARBUDA (Barbuda, St John's), Guadalupe (França), DOMINICA (Roseau), Martinica (França), SANTA LÚCIA (Castries), SÃO VICENTE E GRANADINAS (Kingstown), BARBADOS (Bridgetown), GRANADA (St George's), Tobago, TRINIDAD E TOBAGO (Port-of-Spain, Trinidad), Aruba (Holanda, Oranjestad), Curaçao, Bonaire, Antilhas Holandesas (Holanda, Willemstad), Golfo da Venezuela, VENEZUELA, Grandes Antilhas, Pequenas Antilhas, Ilhas de Barlavento, Ilhas de Sotavento, JAMAICA (Montego Bay, Kingston), Grande Cayman (Reino Unido, George Town), Cayos Miskitos, Puerto Cabezas, NICARÁGUA (Bluefields), Canal do Panamá, Istmo do Panamá, Golfo Mosquito, Vulcão Barva 2 906 m, Limón, Colón, San Miguelito, Cidade do Panamá, PANAMÁ, Cordilheira Central, Golfo do Panamá, Jaqué, Península de Azuero, David, Ilha de Coiba, San José, COSTA RICA, COLÔMBIA

73

AMÉRICA DO SUL – POLÍTICO

A América do Sul é formada por 12 países independentes e pela Guiana Francesa, que pertence à França. O Brasil é, sem dúvida, o maior país da América do Sul, ocupando cerca de metade do continente e abrigando metade de sua população. Por ser antigamente uma colônia portuguesa, a língua oficial do Brasil é o português. Na maioria dos países, a língua oficial é o espanhol, também devido a questões de colonização.

As ilhas Falkland (Ilhas Malvinas)

As ilhas Falkland ficam a 500 km da costa argentina. Originalmente desabitadas, elas atraíram imigrantes da França, da Espanha, da Inglaterra e de outros países. Em 1982, a Argentina e a Inglaterra disputaram a posse das ilhas, o que provocou uma guerra. Até hoje, os dois países ainda se dizem donos do território.

Foto: Kertis

As pessoas que moram na América do Sul descendem de diversos povos. Os ameríndios foram os primeiros habitantes do continente, mas muitos europeus também o escolheram como lar.

Legenda

- ■ capital
- □ capital de território não independente

Escala 1:37 000 000

0 km   370   740   1 110

1 cm no mapa representa 370 km no terreno.

AMÉRICA DO SUL – FÍSICO

Os Andes são a cadeia montanhosa mais longa do mundo, estendendo-se pela costa oeste da América do Sul. Nos Andes, fica a nascente do rio Amazonas, que corre para o leste, passando por florestas tropicais e planícies, até chegar ao oceano Atlântico. A América do Sul fica mais estreita perto da Antártica. O cabo Horn, na ponta sul, é famoso por seus ventos frios e enormes ondas.

CURIOSIDADES

- **PONTO MAIS ALTO:** Monte Aconcágua 6 959 m
- **RIO MAIS LONGO:** Rio Amazonas, aproximadamente 6 700 km
- **MAIOR LAGO:** Lago Titicaca, Bolívia/Peru 8 547 km²
- **MAIOR ILHA:** Terra do Fogo 48 100 km²
- **MAIOR DESERTO:** Deserto da Patagônia 260 000 km²
- **MAIOR PAÍS:** Brasil 8 514 215 km²
- **MENOR PAÍS:** Suriname 163 820 km²

Escala 1:37 000 000

1 cm no mapa representa 740 km no terreno.

Legenda

Elevação
- 4 000 m
- 2 000 m
- 1 000 m
- 500 m
- 250 m
- 100 m
- 0
- 250 m
- 2 000 m
- 4 000 m
- abaixo do nível do mar

- △ montanha
- △ vulcão
- ▽ depressão

Foto: Piet Barber

O cabo Horn recebeu esse nome em 1616 por causa da cidade holandesa de Hoorn. O nome foi dado pelo capitão de um navio explorador. Esse é um dos lugares mais selvagens da Terra; tempestades e ondas gigantes que chegam a 30 metros de altura são comuns na região.

DEBATE

Quais países da América do Sul pertencem à Bacia Amazônica?

Quais mudanças você pode ver na paisagem da América do Sul ao longo do Trópico de Capricórnio?

AMÉRICA DO SUL VISTA DO ESPAÇO

Fonte: NASA Blue Marble

Problemas ambientais

1. Deslizamento de lama, Nevado del Ruiz, Colômbia, 1984
2. Desmatamento e perda de solo, plantação de coca, Colômbia, atualmente
3. Incêndios florestais, floresta Amazônica, atualmente
4. Poluição do ar, da água e do solo, minas de Cerro Rico, Bolívia, atualmente
5. Buraco na camada de ozônio, Patagônia, Argentina, a partir dos anos 80
6. Derrubada ilegal de madeira, Amazônia, atualmente
7. Seca, nordeste do Brasil, atualmente

Nesta imagem, a bacia amazônica aparece em verde-escuro, e os Andes aparecem em marrom. É possível perceber como os topos de alguns picos estão cobertos de neve, principalmente perto da Antártica.

América do Sul à noite

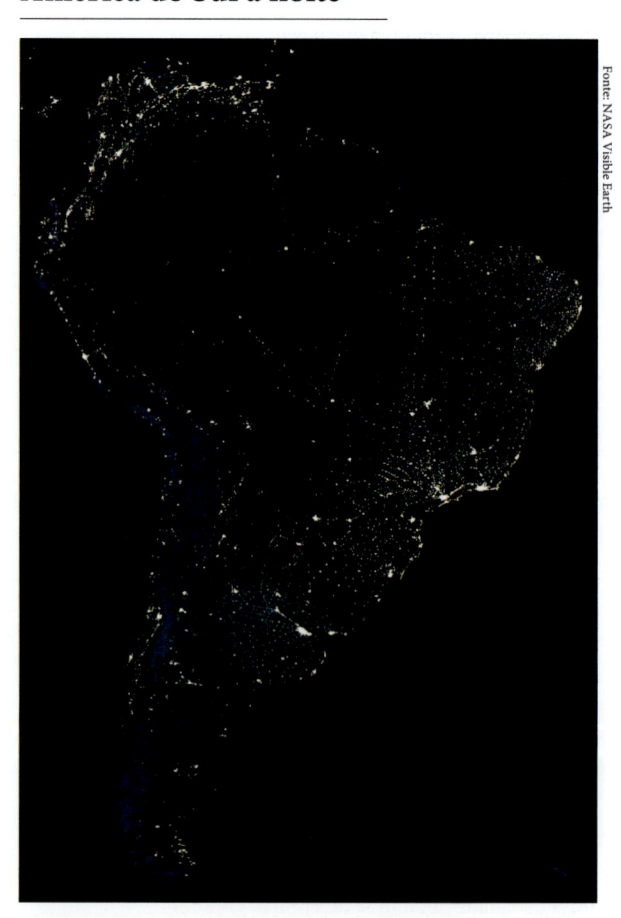

Fonte: NASA Visible Earth

Os pontos em azul-claro mostram as principais cidades do Brasil, da Argentina e do noroeste do continente. A região da bacia amazônica praticamente não apresenta pontos luminosos.

Desmatamento na Amazônia, Brasil

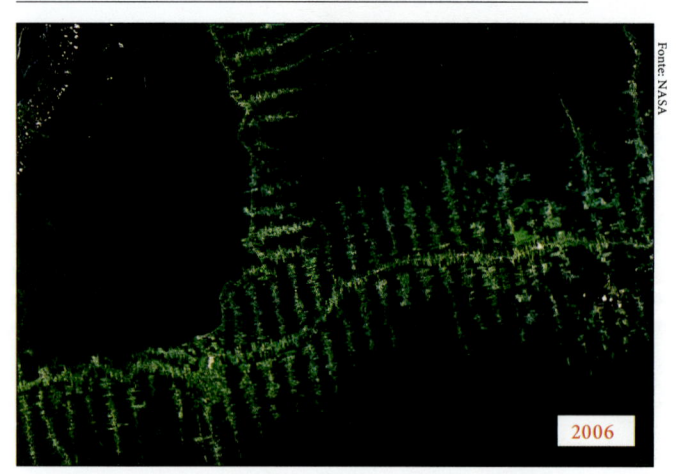

Fonte: NASA

2006

O desmatamento e as queimadas representam uma grave ameaça à biodiversidade na região amazônica. Na imagem, percebe-se o desmatamento ao longo das rodovias que rasgam a floresta.

AMÉRICA DO SUL

Brasília

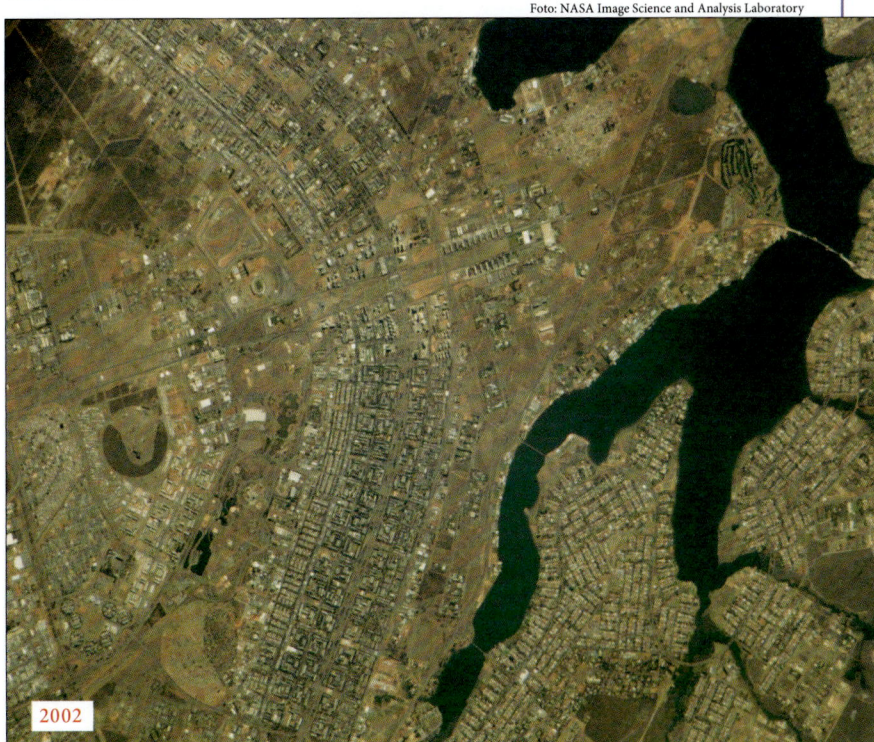

Fonte: NASA Visible Earth

Foto: NASA Image Science and Analysis Laboratory

Dezembro de 2004

2002

Geleiras na Argentina

Estas geleiras fazem parte de um extenso banco de gelo encontrado no sul da Argentina. À medida que o gelo derrete, a água corre para um lago. A água derretida, que contém uma grande quantidade de sedimentos, aparece em azul-claro na imagem. As geleiras nessa região estão diminuindo continuamente, talvez por causa do aquecimento global.

Brasília foi criada em 1960 para ser a nova capital do Brasil. O projeto arquitetônico original da cidade, visto do céu, apresenta a forma de um avião. À medida que a cidade cresce, as construções se espalham cada vez mais pelas áreas circunvizinhas.

Derrubada de florestas tropicais

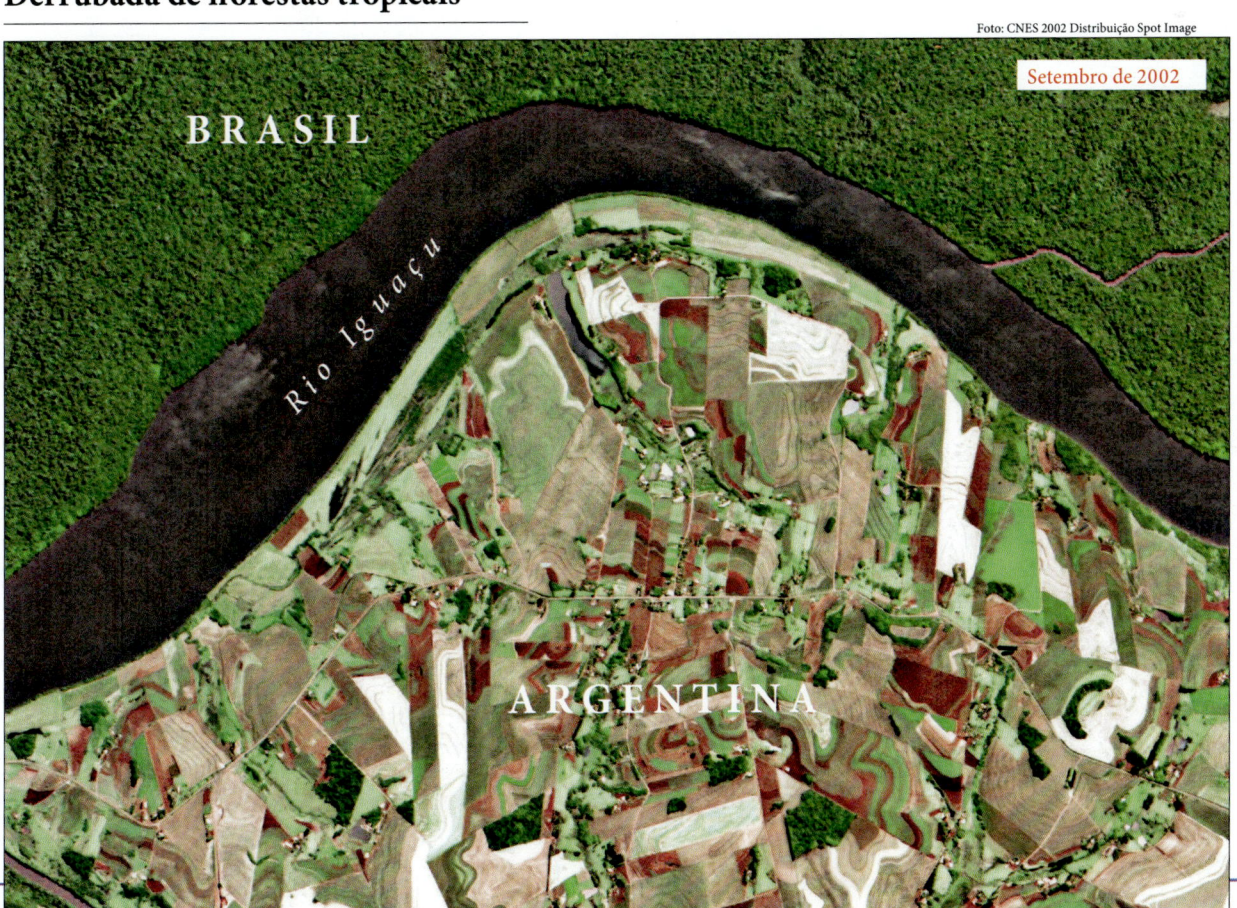

Foto: CNES 2002 Distribuição Spot Image

Setembro de 2002

BRASIL

Rio Iguaçu

ARGENTINA

O impacto da ação do homem aparece claramente nesta imagem. Ao norte do rio Iguaçu, a floresta tropical permanece intocada. Ao sul, a terra foi utilizada para agricultura. As pessoas têm diferentes opiniões sobre os benefícios que mudanças como essa podem trazer.

AMÉRICA DO SUL

A maior parte da América do Sul fica ao sul da linha do Equador. É nesse continente que se encontram a maior floresta tropical do mundo, a floresta Amazônica, e a maior cadeia de montanhas da Terra, a cordilheira dos Andes. O deserto do Atacama, na costa norte do Chile, tem fama de ser o lugar mais seco do mundo e possui grandes reservas de cobre.

Santiago, assim como diversos outros centros urbanos, fica em um vale e sofre com a poluição causada pela fumaça dos carros que fica "presa" sobre a cidade. Atualmente, 80% da população da América do Sul vivem em cidades, porcentagem essa maior que a de qualquer outro continente. Por outro lado, há amplas áreas que são pouco habitadas.

Foto: Wurstsalat

AMÉRICA DO SUL

79

A cidade de Machu Picchu, localizada no alto dos Andes peruanos, foi construída pelos incas no século XV e hoje em dia é uma grande atração turística.

Foto: Alexander Van Deursen

COMO OS ANDES SE FORMARAM?

À medida que o assoalho do oceano Pacífico se move para leste embaixo da América do Sul, ele volta para o interior da Terra. As rochas ficam mais quentes, a água se transforma em vapor e os vulcões entram em erupção. A repetição desse processo, durante milhões de anos, criou uma grande cadeia de montanhas.

Legenda

Elevação
- 4 000 m
- 2 000 m
- 1 000 m
- 500 m
- 250 m
- 100 m
- 0
- 250 m
- 2 000 m
- 4 000 m
- abaixo do nível do mar

△ montanha
▲ vulcão

Núcleos populacionais
- ◉ acima de 1 milhão
- ◎ 500 000 a 1 milhão
- ⊙ 100 000 a 500 000
- ○ abaixo de 100 000

O quadrado vermelho indica capital de país.

Escala 1:21 700 000
(Projeção: Azimutal Equidistante de Lambert)

0 km 217 434 651

1 cm no mapa representa 217 km no terreno.

OCEANO PACÍFICO

OCEANO ATLÂNTICO

Países e cidades visíveis: BOLIVIA (La Paz, Sucre, Santa Cruz, Oruro, Potosí), Arequipa, Pico Ampato 6 310 m, Vulcão Misti 5 822 m, Arica, Iquique, Pico Sajama 6 520 m, Antofagasta, Pico Ojos del Salado 6 880 m, Copiapó, Coquimbo, Pico do Aconcágua 6 959 m, Viña del Mar, Santiago, Talca, Concepción, Puerto Montt, Ilha de Chiloé, Arquipélago dos Chonos, San Valentín 4 058 m, Coihaique, Paine 2 670 m, Punta Arenas, Terra do Fogo, Estreito de Magalhães, Canal de Beagle, Cabo Horn, Estreito de Drake, Ilha dos Estados

ARGENTINA, Patagônia, Puerto San Julián, Comodoro Rivadavia, Rawson, Baía Grande, Golfo de São Jorge, Golfo de São Matias, Bahía Blanca, Neuquén, San Rafael, Mendoza, San Juan, La Rioja, Córdoba, Santiago del Estero, San Miguel de Tucumán, Salta, Tarija, Pampas, Rosário, Buenos Aires, Santa Rosa, Tres Arroyos, Necochea, Mar del Plata, Bahía Blanca

PARAGUAI, Assunção, Formosa, Resistência, Pedro Juan Caballero, Ciudad del Este, Concórdia, Paraná, Posadas, Santa Maria, Passo Fundo, Bagé, Canoas, Porto Alegre, Rio Grande, Lagoa dos Patos, Lagoa Mirim

URUGUAI, Montevidéu, Rio da Prata

Planalto Brasileiro, Pantanal, Chaco, Cordilheira Ocidental, Deserto de Atacama, Lagoa Mar Chiquita

Cidades brasileiras: Goiânia, Uberlândia, Uberaba, Campo Grande, Marília, Maringá, Cataratas do Iguaçu, Campinas, São Paulo, Santos, Curitiba, Nova Iguaçu, Rio de Janeiro, Juiz de Fora, Vitória, Belo Horizonte, Governador Valadares, Montes Claros

Ilhas Falkland (Reino Unido) Stanley, Falkland Ocidental, Falkland Oriental

Trópico de Capricórnio

Rios: Paraguai, Paraná, Pilcomayo, Uruguai

BRASIL – POLÍTICO

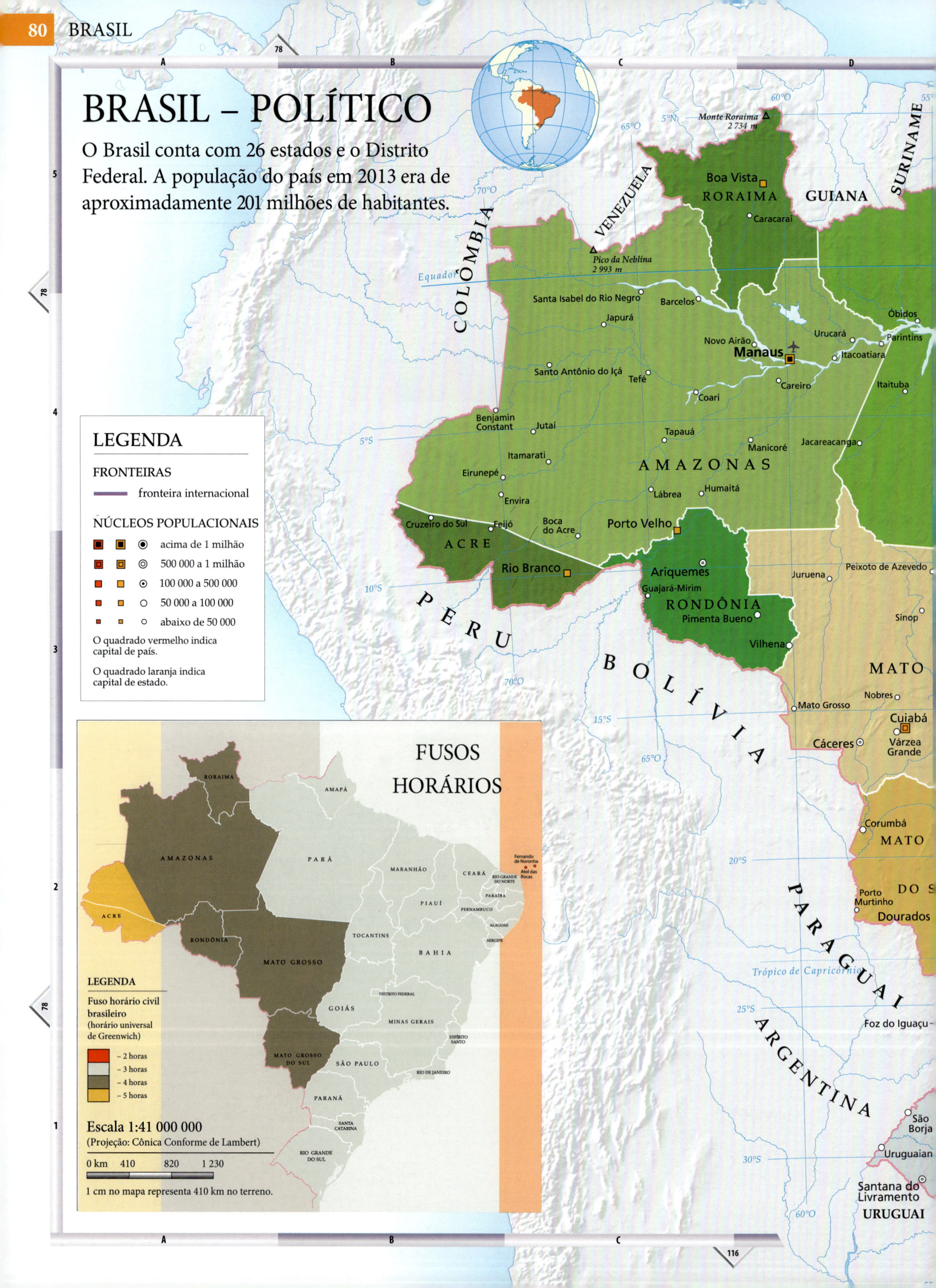

O Brasil conta com 26 estados e o Distrito Federal. A população do país em 2013 era de aproximadamente 201 milhões de habitantes.

LEGENDA

FRONTEIRAS
- fronteira internacional

NÚCLEOS POPULACIONAIS
- ■ ■ ● acima de 1 milhão
- ■ ■ ◎ 500 000 a 1 milhão
- ■ ■ ○ 100 000 a 500 000
- ■ ■ ○ 50 000 a 100 000
- ■ ■ ○ abaixo de 50 000

O quadrado vermelho indica capital de país.

O quadrado laranja indica capital de estado.

FUSOS HORÁRIOS

LEGENDA

Fuso horário civil brasileiro (horário universal de Greenwich)
- – 2 horas
- – 3 horas
- – 4 horas
- – 5 horas

Escala 1:41 000 000
(Projeção: Cônica Conforme de Lambert)

0 km 410 820 1 230

1 cm no mapa representa 410 km no terreno.

Localidades visíveis no mapa: Boa Vista, Caracaraí, Monte Roraima 2 734 m, Pico da Neblina 2 993 m, Santa Isabel do Rio Negro, Japurá, Barcelos, Novo Airão, Manaus, Urucará, Óbidos, Parintins, Itacoatiara, Itaituba, Santo Antônio do Içá, Tefé, Coari, Careiro, Benjamin Constant, Jutaí, Tapauá, Manicoré, Jacareacanga, Itamarati, Eirunepé, Envira, Lábrea, Humaitá, Cruzeiro do Sul, Feijó, Boca do Acre, Porto Velho, Ariquemes, Juruena, Peixoto de Azevedo, Rio Branco, Guajará-Mirim, Pimenta Bueno, Sinop, Vilhena, Mato Grosso, Nobres, Cuiabá, Cáceres, Várzea Grande, Corumbá, Porto Murtinho, Dourados, Fernando de Noronha, Atol das Rocas, Foz do Iguaçu, São Borja, Uruguaiana, Santana do Livramento.

Estados (mapa de fusos): Roraima, Amapá, Amazonas, Pará, Maranhão, Ceará, Rio Grande do Norte, Paraíba, Piauí, Pernambuco, Alagoas, Acre, Rondônia, Tocantins, Sergipe, Mato Grosso, Bahia, Distrito Federal, Goiás, Minas Gerais, Espírito Santo, Mato Grosso do Sul, São Paulo, Rio de Janeiro, Paraná, Santa Catarina, Rio Grande do Sul.

Países limítrofes: Colômbia, Venezuela, Guiana, Suriname, Peru, Bolívia, Paraguai, Argentina, Uruguai.

BRASIL

No ano de 2006, o tenente-coronel aviador Marcos Cesar Pontes foi o primeiro astronauta brasileiro a ir ao espaço, fato que despertará em muitas crianças e adolescentes o interesse pela pesquisa nesse campo. O domínio de novas tecnologias permitirá ao Brasil conhecer melhor o próprio espaço aéreo, suas características físicas (relevo, geologia, vegetação), bem como estudar a ocupação humana ao longo do tempo.

Escala 1:16 000 000
(Projeção: Cônica Conforme de Lambert)

0 km 160   320   480

1 cm no mapa representa 160 km no terreno.

DADOS POLÍTICOS

Norte	3 853 323 km²		
Estado	Capital	Sigla	Área em km²
Rondônia	Porto Velho	RO	237 576
Acre	Rio Branco	AC	152 581
Amazonas	Manaus	AM	1 570 745
Roraima	Boa Vista	RR	224 298
Pará	Belém	PA	1 247 689
Amapá	Macapá	AP	142 814
Tocantins	Palmas	TO	277 620
Centro-Oeste	**1 606 368 km²**		
Estado	Capital	Sigla	Área em km²
Mato Grosso do Sul	Campo Grande	MS	357 124
Mato Grosso	Cuiabá	MT	903 357
Goiás	Goiânia	GO	340 086
Distrito Federal	Brasília	DF	5 801
Nordeste	**1 554 252 km²**		
Estado	Capital	Sigla	Área em km²
Maranhão	São Luís	MA	331 983
Piauí	Teresina	PI	251 529
Ceará	Fortaleza	CE	148 825
Rio Grande do Norte	Natal	RN	52 796
Paraíba	João Pessoa	PB	56 439
Pernambuco	Recife	PE	98 311
Alagoas	Maceió	AL	27 767
Sergipe	Aracaju	SE	21 910
Bahia	Salvador	BA	564 692
Sudeste	**924 510 km²**		
Estado	Capital	Sigla	Área em km²
Minas Gerais	Belo Horizonte	MG	586 528
Espírito Santo	Vitória	ES	46 077
Rio de Janeiro	Rio de Janeiro	RJ	43 696
São Paulo	São Paulo	SP	248 209
Sul	**576 408 km²**		
Estado	Capital	Sigla	Área em km²
Paraná	Curitiba	PR	199 314
Santa Catarina	Florianópolis	SC	95 346
Rio Grande do Sul	Porto Alegre	RS	281 748

BRASIL – FÍSICO

A estrutura geológica brasileira é caracterizada basicamente por escudos cristalinos e por bacias sedimentares. Não ocorrem no país dobramentos modernos, como os Alpes, a cordilheira dos Andes e o Himalaia. Essa característica contribui para que o relevo seja bastante desgastado e rebaixado pelo intemperismo e pela erosão, fato evidenciado pelas modestas altitudes encontradas no país.

Perfil A-B

Escala horizontal 1:16 000 000
Exagero vertical de 250 vezes.

Perfil C-D

Escala horizontal 1:16 000 000
Exagero vertical de 250 vezes.

BRASIL 83

DESTAQUES FÍSICOS

Área total: 8 514 215 km² – terra seca: 8 456 510 km² (inclui o arquipélago de Fernando de Noronha e também Ilha Grande, Ilhabela, entre outras ilhas menores).

Altitudes e pontos extremos: De modo geral, as altitudes do território brasileiro são modestas. O país não apresenta grandes cadeias de montanhas, cordilheiras ou similares.

O ponto mais elevado no Brasil é o pico da Neblina, com cerca de 2 993 m de altura. O ponto mais baixo é o oceano Atlântico, com altitude de 0 m.

Ao norte, o limite é a nascente do rio Ailã, no monte Caburaí, Roraima, fronteira com a Guiana.

Ao sul, o limite extremo é uma curva do arroio Chuí, no Rio Grande do Sul, na fronteira com o Uruguai.

No leste, o ponto extremo é a ponta do Seixas, na Paraíba.

O ponto extremo do oeste é a nascente do rio Moa, na serra de Contamana ou do Divisor, no Acre, fronteira com o Peru.

LEGENDA

ELEVAÇÃO
- 4 000 m
- 2 000 m
- 1 000 m
- 500 m
- 250 m
- 100 m
- 0
- 250 m — abaixo do nível do mar
- 2 000 m
- 4 000 m

△ montanha

FRONTEIRA
— fronteira internacional

NÚCLEOS POPULACIONAIS
- ■ acima de 1 milhão
- ■ 500 000 a 1 milhão
- ■ 100 000 a 500 000
- □ 50 000 a 100 000
- ○ abaixo de 50 000

O quadrado vermelho indica capital de país.
O quadrado laranja indica capital de estado.

Escala 1:16 000 000
(Projeção: Cônica Conforme de Lambert)

0 km 160 320 480

1 cm no mapa representa 160 km no terreno.

LIMITES FÍSICOS

- Nascente do rio Ailã — Ponto mais setentrional
- Nascente do rio Moa — Ponto mais ocidental
- Ponta do Seixas — Ponto mais oriental
- Arroio Chuí — Ponto mais meridional
- 4 319,4 km
- 4 394,7 km
- 15 719 km Fronteira terrestre
- 7 367 km Litoral

BRASIL – RELEVO

No Brasil, predominam os planaltos, as depressões e as planícies. Os planaltos caracterizam-se pela ocorrência predominante da erosão, e as planícies, pela sedimentação. As depressões são áreas rebaixadas em relação às áreas vizinhas.

A serra do Mar acompanha boa parte do litoral desde o Sul até o Sudeste do Brasil. A umidade que vem do oceano é responsável pela enorme biodiversidade da região, caracterizada pela Mata Atlântica.

Foto: Adalberto Scortegagna

Escala 1:23 000 000
(Projeção: Cônica Conforme de Lambert)

0 km   230   460   690

1 cm no mapa representa 230 km no terreno.

LEGENDA

Relevo segundo Ross
- planaltos em núcleos cristalinos arqueados
- planaltos em cinturões orogênicos
- planaltos em bacias sedimentares
- planaltos em intrusões e coberturas residuais de plataformas
- planícies
- depressões

Fonte: baseado em ROSS, J.L.S. 1990 (Geomorfologia, ambiente e planejamento).

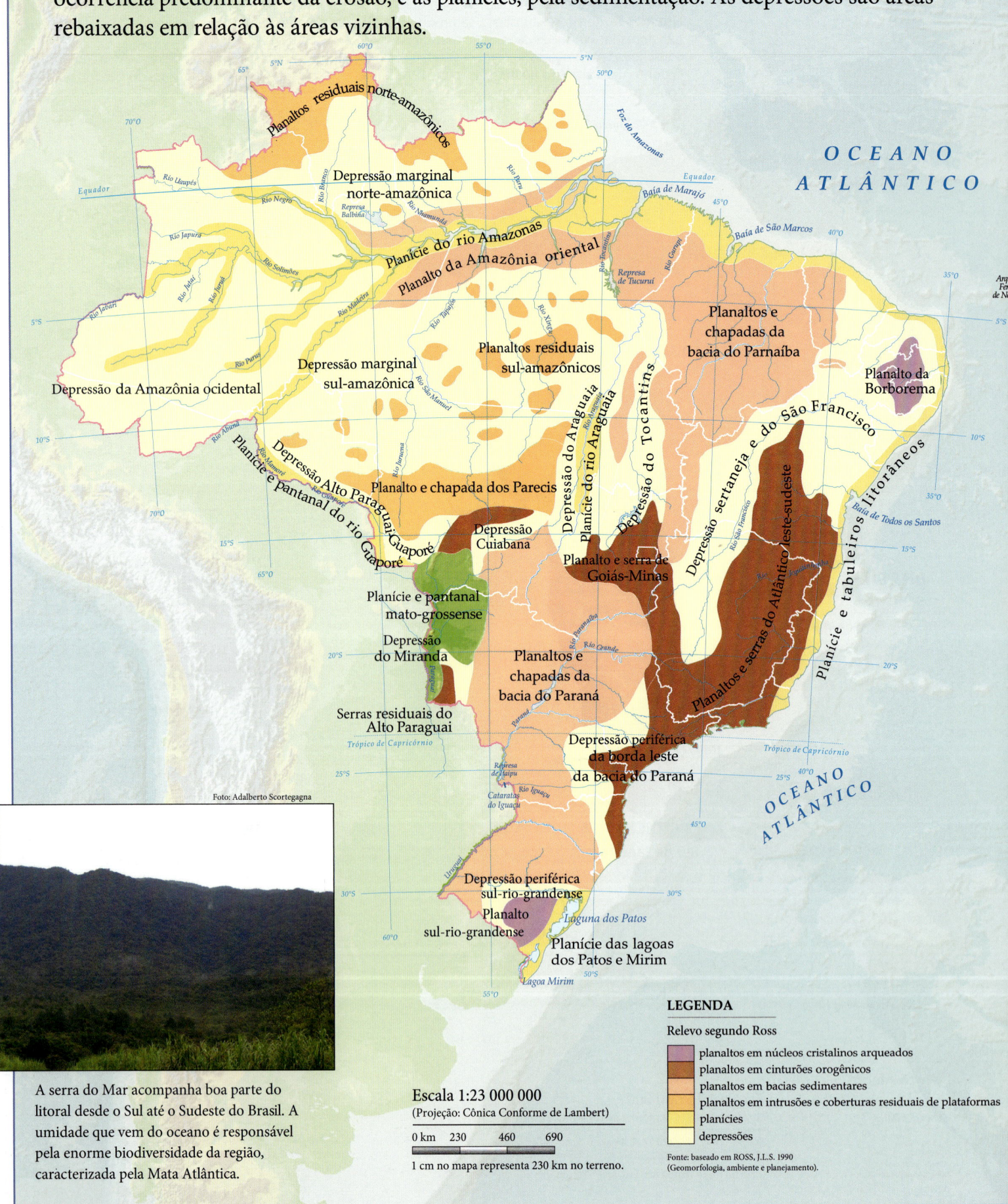

BRASIL – GEOLOGIA

O Brasil é rico em recursos minerais. Em rochas sedimentares, podem ser encontrados os bens minerais energéticos, tais como carvão mineral e petróleo. Em rochas metamórficas e ígneas, é comum a presença de bens minerais metálicos, como ferro, ouro, prata, entre outros.

Nos escudos cristalinos, encontram-se rochas ígneas, como o granito, muito utilizado na construção civil como pedra ornamental.

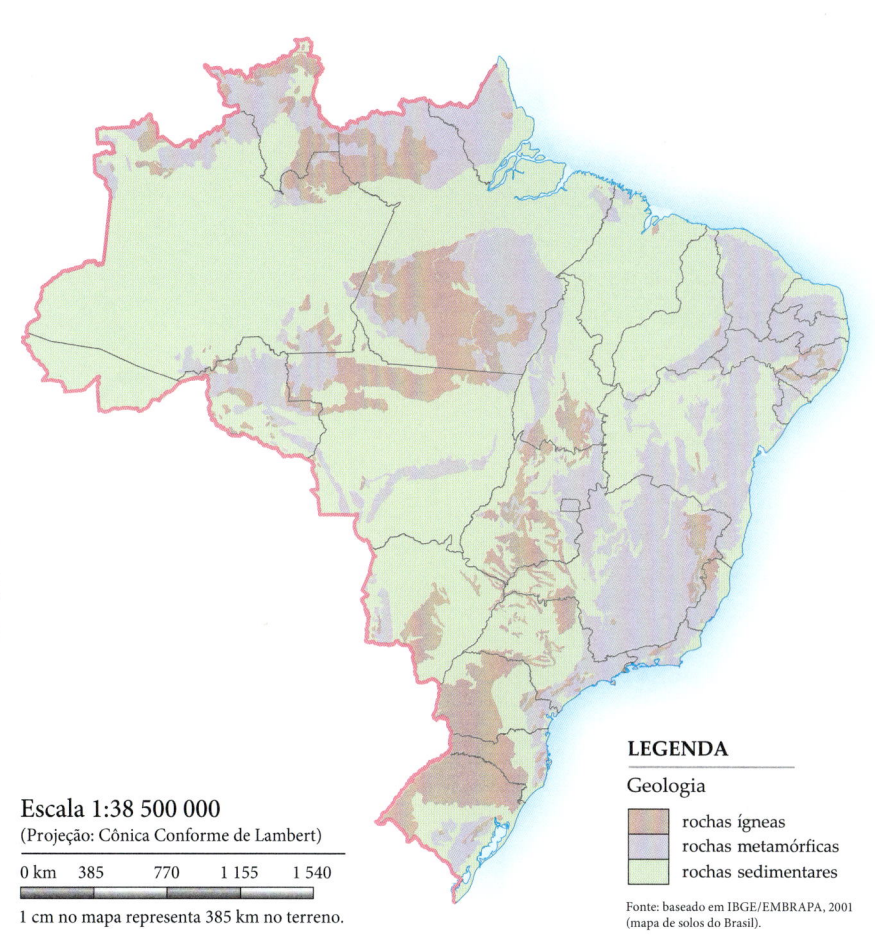

Foto: Adalberto Scortegagna

Escala 1:38 500 000
(Projeção: Cônica Conforme de Lambert)

0 km   385   770   1 155   1 540

1 cm no mapa representa 385 km no terreno.

LEGENDA
Geologia
- rochas ígneas
- rochas metamórficas
- rochas sedimentares

Fonte: baseado em IBGE/EMBRAPA, 2001 (mapa de solos do Brasil).

BRASIL – TIPOS DE SOLO

O clima tropical predominante no país favorece a ocorrência de solos com grande profundidade.

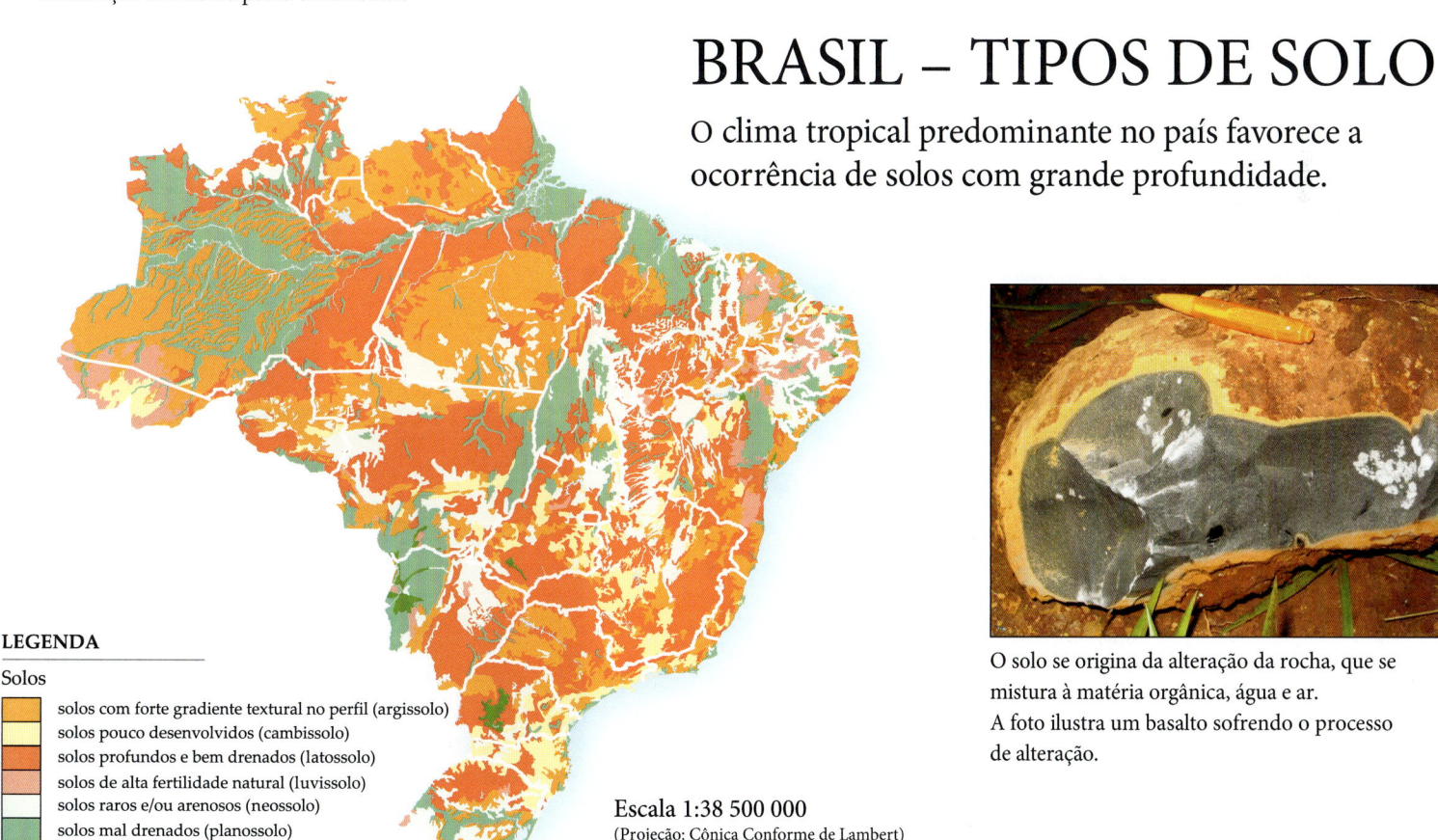

O solo se origina da alteração da rocha, que se mistura à matéria orgânica, água e ar.
A foto ilustra um basalto sofrendo o processo de alteração.

Foto: Adalberto Scortegagna

LEGENDA
Solos
- solos com forte gradiente textural no perfil (argissolo)
- solos pouco desenvolvidos (cambissolo)
- solos profundos e bem drenados (latossolo)
- solos de alta fertilidade natural (luvissolo)
- solos raros e/ou arenosos (neossolo)
- solos mal drenados (planossolo)
- solos com predominância de argilas (vertissolo)
- água

Fonte: baseado em IBGE/EMBRAPA, 2001 (mapa de solos do Brasil) e Flores, C.A., 2006.

Escala 1:38 500 000
(Projeção: Cônica Conforme de Lambert)

0 km   385   770   1 155   1 540

1 cm no mapa representa 385 km no terreno.

BRASIL

BRASIL – SOLOS

O solo se origina dos processos de alteração e fragmentação das rochas denominados de intemperismo e pedogênese. Em várias regiões do país encontramos solos muito férteis, como a terra roxa na bacia do Paraná.

FERTILIDADE DO SOLO

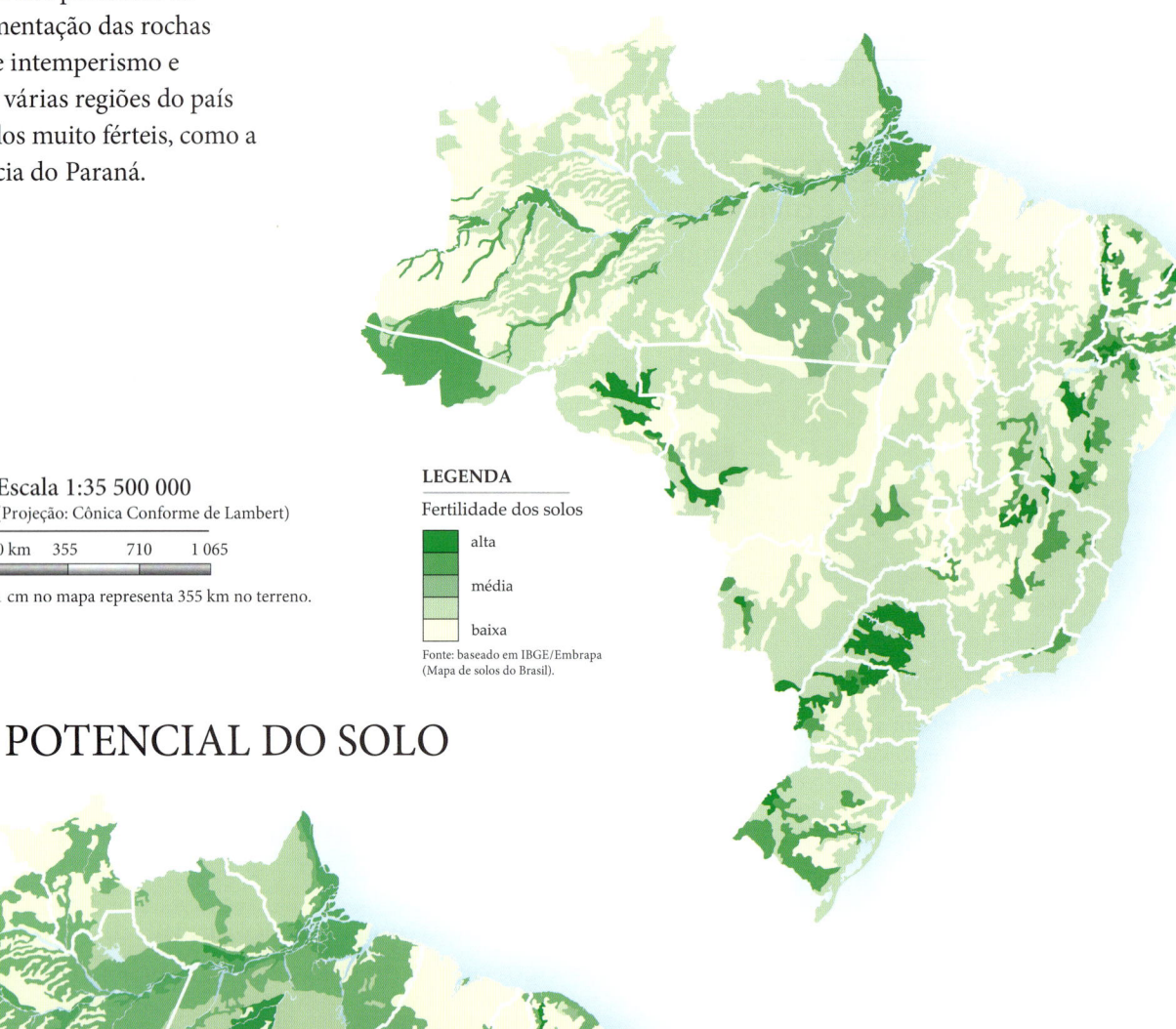

Escala 1:35 500 000
(Projeção: Cônica Conforme de Lambert)

0 km   355   710   1 065

1 cm no mapa representa 355 km no terreno.

LEGENDA
Fertilidade dos solos
- alta
- média
- baixa

Fonte: baseado em IBGE/Embrapa (Mapa de solos do Brasil).

POTENCIAL DO SOLO

LEGENDA
Potencial agrícola
- bom
- regulador
- restrito
- desaconselhável

Fonte: baseado em IBGE/Embrapa (Mapa de solos do Brasil).

Escala 1:35 500 000
(Projeção: Cônica Conforme de Lambert)

0 km   355   710   1 065

1 cm no mapa representa 355 km no terreno.

O mau uso do solo pode gerar ravinas devido ao trabalho erosivo das águas de escoamento, como na imagem acima, na região de Curitiba, no Paraná.

BRASIL – BACIAS HIDROGRÁFICAS

A rede hidrográfica brasileira é composta por rios, em sua maioria, perenes e com grande potencial para a geração de energia elétrica, pois se encontram predominantemente em regiões de planalto. A navegação de maior porte é realizada em rios como os da bacia do rio Amazonas, os da bacia do rio Paraguai e em trechos do rio São Francisco. Os rios das regiões Sul e Sudeste apresentam limitado potencial de navegação, sendo necessária, em alguns casos, a construção de eclusas, como as do rio Tietê, no estado de São Paulo.

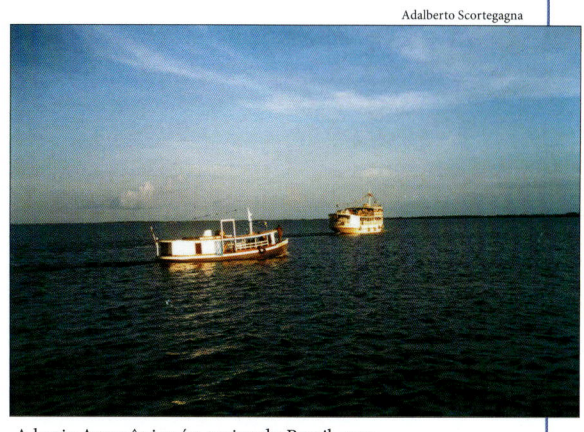

A bacia Amazônica é a maior do Brasil, com área de 3,9 milhões km².

LEGENDA

FRONTEIRAS
— fronteira internacional

NÚCLEOS POPULACIONAIS
- acima de 1 milhão
- 500 000 a 1 milhão
- 100 000 a 500 000
- 50 000 a 100 000
- abaixo de 50 000

O quadrado vermelho indica capital de país.

O quadrado laranja indica capital de estado.

Escala 1:25 000 000
(Projeção: Cônica Conforme de Lambert)

0 km   250   500   750

1 cm no mapa representa 250 km no terreno.

LEGENDA

Grandes bacias hidrográficas
- Amazonas
- Atlântico
- Tocantins
- São Francisco
- Paraná
- Uruguai
- Paraguai

Fonte: baseado em IBGE (Mapa de bacias hidrográficas do Brasil).

BRASIL – CLIMA

A Terra vem passando por transformações climáticas significativas resultantes do processo de aquecimento global. Tais transformações estão associadas aos gases estufa e afetam diversas regiões do planeta. Os furacões, fenômenos antes restritos a países como Estados Unidos (litoral leste), Japão e Austrália, podem se tornar frequentes no Sul do Brasil. Em 2004, um furacão (segundo definição do Centro Nacional de Furacões dos Estados Unidos), ou ciclone extratropical, denominado Catarina causou grandes destruições no litoral de Santa Catarina e do Rio Grande do Sul. Além disso, ocorrências de longos períodos de estiagem no Sul do Brasil (verões de 2004, 2005 e 2011) e na região amazônica (2005 e 2010) estão se tornando cada vez mais frequentes.

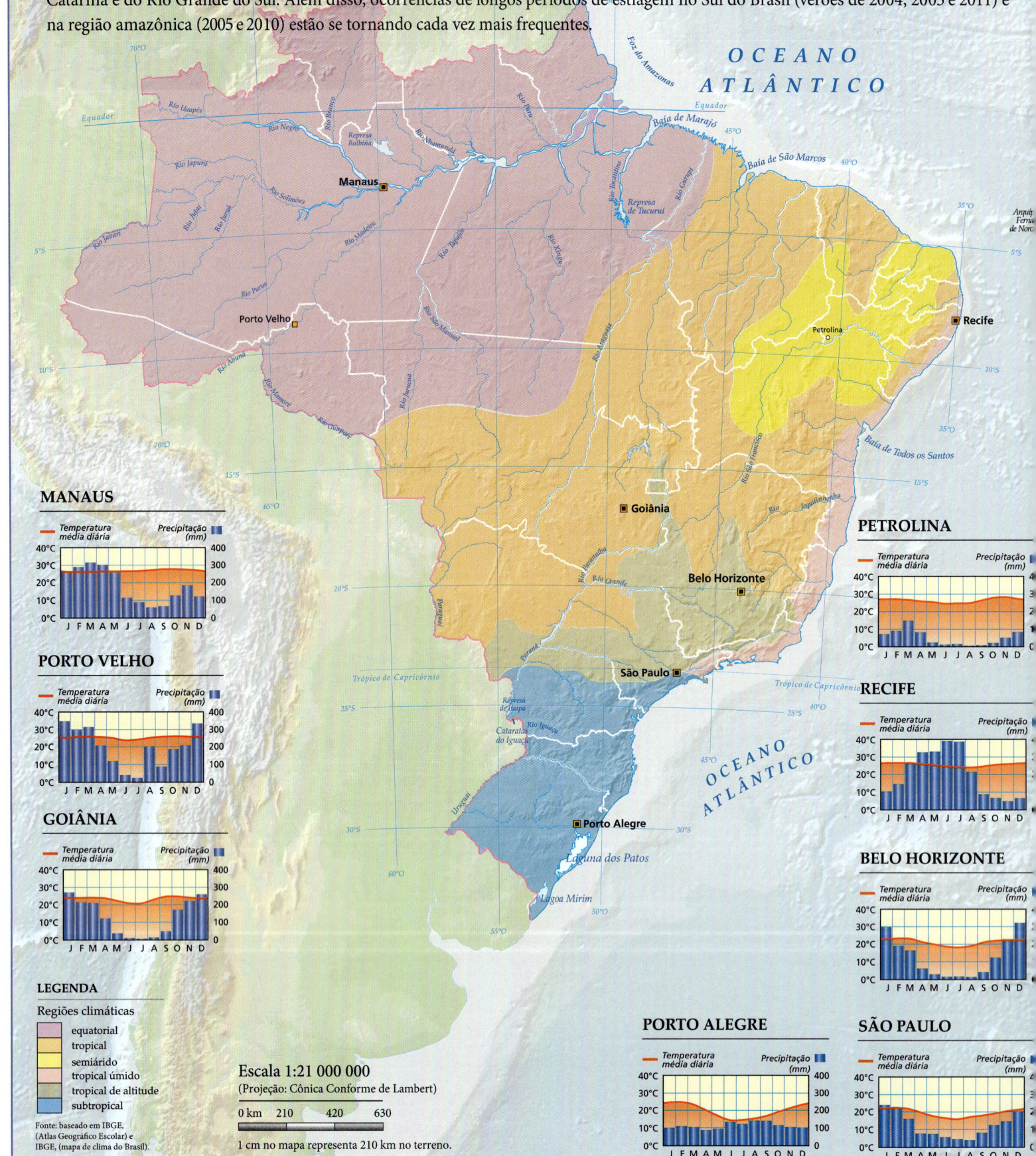

LEGENDA
Regiões climáticas
- equatorial
- tropical
- semiárido
- tropical úmido
- tropical de altitude
- subtropical

Fonte: baseado em IBGE, (Atlas Geográfico Escolar) e IBGE, (mapa de clima do Brasil).

Escala 1:21 000 000
(Projeção: Cônica Conforme de Lambert)
0 km 210 420 630
1 cm no mapa representa 210 km no terreno.

BRASIL – VEGETAÇÃO

A extensão continental do território brasileiro favorece a ocorrência de uma enorme diversidade de vegetação. Há desde florestas tropicais e cerrados, típicos de zonas tropicais, até pradarias e florestas de araucária, próprias de zonas temperadas.

LEGENDA

FRONTEIRAS
- fronteira internacional

NÚCLEOS POPULACIONAIS
- acima de 1 milhão
- 500 000 a 1 milhão
- 100 000 a 500 000
- 50 000 a 100 000
- abaixo de 50 000

O quadrado vermelho indica capital de país.

O quadrado laranja indica capital de estado.

BIOMAS

LEGENDA
Biomas
- floresta amazônica
- cerrado
- pantanal
- caatinga
- mata atlântica
- pampa

Escala 1:48 000 000
(Projeção: Cônica Conforme de Lambert)

0 km   480   960   1 440

Fonte: baseado em IBGE, (mapa de biomas do Brasil).

Escala 1:22 000 000
(Projeção: Cônica Conforme de Lambert)

0 km   220   440   660

1 cm no mapa representa 220 km no terreno.

LEGENDA
Vegetação
- floresta ombrófila densa
- floresta ombrófila aberta
- floresta ombrófila mista
- floresta estacional semidecidual
- floresta estacional decidual
- campinarana
- savana estépica
- savana
- estepe
- área das formações pioneiras
- área de tensão ecológica
- refúgio ecológico
- água

Fonte: baseado em IBGE, (mapa de vegetação do Brasil).

BRASIL

BRASIL – POPULAÇÃO

A maioria da população brasileira (cerca de 80%) vive atualmente nas cidades. A maior parte dessa população urbana vive perto do litoral das regiões Sul, Sudeste e Nordeste.

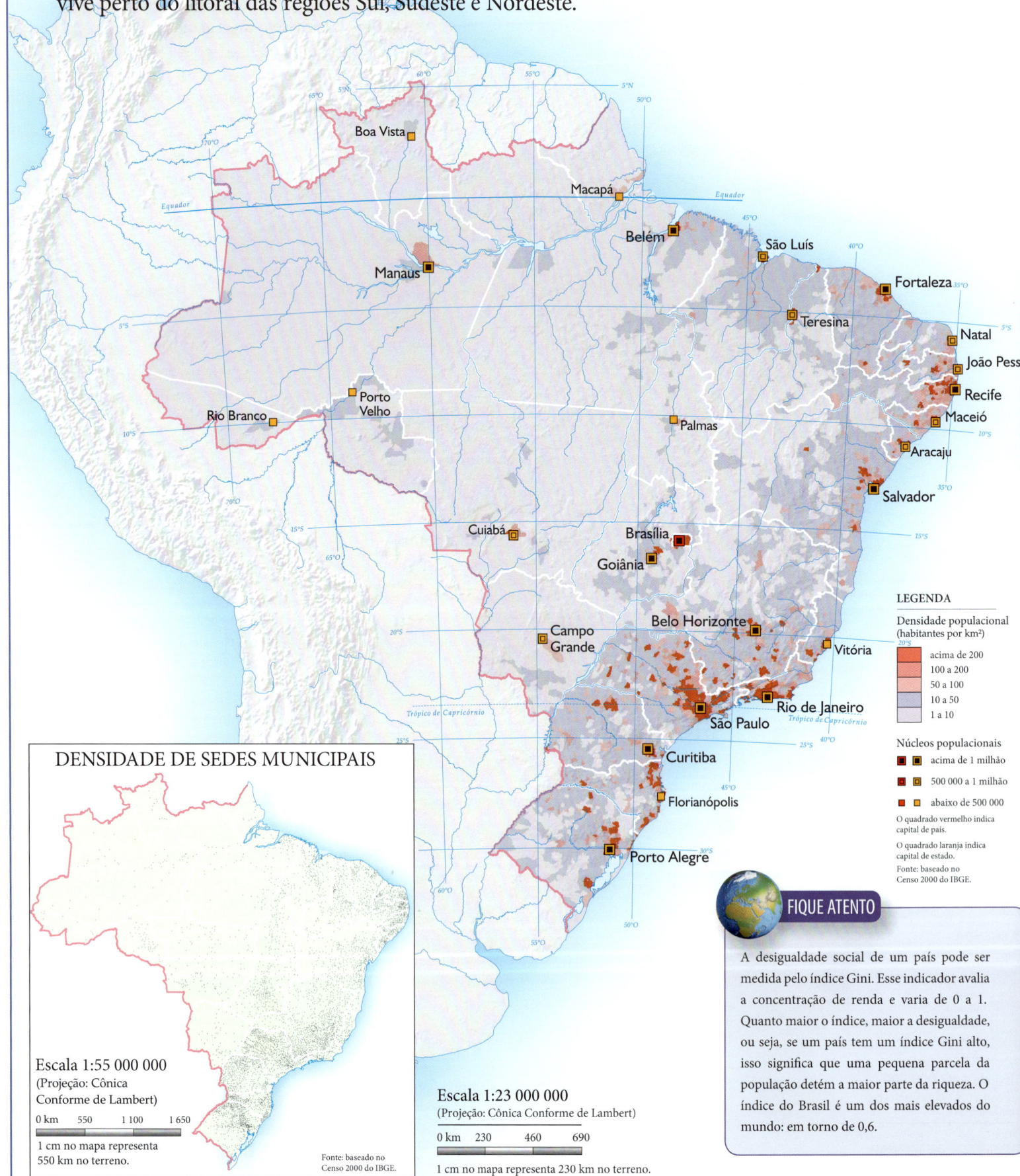

DENSIDADE DE SEDES MUNICIPAIS

Escala 1:55 000 000
(Projeção: Cônica Conforme de Lambert)

0 km — 550 — 1 100 — 1 650

1 cm no mapa representa 550 km no terreno.

Fonte: baseado no Censo 2000 do IBGE.

Escala 1:23 000 000
(Projeção: Cônica Conforme de Lambert)

0 km — 230 — 460 — 690

1 cm no mapa representa 230 km no terreno.

LEGENDA

Densidade populacional (habitantes por km²)
- acima de 200
- 100 a 200
- 50 a 100
- 10 a 50
- 1 a 10

Núcleos populacionais
- acima de 1 milhão
- 500 000 a 1 milhão
- abaixo de 500 000

O quadrado vermelho indica capital de país.
O quadrado laranja indica capital de estado.

Fonte: baseado no Censo 2000 do IBGE.

FIQUE ATENTO

A desigualdade social de um país pode ser medida pelo índice Gini. Esse indicador avalia a concentração de renda e varia de 0 a 1. Quanto maior o índice, maior a desigualdade, ou seja, se um país tem um índice Gini alto, isso significa que uma pequena parcela da população detém a maior parte da riqueza. O índice do Brasil é um dos mais elevados do mundo: em torno de 0,6.

BRASIL – CRESCIMENTO VEGETATIVO

O crescimento vegetativo é o resultado da diferença entre a natalidade e a mortalidade em um país ou em uma região. Nas últimas décadas, a queda do crescimento vegetativo da população brasileira foi uma das maiores do mundo. Na década de 70, a mulher brasileira tinha em média seis filhos; atualmente, a taxa de fecundidade situa-se em torno de 1,9. Entre as principais causas dessa queda, destacam-se a urbanização acelerada nas últimas décadas e o aumento da participação da mulher no mercado de trabalho. Entre as consequências, pode-se apontar o envelhecimento da população – neste início de século, o Brasil é o oitavo país do mundo em número de idosos, com aproximadamente 18 milhões de pessoas com mais de 60 anos.

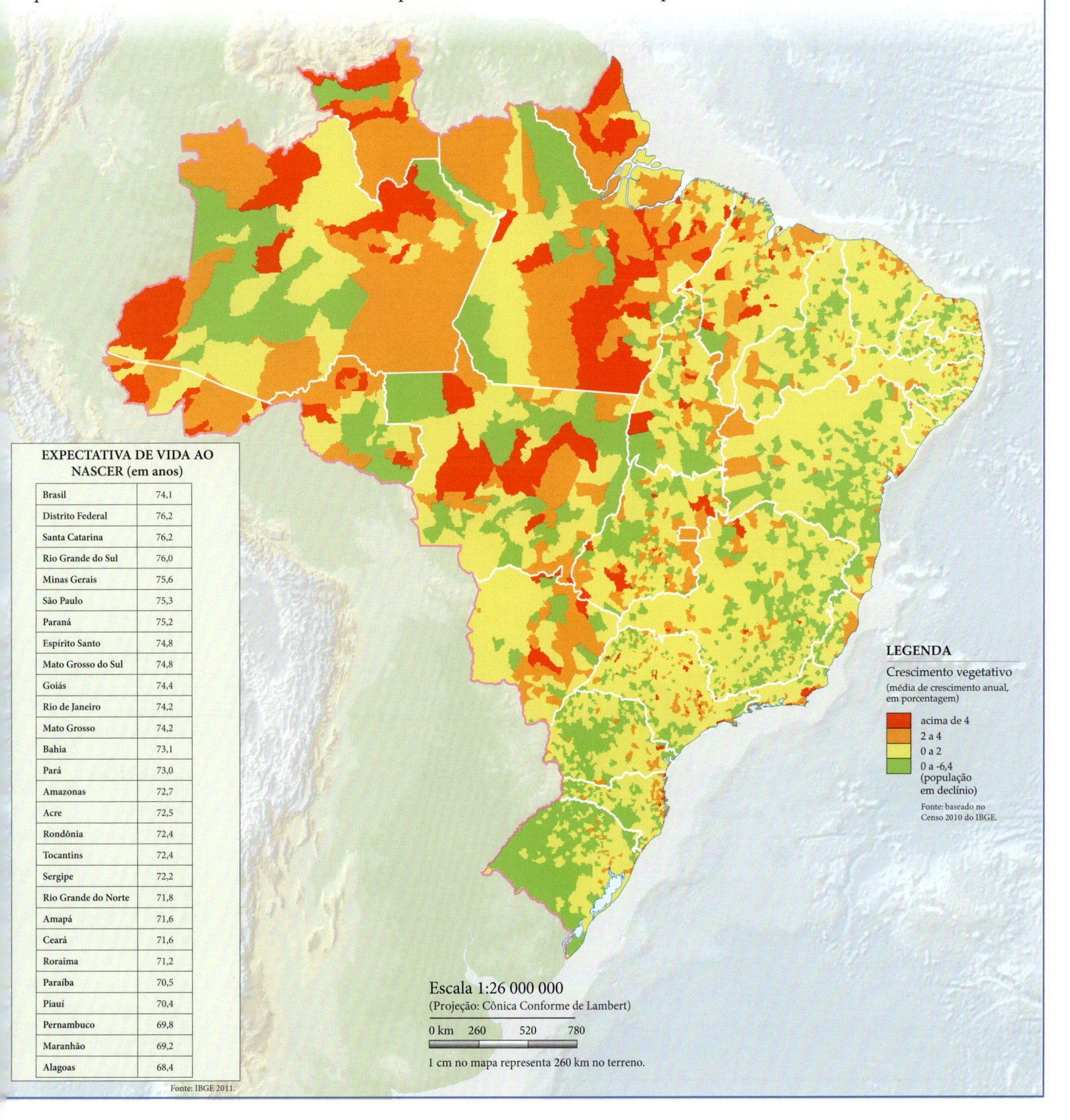

EXPECTATIVA DE VIDA AO NASCER (em anos)

Brasil	74,1
Distrito Federal	76,2
Santa Catarina	76,2
Rio Grande do Sul	76,0
Minas Gerais	75,6
São Paulo	75,3
Paraná	75,2
Espírito Santo	74,8
Mato Grosso do Sul	74,8
Goiás	74,4
Rio de Janeiro	74,2
Mato Grosso	74,2
Bahia	73,1
Pará	73,0
Amazonas	72,7
Acre	72,5
Rondônia	72,4
Tocantins	72,4
Sergipe	72,2
Rio Grande do Norte	71,8
Amapá	71,6
Ceará	71,6
Roraima	71,2
Paraíba	70,5
Piauí	70,4
Pernambuco	69,8
Maranhão	69,2
Alagoas	68,4

Fonte: IBGE 2011.

LEGENDA

Crescimento vegetativo
(média de crescimento anual, em porcentagem)

- acima de 4
- 2 a 4
- 0 a 2
- 0 a -6,4 (população em declínio)

Fonte: baseado no Censo 2010 do IBGE.

Escala 1:26 000 000
(Projeção: Cônica Conforme de Lambert)

0 km 260 520 780

1 cm no mapa representa 260 km no terreno.

BRASIL – IDH

IDH (Índice de Desenvolvimento Humano) é um índice que serve de comparação entre países, estados e municípios e tem como objetivo medir o grau de desenvolvimento econômico e a qualidade de vida de uma determinada população. Todos os anos, o Programa das Nações Unidas para o Desenvolvimento (PNUD) fornece os dados referente aos países pertencentes à ONU.

O IDH é calculado com base em alguns fatores econômicos e sociais, tais como educação (anos médios de estudos), longevidade (expectativa de vida da população) e Produto Interno Bruto *per capita*. O índice vai de 0 a 1. Quanto mais próximo de 1, maior o desenvolvimento humano.

De acordo com dados para 2012, o IDH do Brasil é 0,730, considerado de alto desenvolvimento humano, apesar de o país apresentar enorme desigualdade social e concentração de renda elevada.

ÍNDICE DE DESENVOLVIMENTO HUMANO

LEGENDA

Índice de desenvolvimento humano das Nações Unidas (IDH)
- alto
- médio
- baixo
- dados não disponíveis

Fonte: PNUD, Atlas do Desenvolvimento Humano no Brasil 2013.

Escala 1:25 000 000
(Projeção: Cônica Conforme de Lambert)
0 km   250   500   750
1 cm no mapa representa 250 km no terreno.

ALFABETIZAÇÃO

Escala 1:46 000 000
(Projeção: Cônica Conforme de Lambert)
0 km   460   920   1 380
1 cm no mapa representa 460 km no terreno.

LEGENDA
Alfabetização (porcentagem do total da população)
- 90 a 100
- 80 a 89
- 70 a 79
- 58 a 69

Fonte: IBGE, Censo Demográfico 2010.

LEGENDA

FRONTEIRAS
— fronteira internacional

NÚCLEOS POPULACIONAIS
- acima de 1 milhão
- 500 000 a 1 milhão
- 100 000 a 500 000
- 50 000 a 100 000
- abaixo de 50 000

O quadrado vermelho indica capital de país.

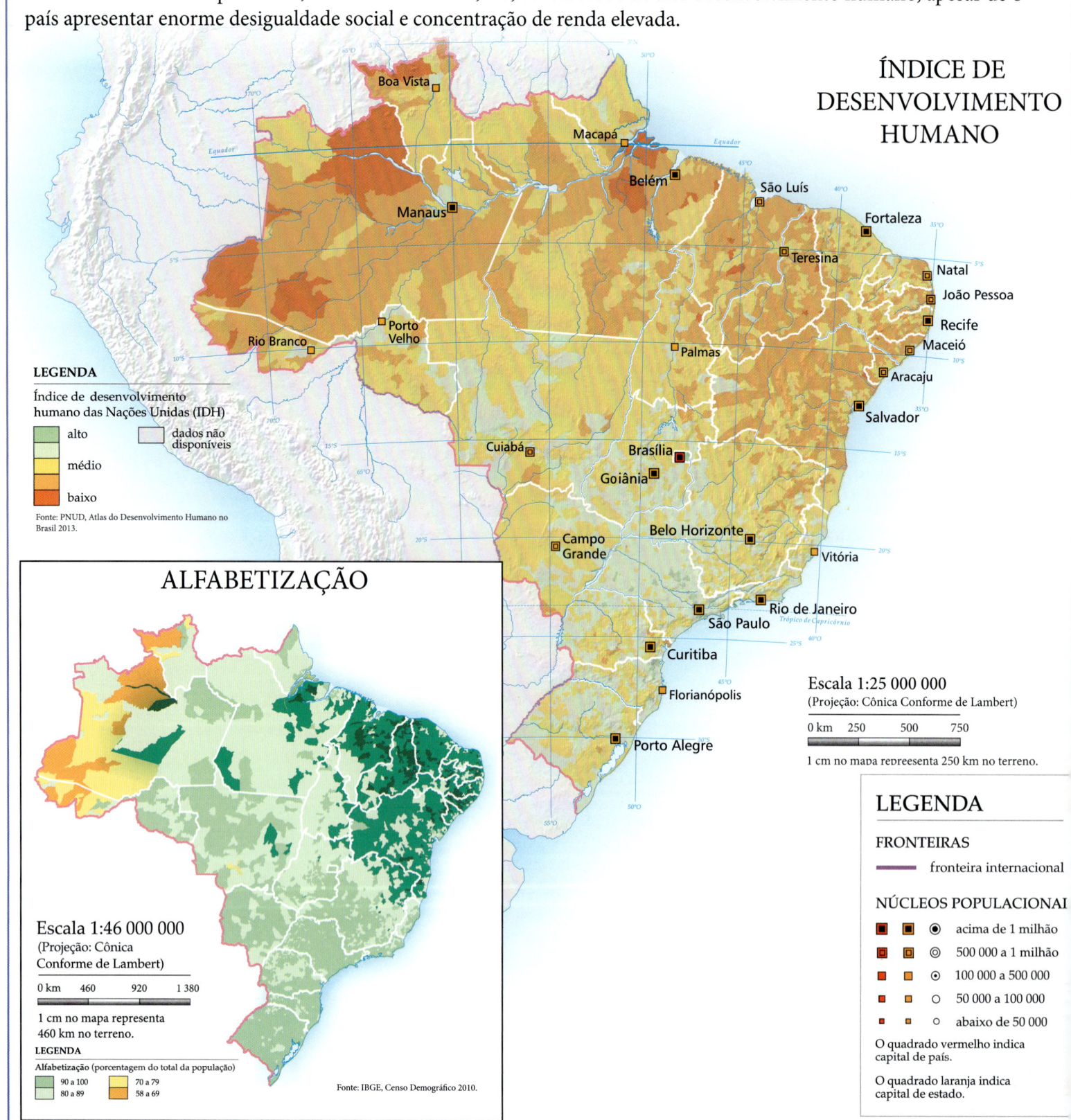

O quadrado laranja indica capital de estado.

BRASIL – ÁGUA POTÁVEL E SANEAMENTO

O acesso a serviços básicos, como água potável e saneamento básico, ainda é insuficiente no Brasil. A população que tem acesso à água potável corresponde a cerca de 80%. O saneamento básico chega a aproximadamente 60% da população brasileira.

O acesso à água tratada pode evitar muitas doenças, especialmente em crianças, reduzindo significativamente a mortalidade infantil no país.

SANEAMENTO BÁSICO

LEGENDA
Acesso à rede de esgotos (em % da população)
- acima de 85
- 50 a 85
- 20 a 50
- 0 a 20

Fonte: IBGE, Censo Demográfico 2010.

Escala 1:46 500 000
(Projeção: Cônica Conforme de Lambert)

0 km   465   930   1 395

1 cm no mapa representa 465 km no terreno.

ÁGUA POTÁVEL

LEGENDA
Acesso à água encanada (% da população)
- acima de 85
- 65 a 85
- 40 a 65
- abaixo de 40

Fonte: IBGE, Censo Demográfico 2010.

Escala 1:23 000 000
(Projeção: Cônica Conforme de Lambert)

0 km   230   460   690

1 cm no mapa representa 230 km no terreno.

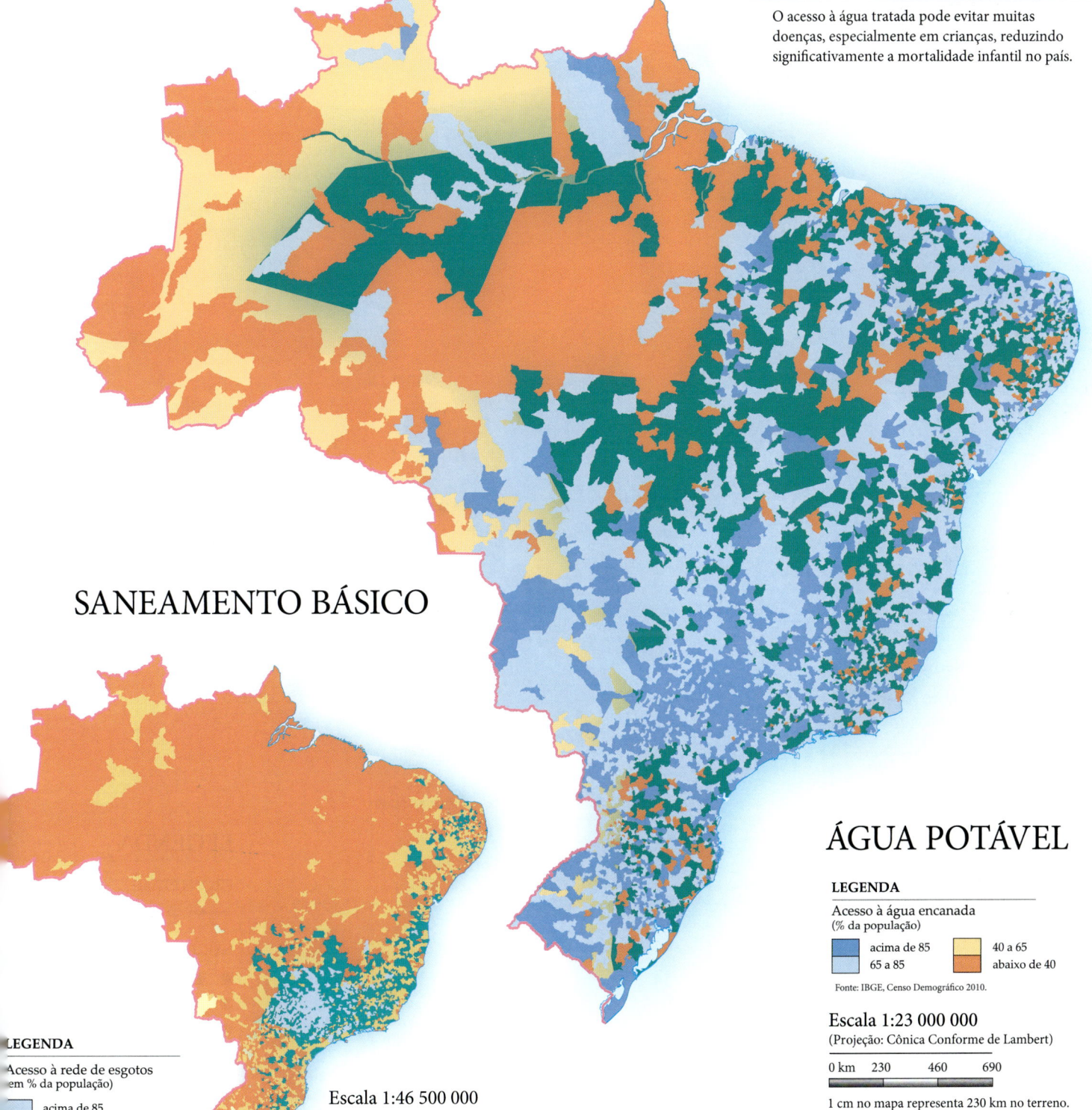

BRASIL – PIB MUNICIPAL

Em 2013, o Brasil ocupava a 7.ª colocação entre os países com maior PIB (produto interno bruto), o que equivale a dizer que o país é a 7.ª maior economia mundial. O PIB representa toda a riqueza gerada por uma nação, estado, município ou região em um dado período, que pode ser anual, semestral ou mensal.

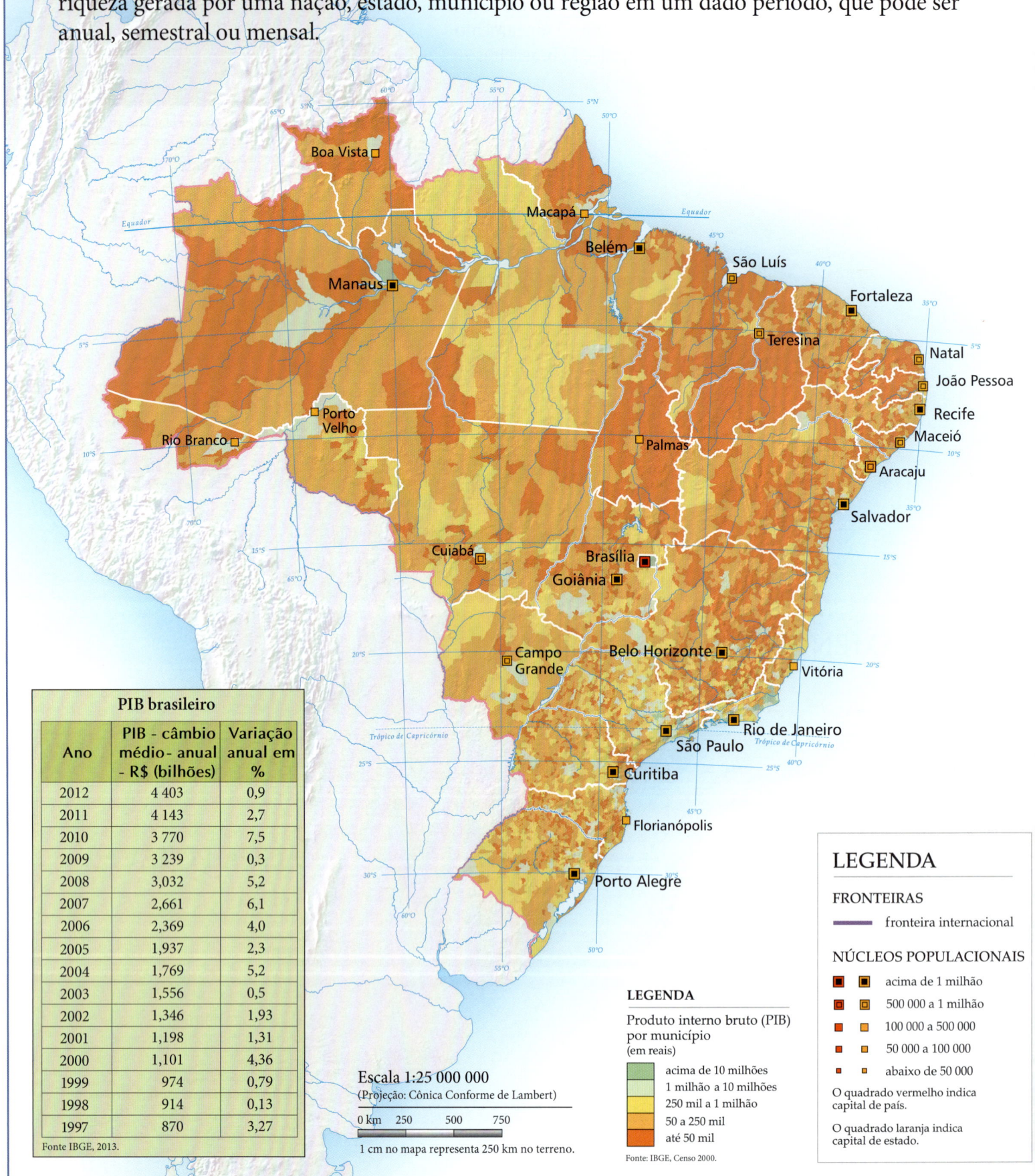

PIB brasileiro		
Ano	PIB - câmbio médio - anual - R$ (bilhões)	Variação anual em %
2012	4 403	0,9
2011	4 143	2,7
2010	3 770	7,5
2009	3 239	0,3
2008	3,032	5,2
2007	2,661	6,1
2006	2,369	4,0
2005	1,937	2,3
2004	1,769	5,2
2003	1,556	0,5
2002	1,346	1,93
2001	1,198	1,31
2000	1,101	4,36
1999	974	0,79
1998	914	0,13
1997	870	3,27

Fonte IBGE, 2013.

Escala 1:25 000 000
(Projeção: Cônica Conforme de Lambert)

0 km — 250 — 500 — 750

1 cm no mapa representa 250 km no terreno.

LEGENDA

Produto interno bruto (PIB) por município (em reais)
- acima de 10 milhões
- 1 milhão a 10 milhões
- 250 mil a 1 milhão
- 50 a 250 mil
- até 50 mil

Fonte: IBGE, Censo 2000.

LEGENDA

FRONTEIRAS
- fronteira internacional

NÚCLEOS POPULACIONAIS
- acima de 1 milhão
- 500 000 a 1 milhão
- 100 000 a 500 000
- 50 000 a 100 000
- abaixo de 50 000

O quadrado vermelho indica capital de país.

O quadrado laranja indica capital de estado.

BRASIL 95

BRASIL – AIDS, MALÁRIA E HEPATITE

Algumas doenças ainda preocupam o Brasil. AIDS, malária e hepatite atingem milhares de brasileiros todos os anos.

Estimava-se que em 2013 mais de 700 mil brasileiros estivessem contaminados pelo vírus HIV. Os portos brasileiros, como o de Itajaí, em Santa Catarina, são áreas de maior risco devido à circulação de um grande número de estrangeiros.

AIDS

LEGENDA
AIDS
(novos casos por ano em 100 000 habitantes)
- acima de 25
- 20 a 25
- 15 a 20
- 10 a 15
- 7 a 10

Fonte: Ministério da Saúde 2010.

MALÁRIA

LEGENDA
Malária
(novos casos por ano em 1 000 habitantes)
- acima de 40
- 20 a 40
- 1 a 20
- 0 a 1
- 0

Fonte: Ministério da Saúde 2010.

HEPATITE

LEGENDA
Hepatite A, B e C
(novos casos por ano em 100 000 habitantes)
- acima de 80
- 35 a 80
- 15 a 35
- até 15

Fonte: Ministério da Saúde 2010.

Escala 1:41 000 000
(Projeção: Cônica Conforme de Lambert)

0 km   410   820   1 230

1 cm no mapa representa 410 km no terreno.

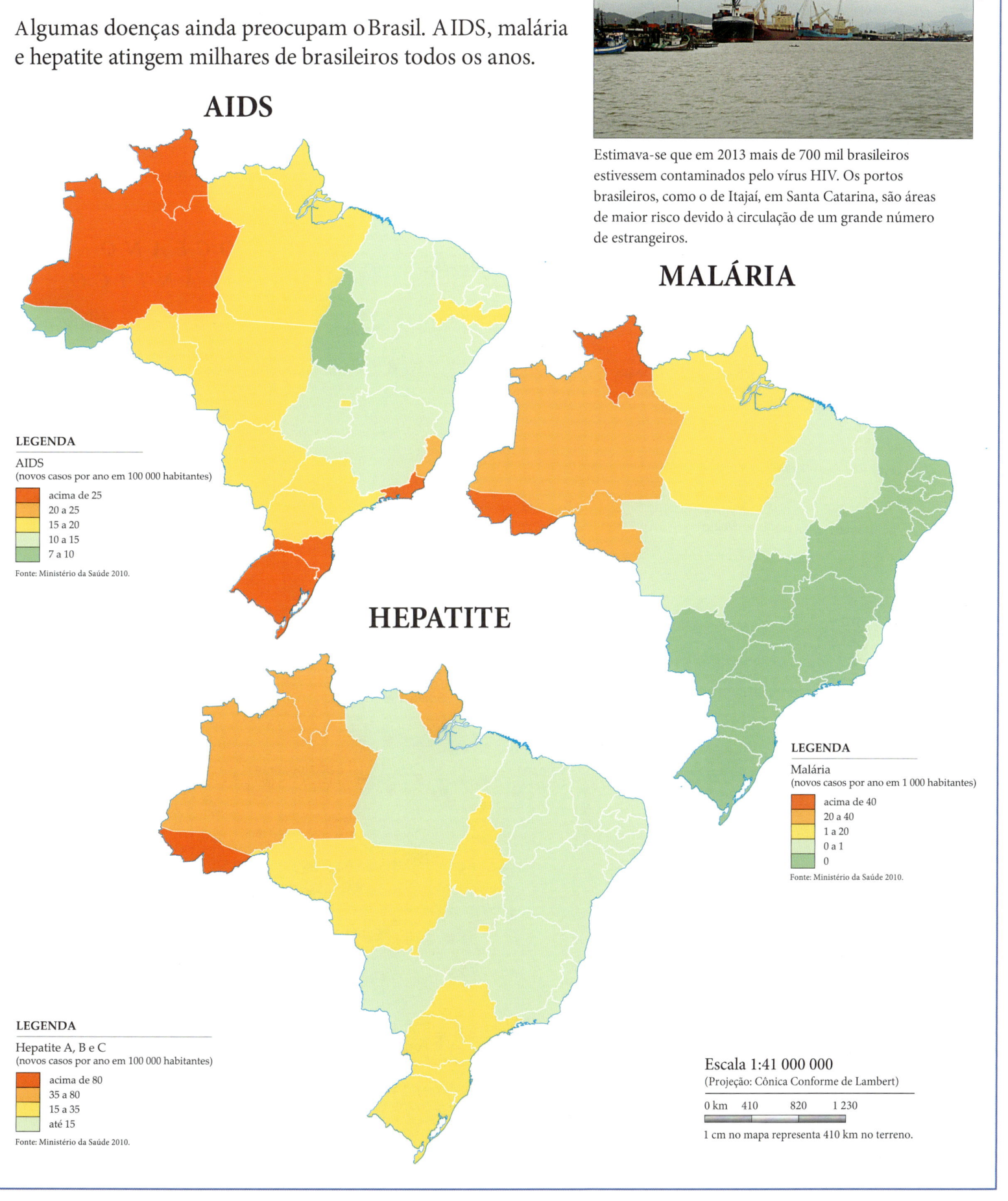

Fotos: Adalberto Scortegagna

BRASIL – USINAS HIDRELÉTRICAS

O relevo predominantemente planáltico favorece a instalação de diversas usinas hidrelétricas no país. Atualmente, cerca de 77% da energia elétrica no Brasil têm origem nas usinas hidrelétricas.

A usina de Itaipu, situada no rio Paraná, na divisa entre Brasil e Paraguai, é considerada a segunda maior usina do mundo em potência instalada.

LEGENDA

Hidrelétricas com potência acima de 20 MW
- Acima de 3 000 MW
- 1 000 a 3 000
- 500 a 1 000
- 100 a 500
- 20 a 100

Adaptado de Aneel, 2005. (Atlas de energia elétrica do Brasil)

Escala 1:21 000 000
(Projeção: Cônica Conforme de Lambert)

0 km — 210 — 420 — 630

1 cm no mapa representa 210 km no terreno.

BRASIL 97

BRASIL – USINAS TERMELÉTRICAS

A geração de eletricidade a partir das usinas termelétricas vem crescendo no Brasil desde a década de 90. Atualmente, as termelétricas representam aproximadamente 20% da eletricidade produzida no país.

BRASIL – ENERGIAS ALTERNATIVAS

LEGENDA

Energias alternativas (usinas em operação)

- ✕ energia eólica
- ☀ energia solar

Adaptado de Aneel, 2007 (Banco de informações de geração).

GERAÇÃO ELÉTRICA POR ENERGÉTICO NO BRASIL – PARTICIPAÇÃO %

- 75,2% hidráulica
- 2,9% derivados de petróleo
- 1,5% carvão
- 2,9% nuclear
- 6,3% biomassa
- 0,9% eólica
- 1,8% outras
- 8,5% gás natural

Fonte: Anuário estatístico da energia elétrica 2013. Ministério de Minas e Energia.

LEGENDA

Termelétricas em operação com potência acima de 20 MW

- bagaço de cana
- carvão mineral
- diesel
- gás natural
- urânio

Adaptado de Aneel, 2004.

Escala 1:25 000 000
(Projeção: Cônica Conforme de Lambert)

0 km 250 500 750

1 cm no mapa representa 250 km no terreno.

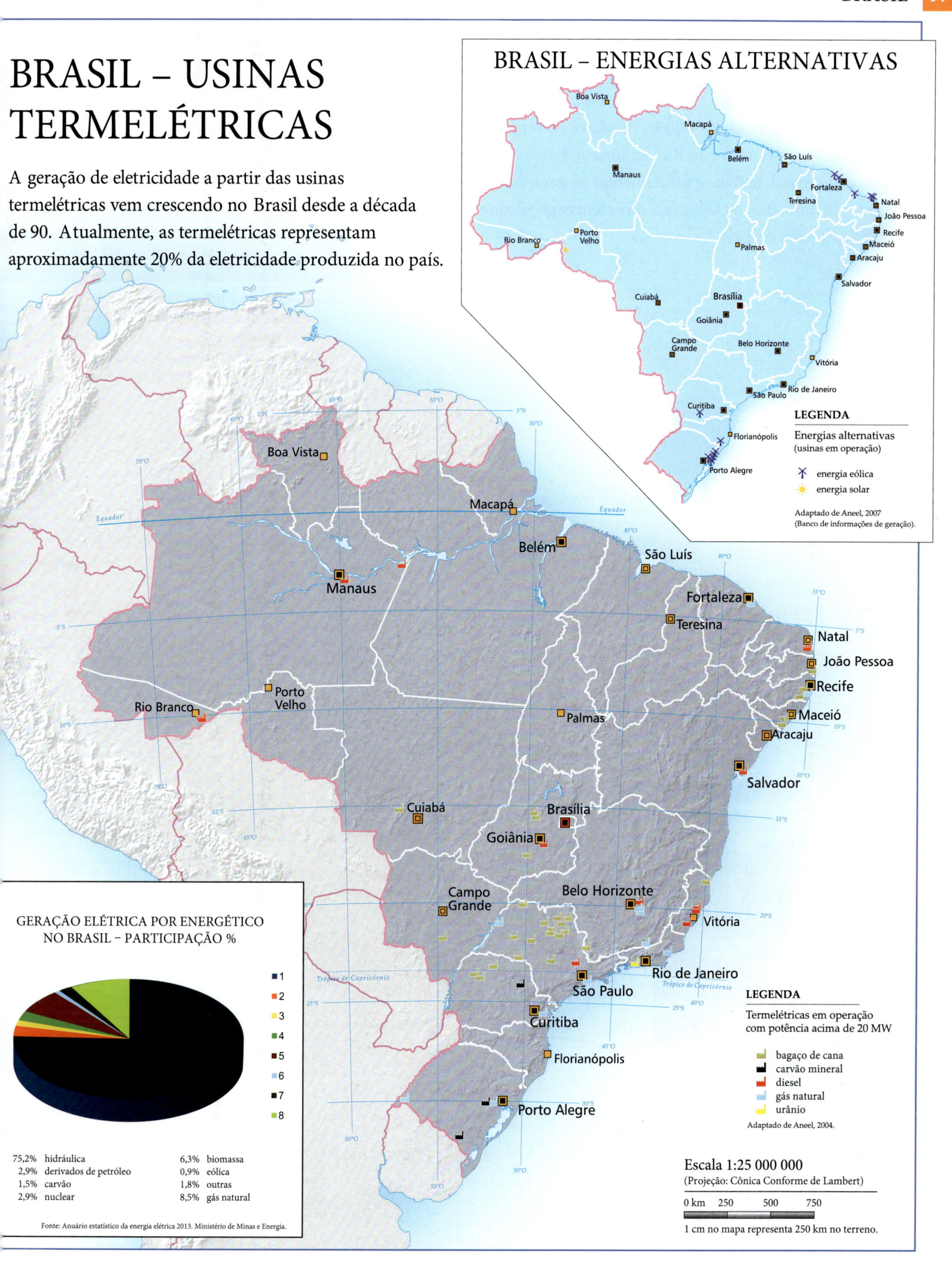

BRASIL — GASODUTOS

O gás natural gerado nas regiões produtoras de petróleo e gás, como nos estados do Amazonas, Rio de Janeiro, Bahia e Sergipe, além do gasoduto Brasil-Bolívia, é fundamental na geração de energia elétrica no Brasil. Em 2013, o gás natural representava 8,5% de toda a energia elétrica gerada no país.

O gasoduto Brasil-Bolívia tem 3 150 quilômetros de extensão, sendo 2 593 em território brasileiro e 557 em território boliviano. O gasoduto tem seu início na cidade boliviana de Santa Cruz de la Sierra, terminando na cidade de Porto Alegre, no Rio Grande do Sul.

Foto: Andi Berger

O gás natural já é utilizado em muitas residências de grandes metrópoles brasileiras. Esse gás é levado através de tubulações, evitando assim o uso de botijões, dando mais segurança aos usuários.

Escala 1:25 000 000
(Projeção: Cônica Conforme de Lambert)

0 km   250   500   750

1 cm no mapa representa 250 km no terreno.

LEGENDA

Gasodutos
- em operação
- em construção
- em estudo
- Bolívia-Brasil
- G reservas de gás

Adaptado de Petrobrás, 2004.

BRASIL – TRANSPORTES

O transporte rodoviário, principal sistema de transporte no Brasil, representa cerca de 60% do transporte de carga, contra 20% do transporte ferroviário. O predomínio do transporte rodoviário explica o alto custo do transporte de carga no país.

A Rodovia dos Imigrantes, que liga as cidades de São Paulo ao litoral, demonstra a importância do transporte rodoviário no país.

O aeroporto internacional de Guarulhos é um dos mais movimentados do mundo. Todo mês mais de 3 milhões de pessoas transitam pelo aeroporto que liga São Paulo a diversas cidades do país e do mundo.

LEGENDA

Sistemas de transporte

- rodovias pavimentadas
- rodovias sem pavimentação
- rodovias com pedágio
- ferrovias
- hidrovias
- aeroportos
- portos

Escala 1:21 000 000
(Projeção: Cônica Conforme de Lambert)

0 km 210 420 630

1 cm no mapa representa 210 km no terreno.

Adaptado de IBGE, 2005 e DNIT, 2002.

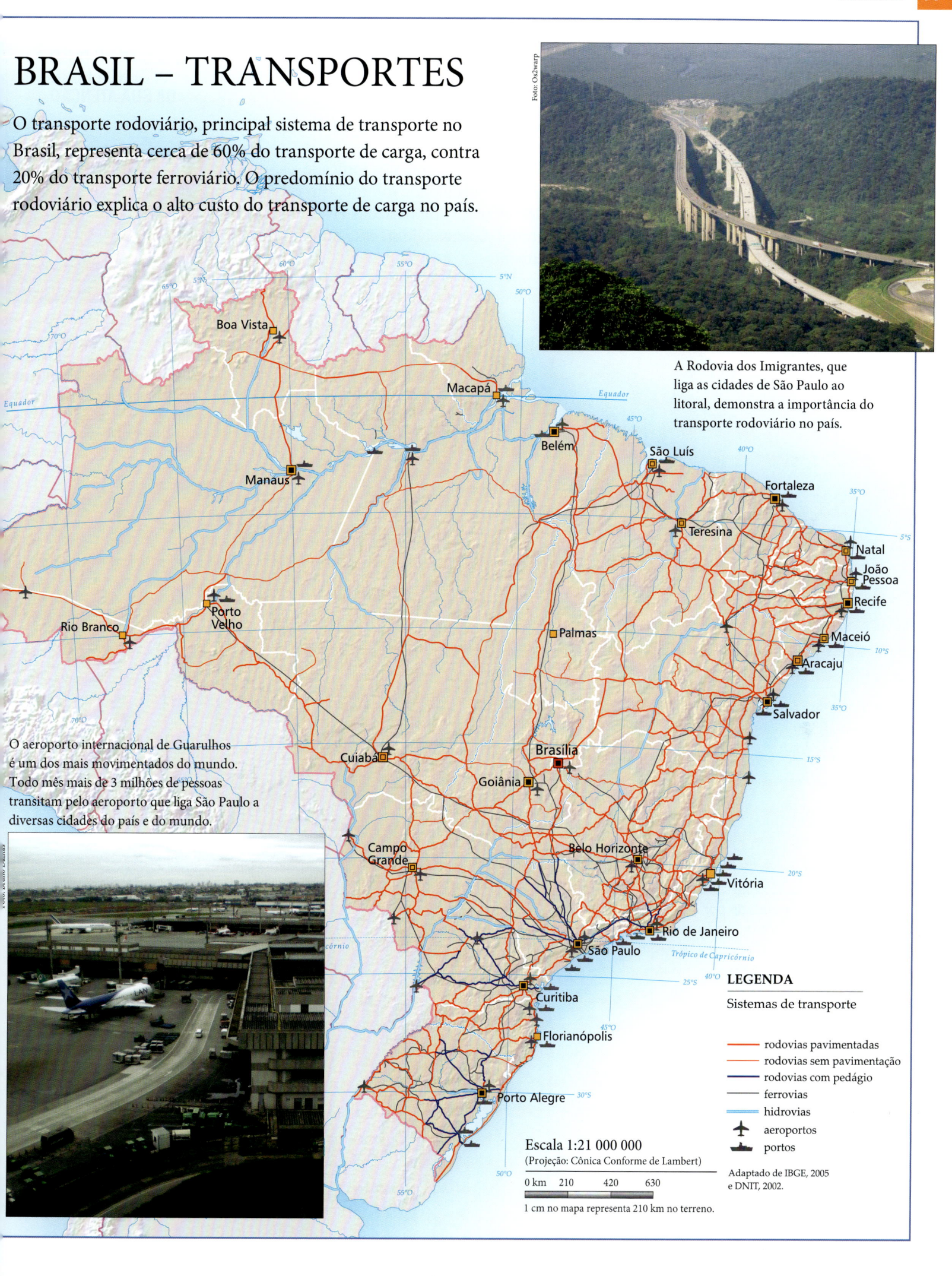

BRASIL – MORTALIDADE INFANTIL

O Brasil apresenta indicadores de mortalidade infantil distante dos indicadores dos países considerados desenvolvidos. Em 2005, a mortalidade infantil, isto é, o número de óbitos de crianças até 1 ano de idade em cada mil nascidas vivas era de 15. Para atingir padrões dos países considerados desenvolvidos, esse número deve ser inferior a 10 óbitos em cada mil nascimentos.

A mortalidade infantil pode ser reduzida através de inúmeras ações, destacando-se o acompanhamento médico da gestante, o incentivo ao aleitamento materno, estímulo às vacinações, prevenção de acidentes domésticos e educação essencial às famílias.

Taxas de mortalidade por 1 000 nascidos vivos no Brasil

ranking[1] (2006)	86º
perinatal[2] (2000)	15
até 1 ano[3] (1990)	50
até 1 ano[3] (2005)	31
até 5 anos[4] (1990)	60
até 5 anos[4] (2005)	33

(1) Classificação dos países da UNICEF por taxa de mortalidade até os 5 anos. Os piores indicadores aparecem nas primeiras posições.
(2) Mortalidade de fetos (a partir de 28 semanas de gestação ou 1 000 gramas de massa) até o fim do 7º dia de vida.
(3) Óbitos de bebês até 1 ano de idade.
(4) Óbitos de bebês até 5 anos de idade.

Fonte: UNICEF

Escala 1:21 000 000
(Projeção: Cônica Conforme de Lambert)

0 km 210 420 630

1 cm no mapa representa 210 km no terreno.

LEGENDA

Mortalidade infantil por microrregião (em ‰)

- acima de 100
- 70 a 100
- 40 a 70
- 20 a 40
- até 20

Adaptado de Censo IBGE.

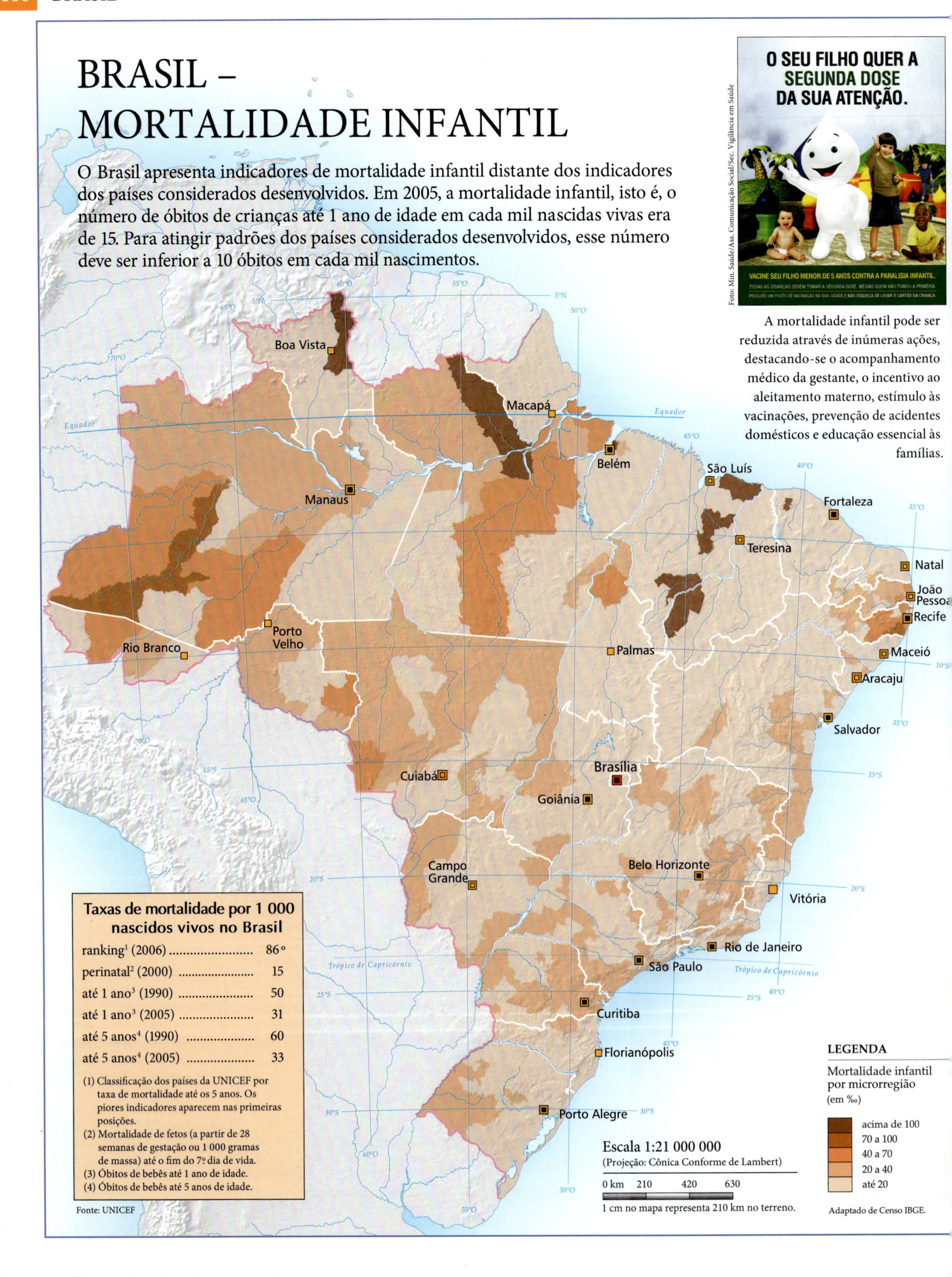

BRASIL – RENDA *PER CAPITA*

A renda *per capita* de um país resulta da divisão de toda a riqueza gerada no país (produto nacional bruto) pela população. A renda *per capita* do Brasil não reflete a realidade social do país. A enorme concentração de renda gera dados enganosos, pois dão a impressão de que a renda média do brasileiro é maior do que realmente é.

A presença de *shopping centers* se tornou comum nas grandes cidades brasileiras, como este na cidade de Porto Alegre, pois é nas metrópoles onde o poder aquisitivo da população é maior.

BRASIL – CONSUMO DE CALORIAS

LEGENDA

Consumo de calorias (kcal/dia *per capita*)
- acima de 2 000
- 1 750 a 2 000
- 1 500 a 1 750
- até 1 500

Adaptado de IBGE.
Pesquisa de orçamentos familiares.

Escala 1:21 000 000
(Projeção: Cônica Conforme de Lambert)

0 km 210 420 630

1 cm no mapa representa 210 km no terreno.

LEGENDA

Renda *per capita* por microrregião (em salários mínimos)
- acima de 3
- 2 a 3
- 1 a 2
- até 1

Adaptado de Censo IBGE.

BRASIL – SETORES DA ECONOMIA

SETOR PRIMÁRIO

O setor primário é o conjunto de atividades econômicas que produzem matérias-primas. As atividades que mais se destacam nesse setor incluem agricultura, pecuária e extrativismo.

SETOR SECUNDÁRIO

O setor secundário abrange principalmente a indústria. No Brasil, trabalham nesse setor cerca de 24% da população economicamente ativa (PEA).

SETOR TERCIÁRIO

O setor terciário da economia engloba o comércio e a prestação de serviços. É o setor que mais emprega no Brasil. Cerca de 55% da população economicamente ativa (PEA) encontram-se nesse setor.

SETOR PRIMÁRIO
Participação no PIB estadual

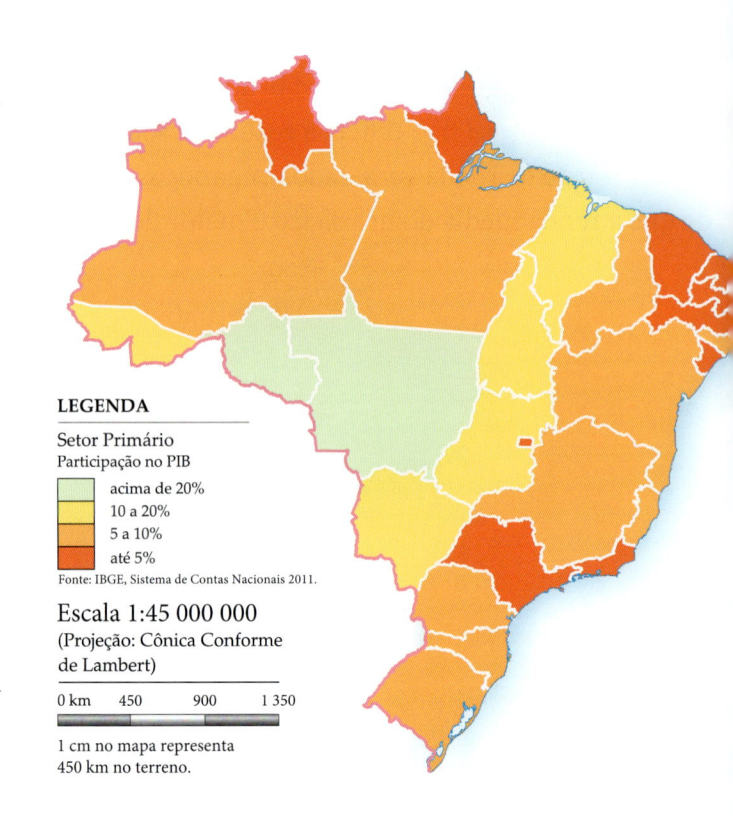

LEGENDA
Setor Primário
Participação no PIB
- acima de 20%
- 10 a 20%
- 5 a 10%
- até 5%

Fonte: IBGE, Sistema de Contas Nacionais 2011.

Escala 1:45 000 000
(Projeção: Cônica Conforme de Lambert)

0 km 450 900 1 350

1 cm no mapa representa 450 km no terreno.

SETOR SECUNDÁRIO
Participação no PIB estadual

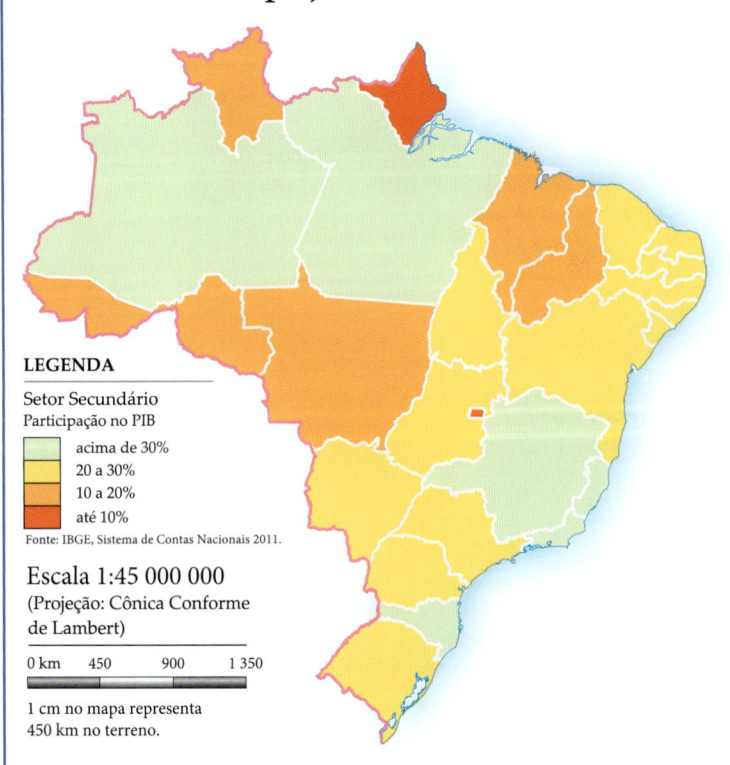

LEGENDA
Setor Secundário
Participação no PIB
- acima de 30%
- 20 a 30%
- 10 a 20%
- até 10%

Fonte: IBGE, Sistema de Contas Nacionais 2011.

Escala 1:45 000 000
(Projeção: Cônica Conforme de Lambert)

0 km 450 900 1 350

1 cm no mapa representa 450 km no terreno.

SETOR TERCIÁRIO
Participação no PIB estadual

LEGENDA
Setor Terciário
Participação no PIB
- acima de 80%
- 70 a 80%
- 60 a 70%
- até 60%

Fonte: IBGE, Sistema de Contas Nacionais 2011.

Escala 1:45 000 000
(Projeção: Cônica Conforme de Lambert)

0 km 450 900 1 350

1 cm no mapa representa 450 km no terreno.

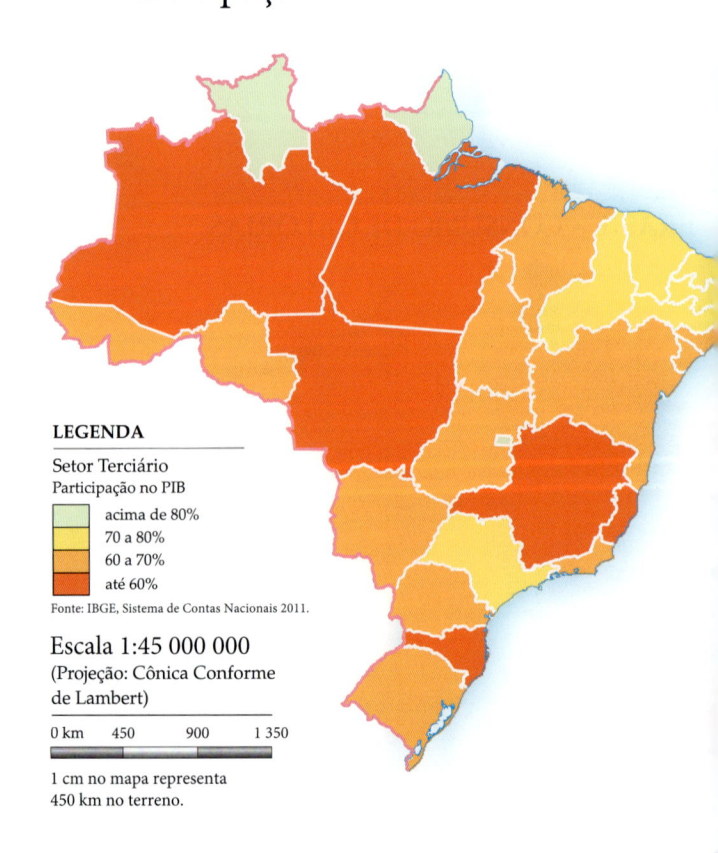

BRASIL – REGIÕES METROPOLITANAS

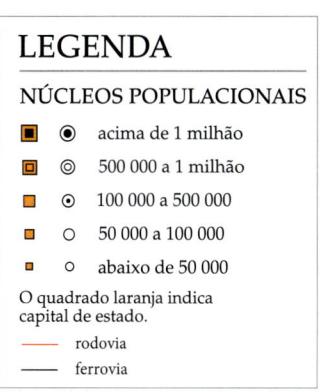

Segundo o IBGE, o Brasil apresenta 26 regiões metropolitanas, destacando-se a de São Paulo e a do Rio de Janeiro.

REGIÃO METROPOLITANA DE SÃO PAULO

A área metropolitana de São Paulo abrange 39 municípios e tem uma população aproximada de 18 milhões de habitantes.

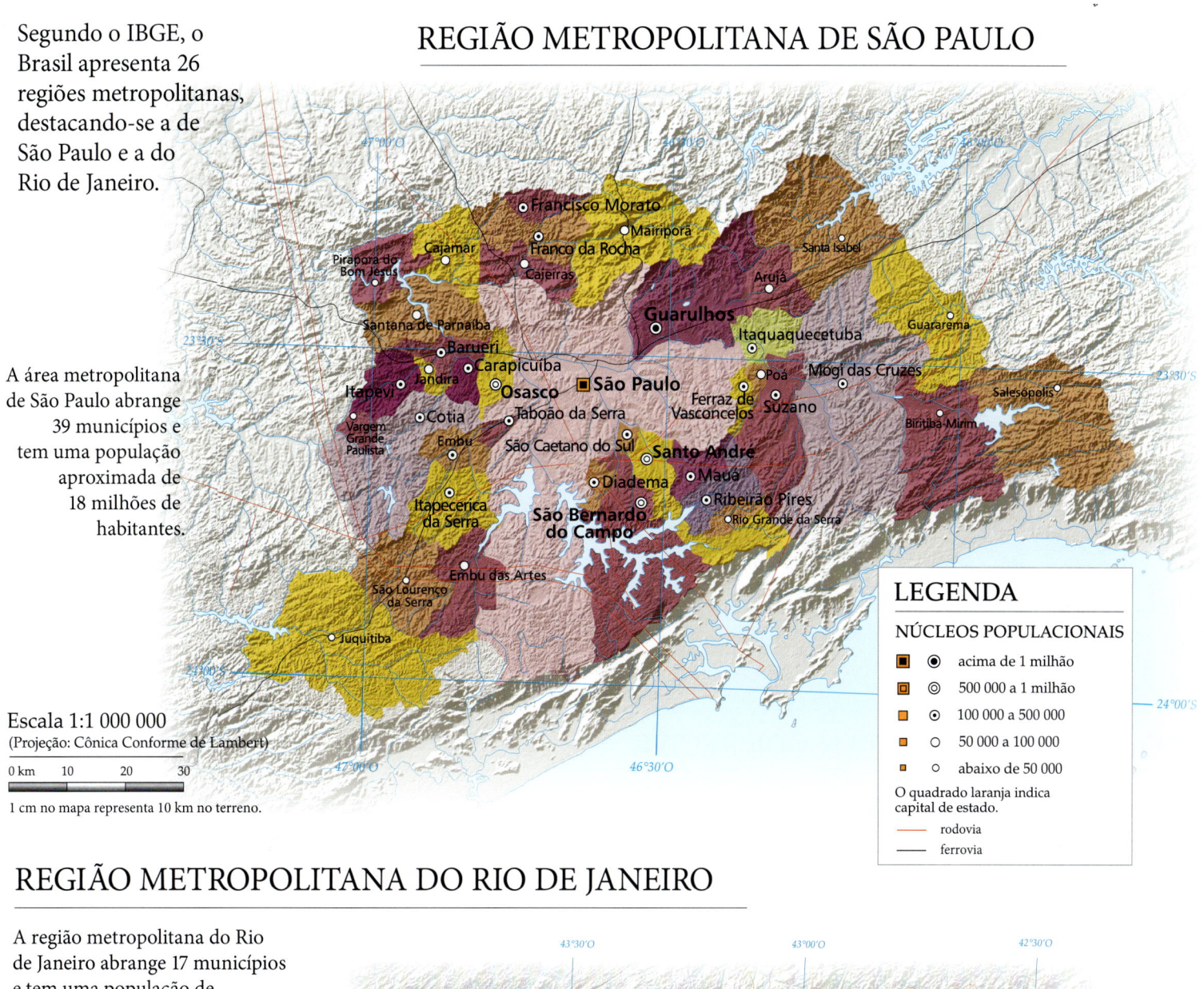

Escala 1:1 000 000
(Projeção: Cônica Conforme de Lambert)

0 km 10 20 30

1 cm no mapa representa 10 km no terreno.

LEGENDA

NÚCLEOS POPULACIONAIS

- acima de 1 milhão
- 500 000 a 1 milhão
- 100 000 a 500 000
- 50 000 a 100 000
- abaixo de 50 000

O quadrado laranja indica capital de estado.

— rodovia
— ferrovia

REGIÃO METROPOLITANA DO RIO DE JANEIRO

A região metropolitana do Rio de Janeiro abrange 17 municípios e tem uma população de aproximadamente 11 milhões de habitantes.

Escala 1:1 000 000
(Projeção: Cônica Conforme de Lambert)

0 km 10 20 30

1 cm no mapa representa 10 km no terreno.

LEGENDA

NÚCLEOS POPULACIONAIS

- acima de 1 milhão
- 500 000 a 1 milhão
- 100 000 a 500 000
- 50 000 a 100 000
- abaixo de 50 000

O quadrado laranja indica capital de estado.

— rodovia
— ferrovia

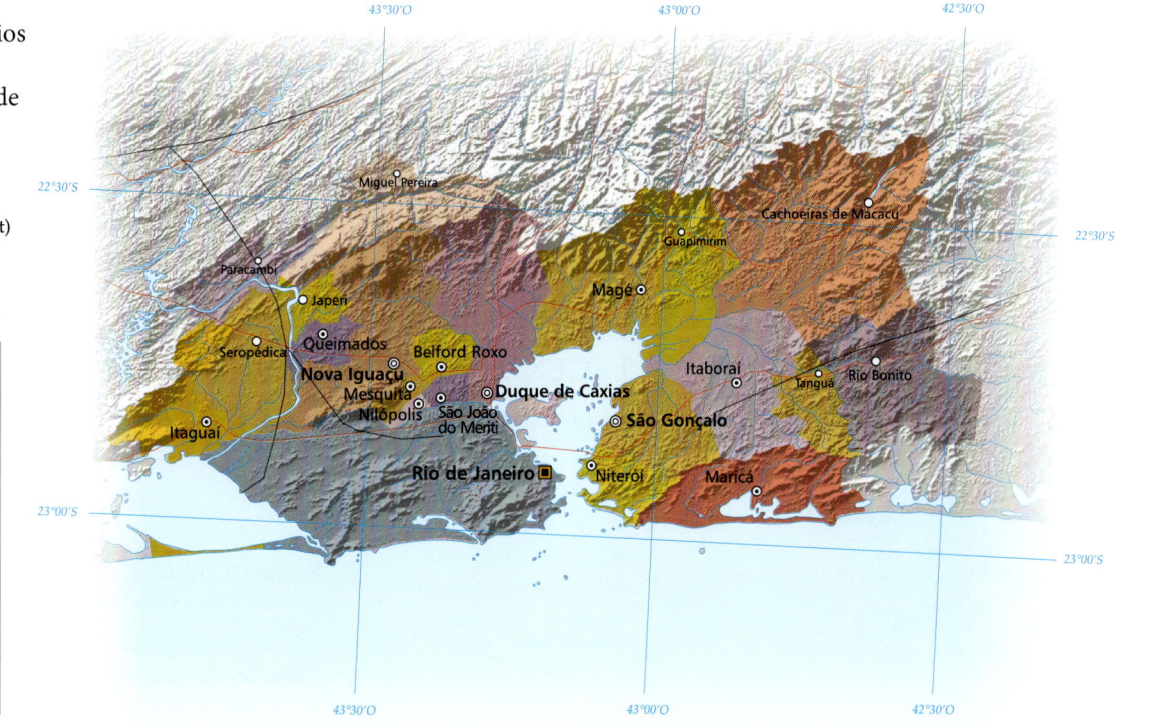

BRASIL

REGIÃO METROPOLITANA DE BELO HORIZONTE

A região metropolitana de Belo Horizonte abrange 34 municípios e tem uma população de aproximadamente 4,8 milhões de habitantes.

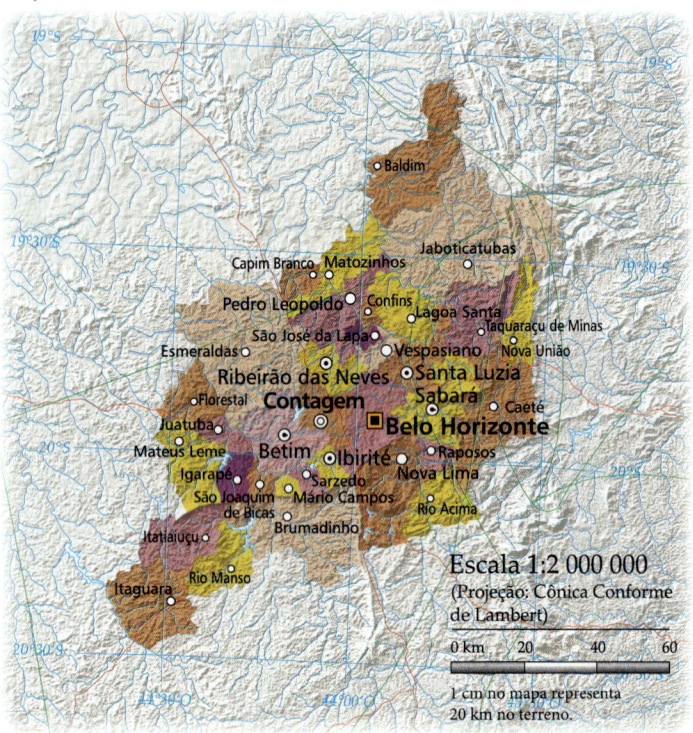

Escala 1:2 000 000
(Projeção: Cônica Conforme de Lambert)

0 km — 20 — 40 — 60

1 cm no mapa representa 20 km no terreno.

REGIÃO METROPOLITANA DE PORTO ALEGRE

A região metropolitana de Porto Alegre abrange 31 municípios e tem uma população de aproximadamente 3,7 milhões de habitantes.

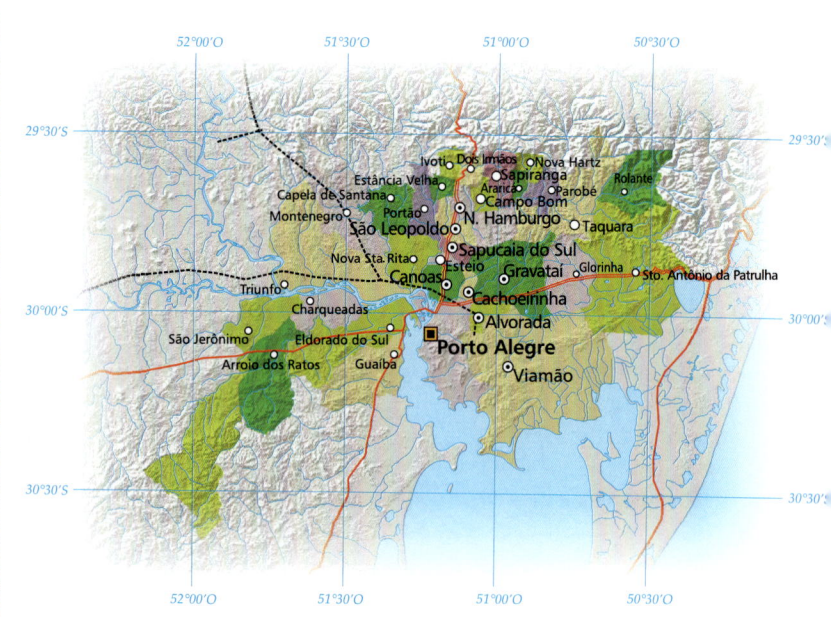

Escala 1:2 000 000
(Projeção: Cônica Conforme de Lambert)

0 km — 20 — 40 — 60

1 cm no mapa representa 20 km no terreno.

REGIÃO METROPOLITANA DE RECIFE

A região metropolitana de Recife abrange 14 municípios e tem uma população de aproximadamente 3,5 milhões de habitantes.

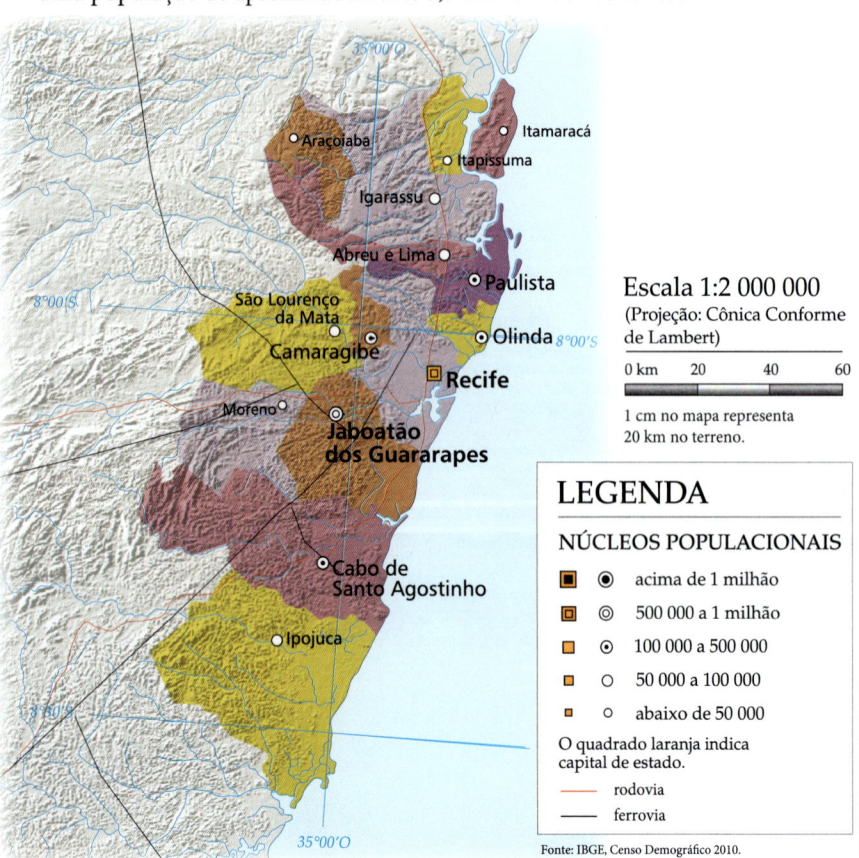

Escala 1:2 000 000
(Projeção: Cônica Conforme de Lambert)

0 km — 20 — 40 — 60

1 cm no mapa representa 20 km no terreno.

LEGENDA

NÚCLEOS POPULACIONAIS

- ■ / ● acima de 1 milhão
- ▣ / ◎ 500 000 a 1 milhão
- ■ / ● 100 000 a 500 000
- ■ / ○ 50 000 a 100 000
- ▪ / ○ abaixo de 50 000

O quadrado laranja indica capital de estado.

— rodovia
— ferrovia

Fonte: IBGE, Censo Demográfico 2010.

REGIÃO METROPOLITANA DE SALVADOR

A região metropolitana de Salvador abrange 10 municípios e tem uma população de aproximadamente 3 milhões de habitantes.

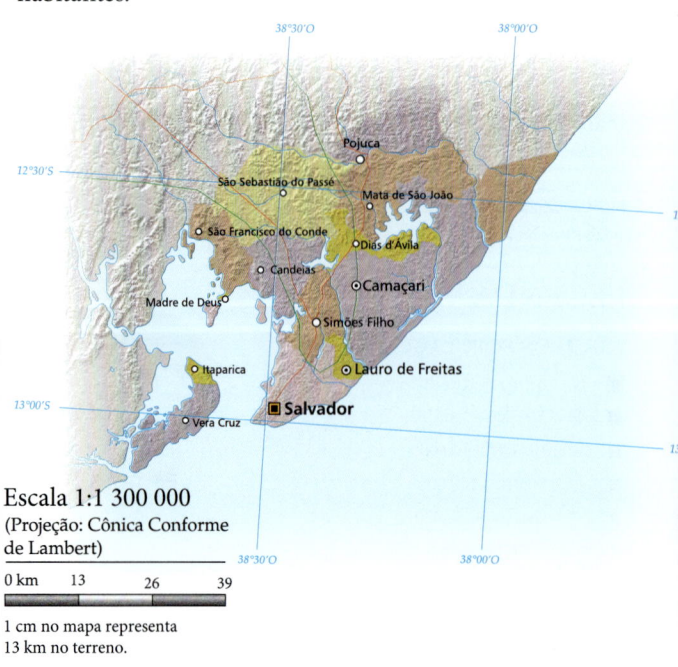

Escala 1:1 300 000
(Projeção: Cônica Conforme de Lambert)

0 km — 13 — 26 — 39

1 cm no mapa representa 13 km no terreno.

BRASIL | 105

REGIÃO METROPOLITANA DE FORTALEZA

A região metropolitana de Fortaleza abrange 13 municípios e tem uma população de aproximadamente 3,3 milhões de habitantes.

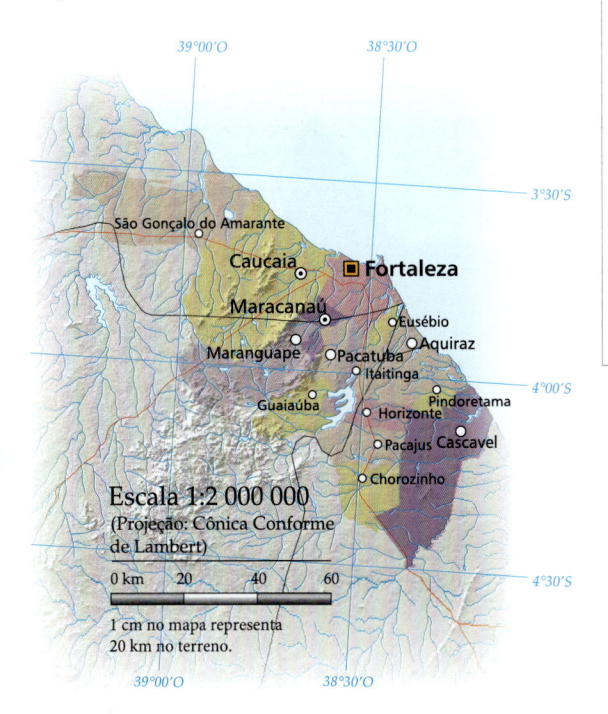

Escala 1:2 000 000
(Projeção: Cônica Conforme de Lambert)
0 km — 20 — 40 — 60
1 cm no mapa representa 20 km no terreno.

REGIÃO METROPOLITANA DE BELÉM

A região metropolitana de Belém abrange 5 municípios e tem uma população de aproximadamente 2,1 milhões de habitantes.

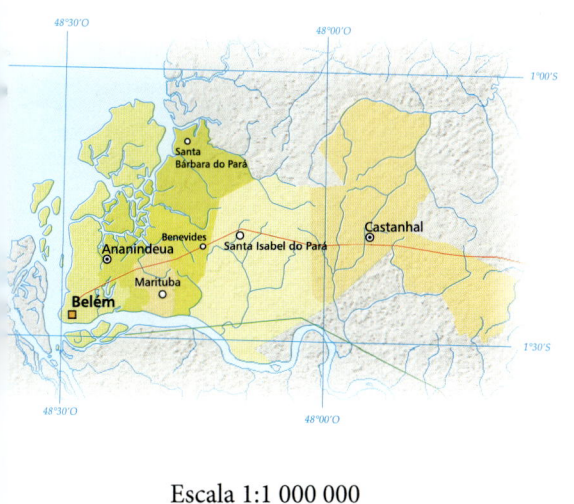

Escala 1:1 000 000
(Projeção: Cônica Conforme de Lambert)
0 km — 10 — 20 — 30
1 cm no mapa representa 10 km no terreno.

REGIÃO METROPOLITANA DE CURITIBA

A região metropolitana de Curitiba abrange 26 municípios e tem uma população de aproximadamente 2,8 milhões de habitantes.

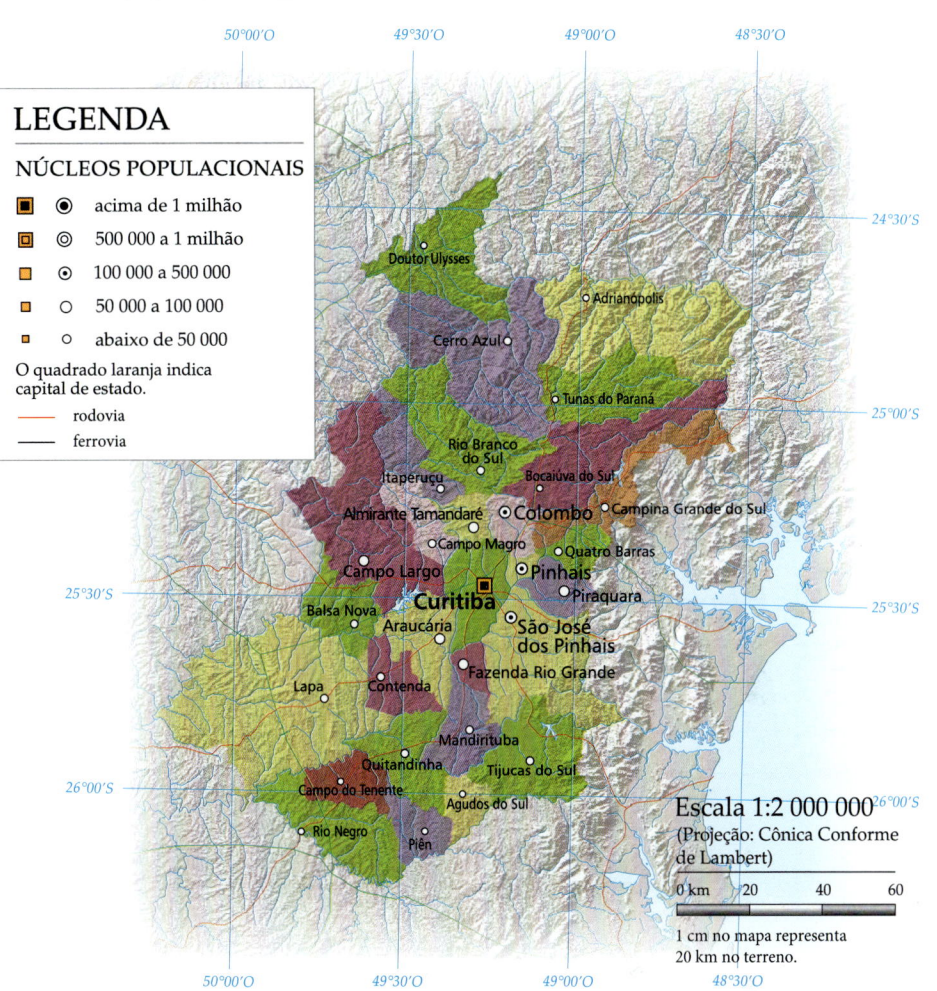

LEGENDA

NÚCLEOS POPULACIONAIS

- ■ ● acima de 1 milhão
- ■ ◎ 500 000 a 1 milhão
- ■ ◉ 100 000 a 500 000
- ■ ○ 50 000 a 100 000
- ■ ○ abaixo de 50 000

O quadrado laranja indica capital de estado.

— rodovia
— ferrovia

Escala 1:2 000 000
(Projeção: Cônica Conforme de Lambert)
0 km — 20 — 40 — 60
1 cm no mapa representa 20 km no terreno.

REGIÃO METROPOLITANA DE BRASÍLIA

A região metropolitana de Brasília abrange 19 regiões administrativas e tem uma população de aproximadamente 3 milhões de habitantes.

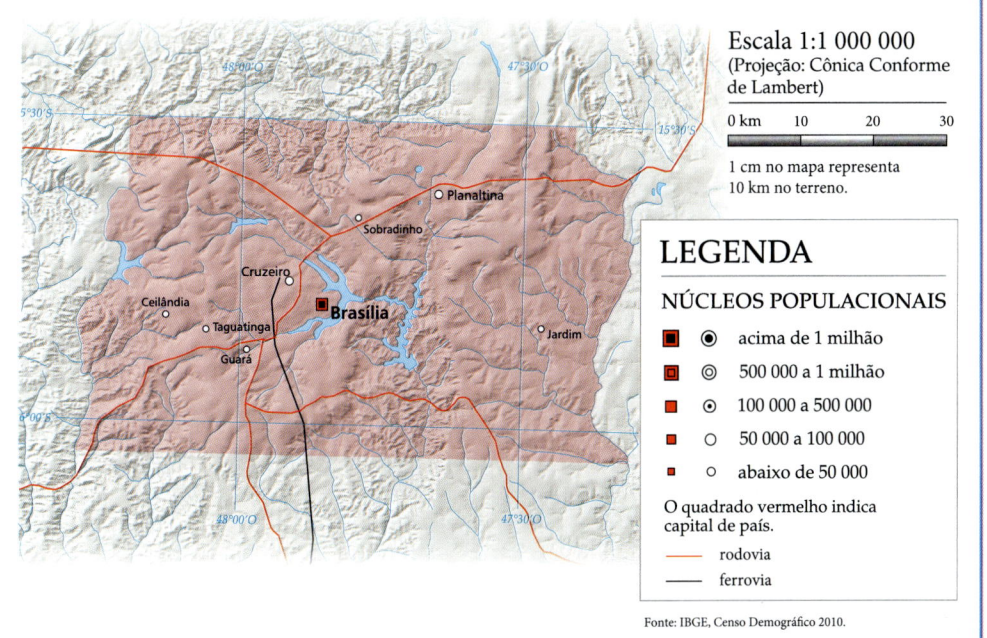

Escala 1:1 000 000
(Projeção: Cônica Conforme de Lambert)
0 km — 10 — 20 — 30
1 cm no mapa representa 10 km no terreno.

LEGENDA

NÚCLEOS POPULACIONAIS

- ■ ● acima de 1 milhão
- ■ ◎ 500 000 a 1 milhão
- ■ ◉ 100 000 a 500 000
- ■ ○ 50 000 a 100 000
- ■ ○ abaixo de 50 000

O quadrado vermelho indica capital de país.

— rodovia
— ferrovia

Fonte: IBGE, Censo Demográfico 2010.

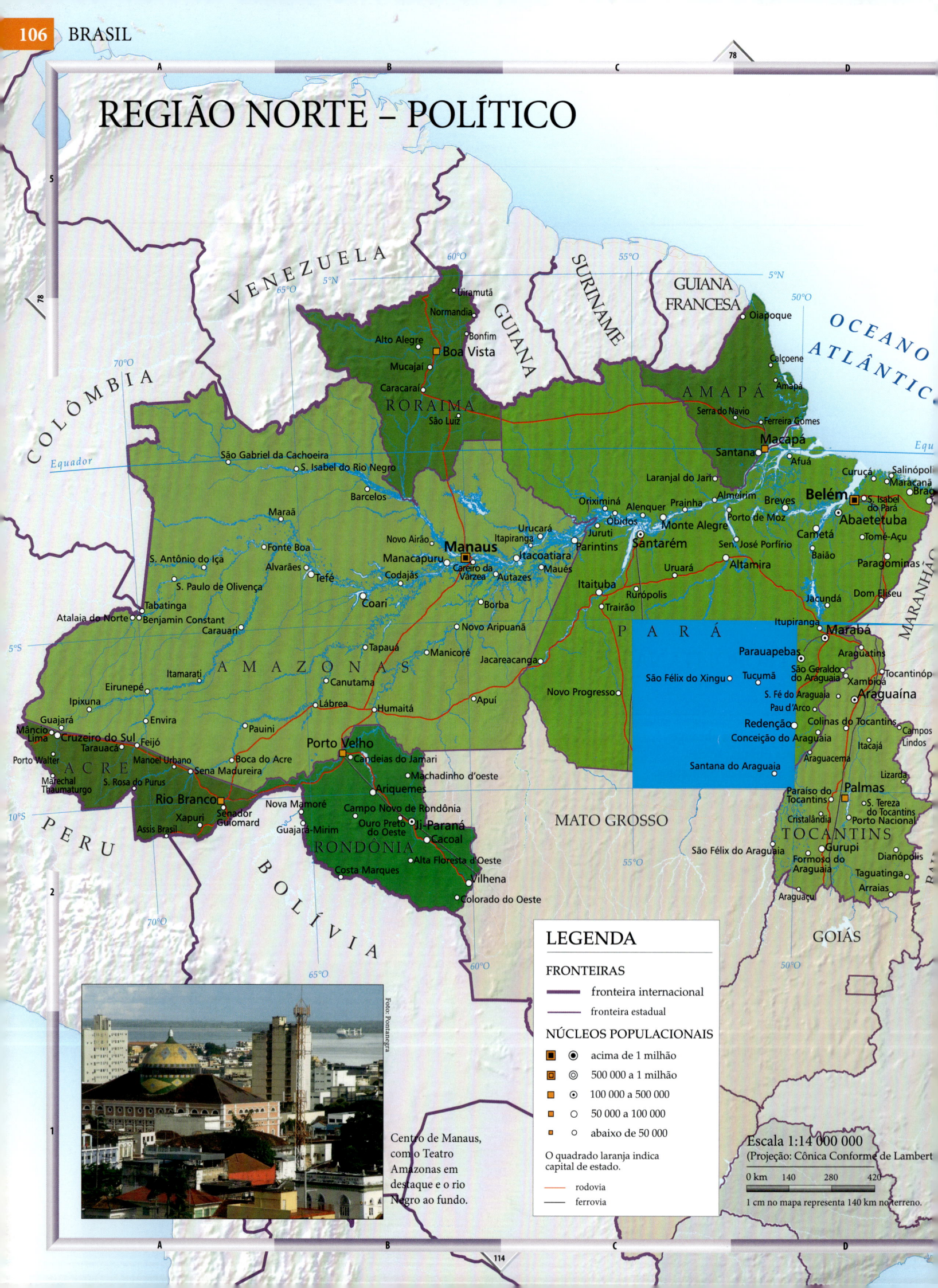

BRASIL

REGIÃO NORTE – POLÍTICO

Países limítrofes e regiões vizinhas: VENEZUELA, COLÔMBIA, GUIANA, SURINAME, GUIANA FRANCESA, OCEANO ATLÂNTICO, PERU, BOLÍVIA, MATO GROSSO, GOIÁS, MARANHÃO

Estados: RORAIMA, AMAPÁ, AMAZONAS, PARÁ, ACRE, RONDÔNIA, TOCANTINS

Localidades (seleção):

- Roraima: Uiramutã, Normandia, Alto Alegre, Bonfim, Boa Vista, Mucajaí, Caracaraí, São Luiz
- Amapá: Oiapoque, Calçoene, Amapá, Serra do Navio, Ferreira Gomes, Macapá, Santana, Afuá
- Amazonas: São Gabriel da Cachoeira, S. Isabel do Rio Negro, Barcelos, Maraã, Novo Airão, Manaus, Manacapuru, Itapiranga, Urucará, Itacoatiara, Parintins, Maués, Careiro da Várzea, Autazes, S. Antônio do Içá, Fonte Boa, Alvarães, Tefé, S. Paulo de Olivença, Codajás, Coari, Atalaia do Norte, Tabatinga, Benjamin Constant, Carauari, Tapauá, Manicoré, Borba, Novo Aripuanã, Itamarati, Eirunepé, Ipixuna, Canutama, Lábrea, Humaitá, Pauini, Apuí, Envira
- Pará: Oriximiná, Alenquer, Óbidos, Juruti, Prainha, Almeirim, Monte Alegre, Porto de Moz, Santarém, Sen. José Porfírio, Breves, Belém, S. Isabel do Pará, Abaetetuba, Cametá, Tomé-Açu, Baião, Paragominas, Salinópolis, Maracanã, Bragança, Curuçá, Uruará, Altamira, Itaituba, Rurópolis, Trairão, Jacareacanga, Novo Progresso, Jacundá, Dom Eliseu, Itupiranga, Marabá, Parauapebas, São Félix do Xingu, Tucumã, São Geraldo do Araguaia, S. Fé do Araguaia, Xambioá, Pau d'Arco, Redenção, Conceição do Araguaia, Santana do Araguaia
- Acre: Mâncio Lima, Cruzeiro do Sul, Tarauacá, Porto Walter, Marechal Thaumaturgo, Feijó, Manoel Urbano, Sena Madureira, Boca do Acre, S. Rosa do Purus, Rio Branco, Xapuri, Senador Guiomard, Assis Brasil, Brasiléia, Plácido de Castro
- Rondônia: Porto Velho, Candeias do Jamari, Machadinho d'Oeste, Ariquemes, Nova Mamoré, Campo Novo de Rondônia, Ouro Preto do Oeste, Ji-Paraná, Guajará-Mirim, Cacoal, Alta Floresta d'Oeste, Costa Marques, Vilhena, Colorado do Oeste
- Tocantins: Araguatins, Tocantinópolis, Araguaína, Colinas do Tocantins, Itacajá, Campos Lindos, Lizarda, Araguacema, Paraíso do Tocantins, Palmas, S. Tereza do Tocantins, Porto Nacional, Cristalândia, São Félix do Araguaia, Gurupi, Formoso do Araguaia, Dianópolis, Taguatinga, Arraias, Araguaçu

Centro de Manaus, com o Teatro Amazonas em destaque e o rio Negro ao fundo.

LEGENDA

FRONTEIRAS
- fronteira internacional
- fronteira estadual

NÚCLEOS POPULACIONAIS
- acima de 1 milhão
- 500 000 a 1 milhão
- 100 000 a 500 000
- 50 000 a 100 000
- abaixo de 50 000

O quadrado laranja indica capital de estado.

- rodovia
- ferrovia

Escala 1:14 000 000
(Projeção: Cônica Conforme de Lambert)

0 km — 140 — 280 — 420

1 cm no mapa representa 140 km no terreno.

BRASIL 107

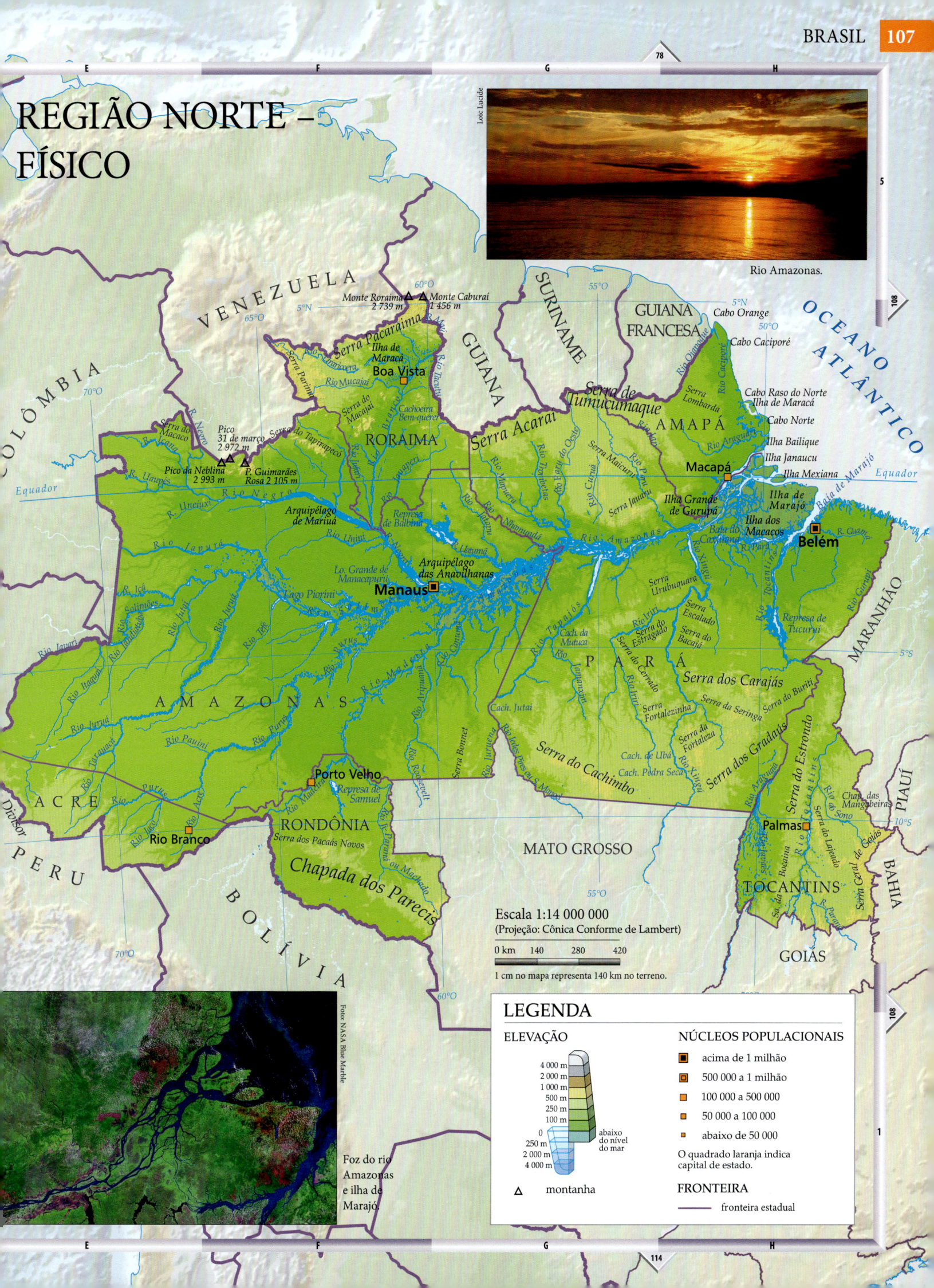

REGIÃO NORTE – FÍSICO

Rio Amazonas.

Escala 1:14 000 000
(Projeção: Cônica Conforme de Lambert)

0 km — 140 — 280 — 420

1 cm no mapa representa 140 km no terreno.

LEGENDA

ELEVAÇÃO
- 4 000 m
- 2 000 m
- 1 000 m
- 500 m
- 250 m
- 100 m
- 0
- 250 m
- 2 000 m
- 4 000 m

abaixo do nível do mar

△ montanha

NÚCLEOS POPULACIONAIS
- ■ acima de 1 milhão
- ▣ 500 000 a 1 milhão
- ▢ 100 000 a 500 000
- ▫ 50 000 a 100 000
- · abaixo de 50 000

O quadrado laranja indica capital de estado.

FRONTEIRA
—— fronteira estadual

Foz do rio Amazonas e ilha de Marajó.
Foto: NASA Blue Marble

REGIÃO NORDESTE – POLÍTICO

BRASIL — 108

OCEANO ATLÂNTICO

Estados e principais localidades:

- **PARÁ**
- **MARANHÃO**: Turiaçu, Santa Helena, Pinheiro, São Luís, S. José do Ribamar, Rosário, Santa Inês, Santa Luiza, Chapadinha, Bacabal, Codó, Caxias, Timon, Açailândia, Imperatriz, Barra do Corda, Parnarama, Grajaú, Porto Franco, Colinas, São Raimundo das Mangabeiras, Carolina
- **PIAUÍ**: Parnaíba, Luzilândia, Piripiri, Teresina, Água Branca, Valença do Piauí, Floriano, Guadalupe, Oeiras, Picos, Bertolínia, Jaicós, Canto do Buriti, Paulistana, Tasso Fragoso, Santa Filomena, São Raimundo Nonato, Bom Jesus, Gilbués, Remanso
- **CEARÁ**: Araioses, Camocim, Acaraú, Sobral, Trairi, Tianguá, Caucaia, Fortaleza, Maracanaú, Ipueiras, Canindé, Cascavel, Aracati, Quixadá, Russas, Crateús, Quixeramobim, Mombaça, Iguatu, Icó, Juazeiro do Norte
- **RIO GRANDE DO NORTE**: Mossoró, Apodi, Açu, Touros, Ceará-Mirim, Natal, Caicó, Santa Cruz, São José de Mipibu
- **PARAÍBA**: Sousa, Patos, Santa Rita, João Pessoa, Campina Grande, Sertânia, Timbaúba
- **PERNAMBUCO**: Serra Talhada, Cabrobó, Arco Verde, Jaboatão dos Guararapes, Olinda, Recife, Caruaru, Cabo de Santo Agostinho, Garanhuns, Barreiros
- **ALAGOAS**: Maceió, Arapiraca, São Miguel dos Campos, S. Luís do Quitunde, Penedo
- **SERGIPE**: Capela, Lagarto, Aracaju, São Cristóvão
- **BAHIA**: Petrolina, Juazeiro, Paulo Afonso, Sento Sé, Senhor do Bonfim, Xique-Xique, Cícero Dantas, Irecê, Jacobina, Araci, Serrinha, Rio Real, Alagoinhas, Formosa do Rio Preto, Santa Rita de Cássia, Barreiras, Cristópolis, Seabra, Feira de Santana, Itaberaba, Camaçari, Lauro de Freitas, Salvador, Bom Jesus da Lapa, Santa Maria da Vitória, Santo Antônio de Jesus, Valença, Cocos, Carinhanha, Caetité, Livramento de Nossa Senhora, Camamu, Guanambi, Brumado, Jequié, Coaraci, Vitória da Conquista, Itabuna, Ilhéus, Itapetinga, Cândido Sales, Canavieiras, Eunápolis, Porto Seguro, Itamaraju, Teixeira de Freitas, Nova Viçosa
- **TOCANTINS**
- **GOIÁS**
- **MINAS GERAIS**
- **ESPÍRITO SANTO**

LEGENDA

FRONTEIRAS
- fronteira internacional
- fronteira estadual

NÚCLEOS POPULACIONAIS
- ■● acima de 1 milhão
- ▫◎ 500 000 a 1 milhão
- ▫• 100 000 a 500 000
- ▫∘ 50 000 a 100 000
- ▫∘ abaixo de 50 000

O quadrado laranja indica capital de estado.

- rodovia
- ferrovia

Escala 1:8 000 000
(Projeção: Cônica Conforme de Lambert)

0 km — 80 — 160 — 240

1 cm no mapa representa 80 km no terreno.

Foto: Leonardo Stábile — Praia de Boa Viagem, em Recife, Pernambuco

BRASIL

REGIÃO NORDESTE – FÍSICO

REGIÃO SUDESTE – POLÍTICO

Enseada e bairro de Botafogo, na cidade do Rio de Janeiro.

Escala 1:7 000 000
(Projeção: Cônica Conforme de Lambert)

0 km 70 140 210

1 cm no mapa representa 70 km no terreno.

LEGENDA

FRONTEIRAS
- fronteira internacional
- fronteira estadual

NÚCLEOS POPULACIONAIS
- acima de 1 milhão
- 500 000 a 1 milhão
- 100 000 a 500 000
- 50 000 a 100 000
- abaixo de 50 000

O quadrado laranja indica capital de estado.

- rodovia
- ferrovia

REGIÃO SUDESTE – FÍSICO

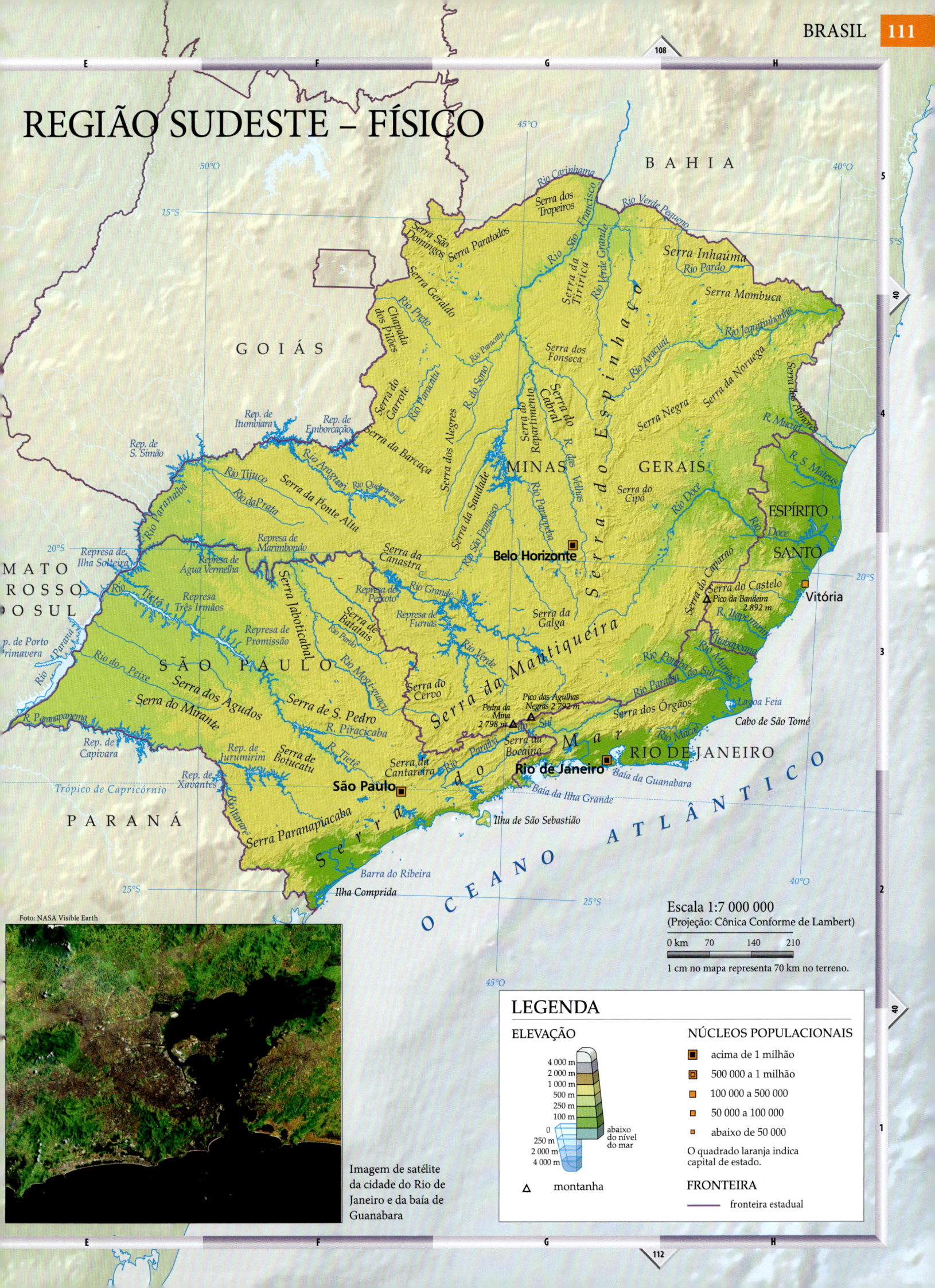

BRASIL

Escala 1:7 000 000
(Projeção: Cônica Conforme de Lambert)

0 km — 70 — 140 — 210

1 cm no mapa representa 70 km no terreno.

LEGENDA

ELEVAÇÃO
- 4 000 m
- 2 000 m
- 1 000 m
- 500 m
- 250 m
- 100 m
- 0
- 250 m
- 2 000 m
- 4 000 m abaixo do nível do mar

△ montanha

NÚCLEOS POPULACIONAIS
- ■ acima de 1 milhão
- ■ 500 000 a 1 milhão
- ■ 100 000 a 500 000
- ■ 50 000 a 100 000
- ▪ abaixo de 50 000

O quadrado laranja indica capital de estado.

FRONTEIRA
── fronteira estadual

Foto: NASA Visible Earth
Imagem de satélite da cidade do Rio de Janeiro e da baía de Guanabara

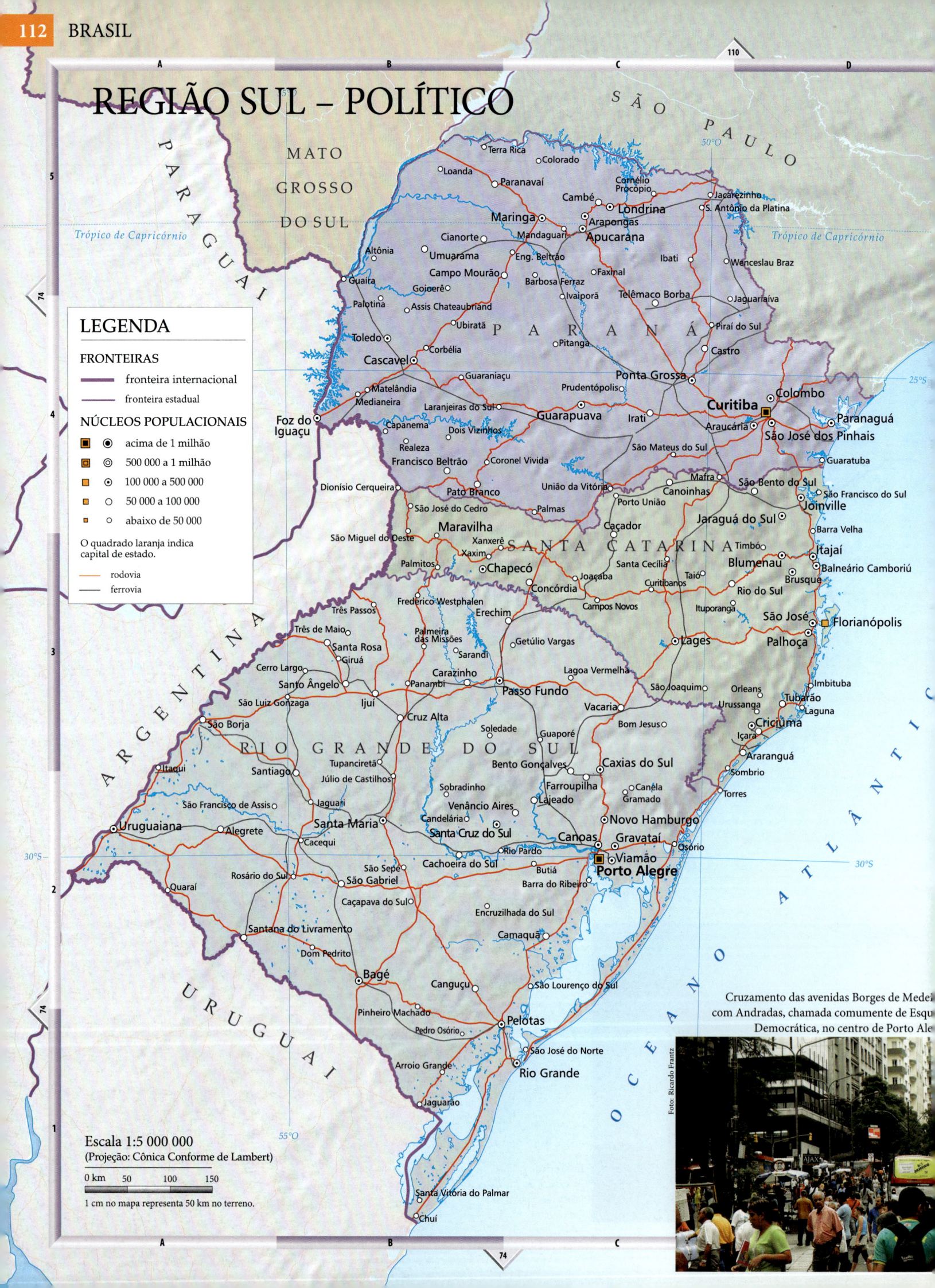

BRASIL

REGIÃO SUL – POLÍTICO

LEGENDA

FRONTEIRAS
— fronteira internacional
— fronteira estadual

NÚCLEOS POPULACIONAIS
- acima de 1 milhão
- 500 000 a 1 milhão
- 100 000 a 500 000
- 50 000 a 100 000
- abaixo de 50 000

O quadrado laranja indica capital de estado.

— rodovia
— ferrovia

Escala 1:5 000 000
(Projeção: Cônica Conforme de Lambert)
0 km 50 100 150
1 cm no mapa representa 50 km no terreno.

Cruzamento das avenidas Borges de Medeiros com Andradas, chamada comumente de Esquina Democrática, no centro de Porto Alegre.
Foto: Ricardo Frantz

PARAGUAI · *Trópico de Capricórnio*

MATO GROSSO DO SUL

SÃO PAULO

PARANÁ: Terra Rica, Loanda, Colorado, Paranavaí, Cambé, Londrina, Cornélio Procópio, Jacarezinho, S. Antônio da Platina, Maringá, Arapongas, Apucarana, Cianorte, Mandaguari, Altônia, Umuarama, Eng. Beltrão, Ibati, Wenceslau Braz, Guaíra, Campo Mourão, Barbosa Ferraz, Faxinal, Palotina, Gojoerê, Assis Chateaubriand, Ivaiporã, Telêmaco Borba, Jaguariaíva, Toledo, Ubiratã, Piraí do Sul, Cascavel, Corbélia, Pitanga, Castro, Matelândia, Guaraniaçu, Prudentópolis, Ponta Grossa, Colombo, Medianeira, Laranjeiras do Sul, Guarapuava, Irati, Curitiba, Foz do Iguaçu, Capanema, Dois Vizinhos, São Mateus do Sul, Araucária, Paranaguá, Realeza, Coronel Vivida, Mafra, São José dos Pinhais, Francisco Beltrão, União da Vitória, Canoinhas, São Bento do Sul, Guaratuba, Dionísio Cerqueira, Pato Branco, Porto União, Joinville, São José do Cedro, Palmas, Caçador, Jaraguá do Sul, São Francisco do Sul

SANTA CATARINA: São Miguel do Oeste, Maravilha, Xanxerê, Timbó, Barra Velha, Palmitos, Xaxim, Santa Cecília, Blumenau, Itajaí, Chapecó, Joaçaba, Taió, Balneário Camboriú, Concórdia, Curitibanos, Rio do Sul, Brusque, Frederico Westphalen, Erechim, Campos Novos, Ituporanga, São José, Florianópolis, Palmeira das Missões, Getúlio Vargas, Lages, Palhoça

RIO GRANDE DO SUL: Três Passos, Sarandi, Lagoa Vermelha, São Joaquim, Orleans, Imbituba, Três de Maio, Santa Rosa, Giruá, Carazinho, Urussanga, Tubarão, Cerro Largo, Panambi, Passo Fundo, Vacaria, Bom Jesus, Laguna, Santo Ângelo, Ijuí, Cruz Alta, Soledade, Guaporé, Içara, Criciúma, São Luiz Gonzaga, Bento Gonçalves, Caxias do Sul, Araranguá, São Borja, Tupanciretã, Júlio de Castilhos, Sobradinho, Farroupilha, Canela, Gramado, Sombrio, Itaqui, Santiago, Jaguari, Venâncio Aires, Lajeado, Torres, São Francisco de Assis, Candelária, Novo Hamburgo, Uruguaiana, Alegrete, Santa Maria, Santa Cruz do Sul, Canoas, Gravataí, Cacequi, Rio Pardo, Osório, Quaraí, Rosário do Sul, São Sepé, Cachoeira do Sul, Viamão, Porto Alegre, São Gabriel, Butiá, Barra do Ribeiro, Caçapava do Sul, Encruzilhada do Sul, Santana do Livramento, Camaquã, Dom Pedrito, Bagé, Canguçu, São Lourenço do Sul, Pinheiro Machado, Pedro Osório, Pelotas, Arroio Grande, São José do Norte, Jaguarão, Rio Grande, Santa Vitória do Palmar, Chuí

ARGENTINA

URUGUAI

OCEANO ATLÂNTICO

REGIÃO SUL – FÍSICO

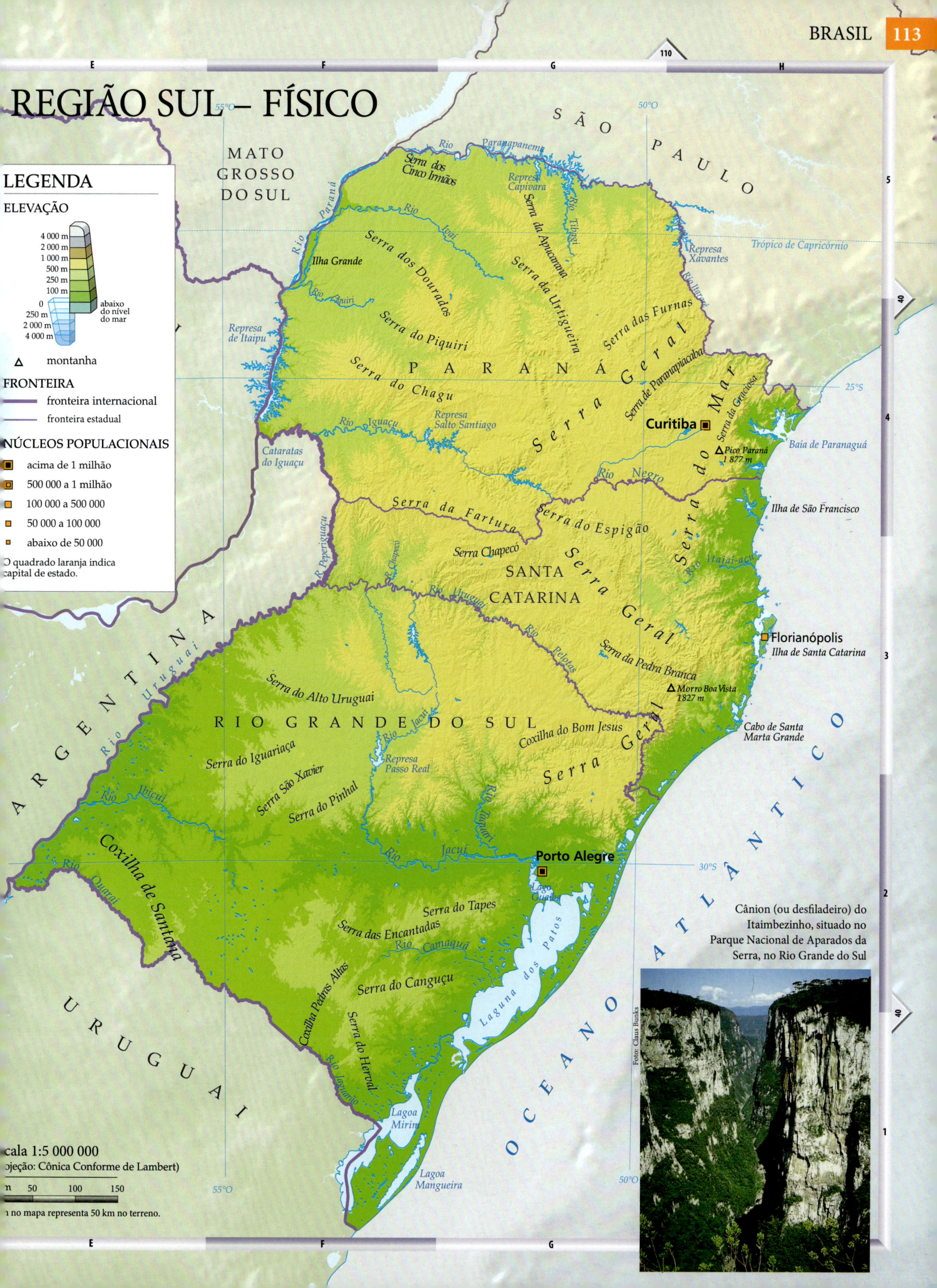

BRASIL 113

LEGENDA

ELEVAÇÃO
- 4 000 m
- 2 000 m
- 1 000 m
- 500 m
- 250 m
- 100 m
- 0
- 250 m abaixo do nível do mar
- 2 000 m
- 4 000 m

△ montanha

FRONTEIRA
- fronteira internacional
- fronteira estadual

NÚCLEOS POPULACIONAIS
- ■ acima de 1 milhão
- ▣ 500 000 a 1 milhão
- ▢ 100 000 a 500 000
- ▫ 50 000 a 100 000
- · abaixo de 50 000

O quadrado laranja indica capital de estado.

Escala 1:5 000 000
Projeção: Cônica Conforme de Lambert
0 50 100 150
1 cm no mapa representa 50 km no terreno.

Elementos do mapa

MATO GROSSO DO SUL · SÃO PAULO · PARANÁ · SANTA CATARINA · RIO GRANDE DO SUL · ARGENTINA · URUGUAI · OCEANO ATLÂNTICO

Cidades: Curitiba, Florianópolis, Porto Alegre

Rios: Rio Paraná, Rio Paranapanema, Rio Ivaí, Rio Tibagi, Rio Piquiri, Rio Iguaçu, Rio Negro, Rio Itajaí-açu, Rio Uruguai, Rio Pelotas, Rio Chapecó, Rio Peperiguaçu, Rio Jacuí, Rio Ibicuí, Rio Quaraí, Rio Camaquã, Rio Taquari, Rio Jaguarão

Serras: Serra dos Cinco Irmãos, Serra dos Dourados, Serra da Apucarana, Serra da Urtigueira, Serra das Furnas, Serra do Piquiri, Serra do Chagu, Serra Geral, Serra de Paranapiacaba, Serra do Mar, Serra da Graciosa, Serra da Fartura, Serra do Espigão, Serra Chapecó, Serra da Pedra Branca, Serra do Alto Uruguai, Serra do Iguariaça, Serra São Xavier, Serra do Pinhal, Serra do Tapes, Serra das Encantadas, Serra do Canguçu, Serra do Herval, Coxilha do Bom Jesus, Coxilha de Santana, Coxilha Pedras Altas

Represas: Represa Capivara, Represa Xavantes, Represa de Itaipu, Represa Salto Santiago, Represa Passo Real

Outros: Ilha Grande, Cataratas do Iguaçu, Pico Paraná 1 877 m, Baía de Paranaguá, Ilha de São Francisco, Ilha de Santa Catarina, Morro Boa Vista 1 827 m, Cabo de Santa Marta Grande, Lagoa dos Patos, Lagoa Mirim, Lagoa Mangueira, Lagoa Guaíba

Trópico de Capricórnio · 25°S · 30°S · 55°O · 50°O

Cânion (ou desfiladeiro) do Itaimbezinho, situado no Parque Nacional de Aparados da Serra, no Rio Grande do Sul
Foto: Claus Bunks

REGIÃO CENTRO-OESTE – POLÍTICO

Congresso Nacional, em Brasília, Distrito Federal

Escala 1:8 000 000
(Projeção: Cônica Conforme de Lambert)
0 km 80 160 240
1 cm no mapa representa 80 km no terreno.

LEGENDA

FRONTEIRAS
— fronteira internacional
— fronteira estadual

NÚCLEOS POPULACIONAIS
- ■ ■ ● acima de 1 milhão
- ■ ■ ◉ 500 000 a 1 milhão
- ■ ■ ● 100 000 a 500 000
- ■ ■ ○ 50 000 a 100 000
- ■ ■ ○ abaixo de 50 000

O quadrado vermelho indica capital de país.

O quadrado laranja indica capital de estado.

— rodovia
— ferrovia

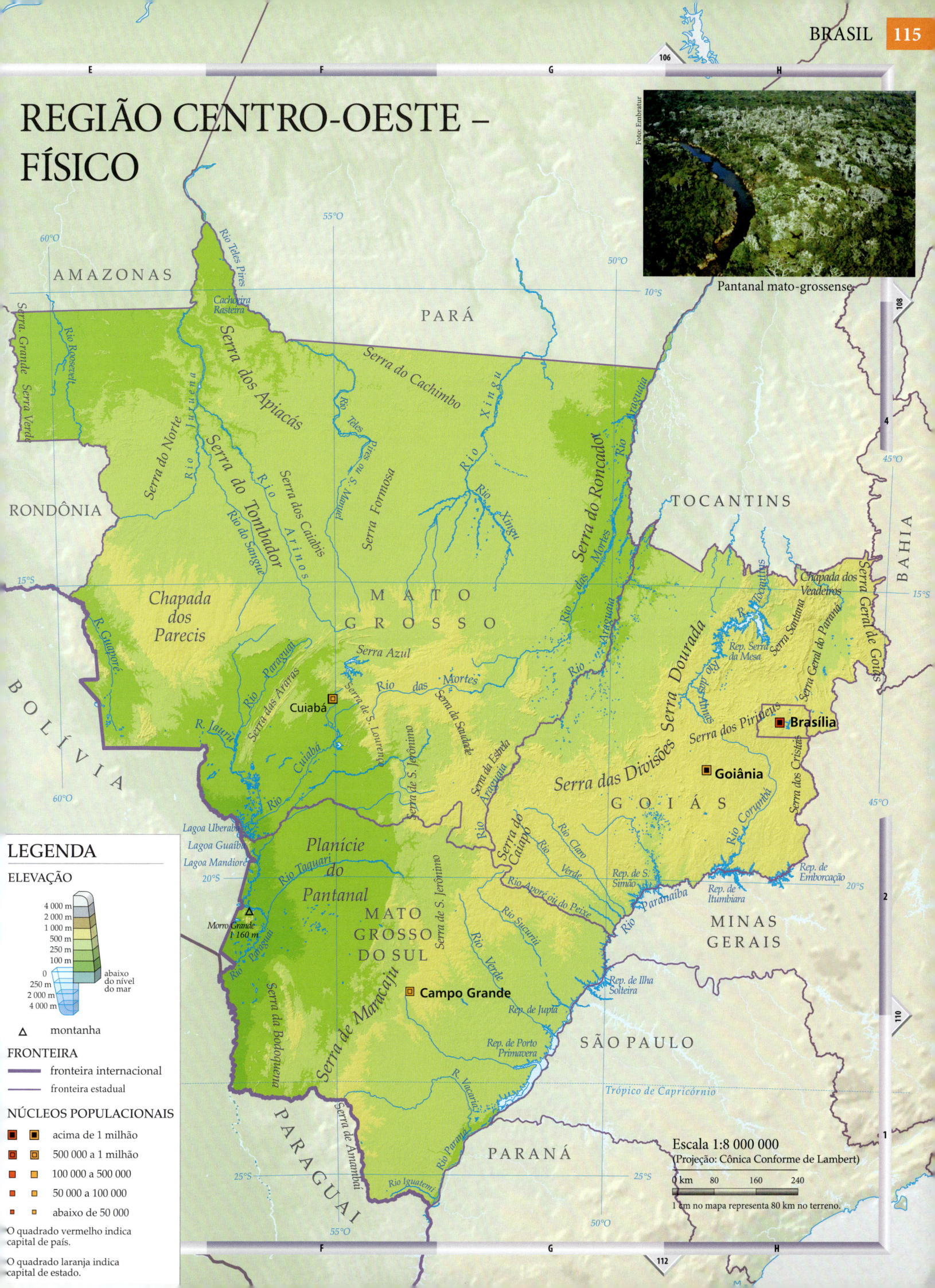

BRASIL

REGIÃO CENTRO-OESTE – FÍSICO

Pantanal mato-grossense

LEGENDA

ELEVAÇÃO
- 4 000 m
- 2 000 m
- 1 000 m
- 500 m
- 250 m
- 100 m
- 0
- 250 m
- 2 000 m
- 4 000 m

abaixo do nível do mar

△ montanha

FRONTEIRA
— fronteira internacional
— fronteira estadual

NÚCLEOS POPULACIONAIS
- ■ acima de 1 milhão
- ■ 500 000 a 1 milhão
- ■ 100 000 a 500 000
- ■ 50 000 a 100 000
- ▪ abaixo de 50 000

O quadrado vermelho indica capital de país.
O quadrado laranja indica capital de estado.

Escala 1:8 000 000
(Projeção: Cônica Conforme de Lambert)

0 km   80   160   240

1 cm no mapa representa 80 km no terreno.

POLOS

ANTÁRTICA

A Antártica é o quinto maior continente. Cercada por oceanos e coberta por uma grande camada de gelo que chega a 3 mil metros de espessura, é a área menos explorada do planeta. No inverno, um banco de gelo se forma em volta da costa e o continente dobra de tamanho. O frio intenso dessa região ajuda a determinar o clima do planeta.

Legenda

camada de gelo sobre a terra
- 0
- 250 m
- 2 000 m — profundidade do mar
- 4 000 m

- △ montanha
- △ vulcão
- ● estação de pesquisa
- ◇ ◇ ◇ limite do banco de gelo no inverno
- ····· limite do banco de gelo no verão

Exploração da Antártica

- •••• Ernest Shackleton (Inglaterra), 1907-8
- •••• Roald Amundsen (Noruega), 1910-12
- •••• Robert Scott (Inglaterra), 1910-13
- •••• British Commonwealth Transantarctic (Expedição Britânica Transantártica, em tradução livre), 1958

O Tratado Antártico

De acordo com os termos do tratado de 1961, as pesquisas científicas ficaram proibidas na Antártica. Entretanto, o continente é rico em substâncias minerais, especialmente petróleo, ferro e carvão. Garantir que esse continente permaneça como uma área de preservação é um dos desafios para o futuro.

Escala 1:29 500 000
(Projeção: Azimutal Equidistante de Lambert)

0 km — 295 — 590 — 885

1 cm no mapa representa 295 km no terreno.

POLOS

ÁRTICO

Ao contrário da Antártica, que é uma grande massa de terra, o Ártico é formado por um oceano relativamente raso. No verão, as águas dessa região atraem baleias, focas e outras criaturas que vêm em busca de comida. No inverno, o frio aumenta e o banco de gelo cresce em direção ao sul, ultrapassando o círculo Polar Ártico.

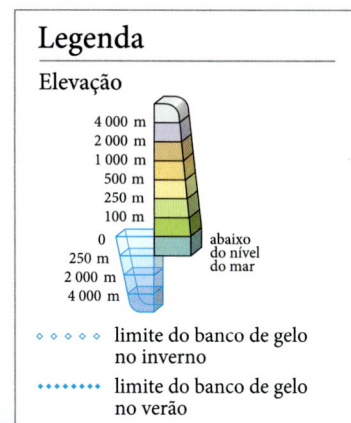

Legenda

Elevação
- 4 000 m
- 2 000 m
- 1 000 m
- 500 m
- 250 m
- 100 m
- 0
- 250 m
- 2 000 m
- 4 000 m

abaixo do nível do mar

◇◇◇◇ limite do banco de gelo no inverno

•••• limite do banco de gelo no verão

Escala 1:46 000 000
(Projeção: Azimutal Equidistante de Lambert)

0 km   460   920   1 380

1 cm no mapa representa 460 km no terreno.

Aumento da temperatura

Os cientistas estão preocupados com o aumento muito rápido da temperatura nas regiões polares. Além de provocar o derretimento do gelo, essa mudança ameaça a tundra. Grandes quantidades de dióxido de carbono (um dos gases estufa) podem ser liberadas se o solo congelado onde ocorre a tundra no norte da Rússia e do Canadá perder suas características originais.

DEBATE

Quais são as principais diferenças entre o Ártico e a Antártica?

Você acha que a Antártica deve continuar sendo uma região pouco explorada?

DESENVOLVIMENTO MUNDIAL

O desenvolvimento tem como objetivo melhorar a qualidade de vida das pessoas. Isso envolve não apenas ajudá-las a ter mais recursos, mas também garantir que elas tenham saúde, que tenham oportunidades de aprender e que consigam exercer todo seu potencial. Como a população mundial está aumentando, torna-se importante assegurar que os recursos do planeta sejam distribuídos igualmente e usados de maneira sustentável.

Precisamos reconhecer que a natureza humana que temos em comum é maior que nossas diferenças.

Bill Clinton
Presidente dos Estados Unidos, de 1993 a 2001

Diferenças no desenvolvimento

Legenda
- Países mais economicamente desenvolvidos
- Países menos economicamente desenvolvidos
- Divisão norte-sul

Há grandes contrastes na maneira como as pessoas vivem nas diversas partes do mundo. Entretanto, as semelhanças entre essas pessoas devem ter muito mais importância do que as diferenças entre elas.

Washington – 1959
Tratado Antártico – proteção do meio ambiente natural

Washington – 1975
Convenção sobre Comércio Internacional de Espécies da Fauna e Flora Ameaçadas de Extinção (CITES) – tentativa de proteger a vida selvagem

Montreal – 1987
Protocolo de Montreal – eliminação dos CFCs e poluentes que prejudicam a camada de ozônio

Genebra – 1989
Convenção das Nações Unidas sobre os direitos das crianças

Rio de Janeiro – 1992
Conferência sobre o planeta Terra – estabelecimento de um programa ambiental para o século XXI

Pequim – 1995
Conferência das Nações Unidas sobre direitos humanos – reconhecimento da condição das mulheres

Kyoto – 1997
Convenção sobre mudanças climáticas – estabelecimento de limites internacionais para emissões de carbono

A família mundial

O gráfico abaixo ajuda a descobrir algumas informações sobre as pessoas que moram no nosso planeta. As figuras mostram quantos de nós pertenceriam a cada grupo se houvesse apenas cem pessoas no mundo.

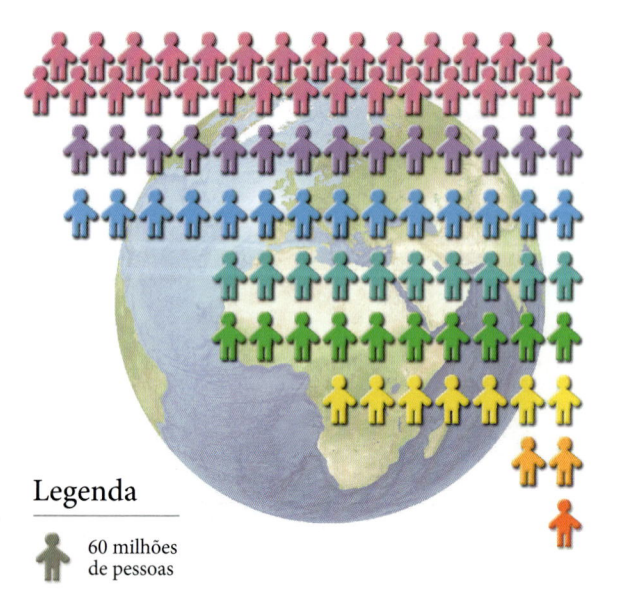

- **29** pessoas teriam menos de 15 anos
- **14** pessoas não teriam o que comer
- **14** pessoas não saberiam ler nem escrever
- **10** pessoas teriam carro
- **10** pessoas teriam acesso à internet
- **7** pessoas teriam mais de 65 anos
- **2** pessoas nunca teriam ido à escola
- **1** pessoa seria um refugiado ou escravo

Legenda
60 milhões de pessoas

DEBATE

Que objetivos você estabeleceria para melhorar a vida na sua escola ou na sua comunidade?

Você acha que, no futuro, a divisão norte-sul do mundo vai ficar cada vez mais importante ou cada vez menos importante?

DESENVOLVIMENTO

Objetivos de desenvolvimento para o milênio

No ano 2000, 189 países-membros das Nações Unidas estabeleceram um conjunto de objetivos para reduzir a pobreza e melhorar as condições de vida das pessoas no mundo todo, até o ano de 2015.

Nas próximas páginas, encontram-se algumas informações sobre as condições de vida em diversas regiões. À medida que você fizer comparações, lembre-se de que há muitas desigualdades dentro de um mesmo país, bem como entre os diversos países.

Objetivo 1 Erradicar a pobreza extrema e a fome

Objetivos 4, 5 e 6 Diminuir o número de mortes de crianças no parto e em consequência de doenças

Objetivo 2 Proporcionar educação básica para todas as crianças

Objetivo 7 Usar os recursos naturais de maneira sustentável

Objetivo 3 Promover igualdade entre homens e mulheres

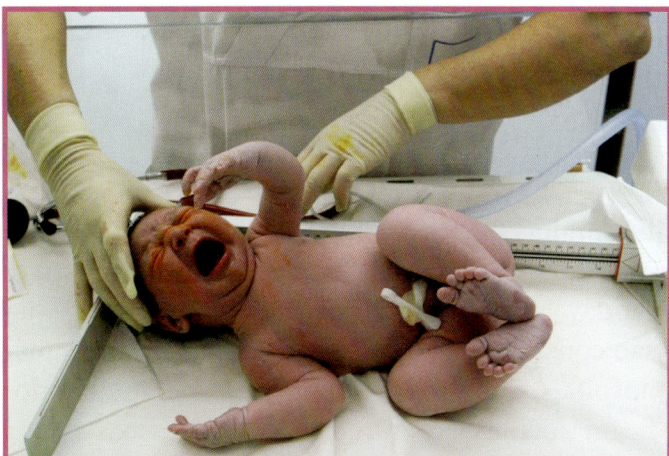

Objetivo 8 Desenvolver parcerias entre os países

SAÚDE

Objetivos para o milênio:
- reduzir em dois terços o número de crianças que morrem antes de completar 5 anos de idade
- impedir o avanço da AIDS e da malária

Em muitas partes do mundo, as pessoas estão vivendo mais do que antigamente. Hoje em dia, é possível ser mais saudável porque a qualidade da comida e da água que são consumidas aumentou. Há também mais médicos e hospitais, que proporcionam tratamento quando as pessoas ficam doentes. No mundo todo, as pessoas ricas geralmente vivem mais do que as pobres. No Leste Europeu e na Ásia central, problemas econômicos afetaram a saúde da população. A AIDS causou uma grande diminuição da expectativa de vida na África subsaariana.

Pirâmides populacionais

Quênia

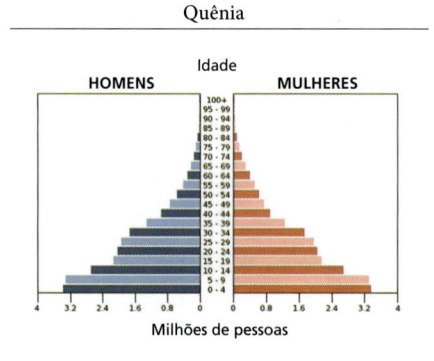

A forma triangular da pirâmide indica que há vários jovens no Quênia.

Rússia

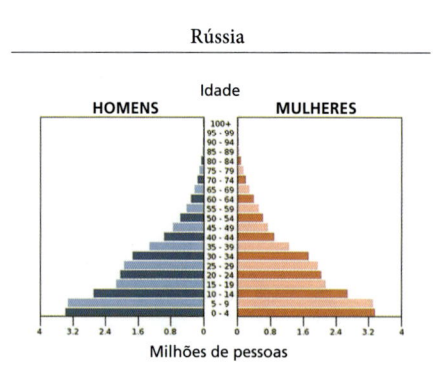

A diferença entre o número de homens e o número de mulheres com mais de 60 anos é resultado da Segunda Guerra Mundial.

EUA

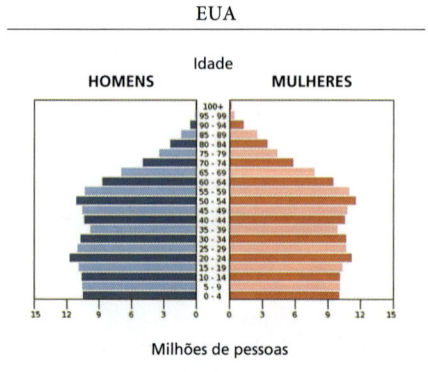

O perfil mais regular indica que os Estados Unidos têm uma população que está envelhecendo.

China

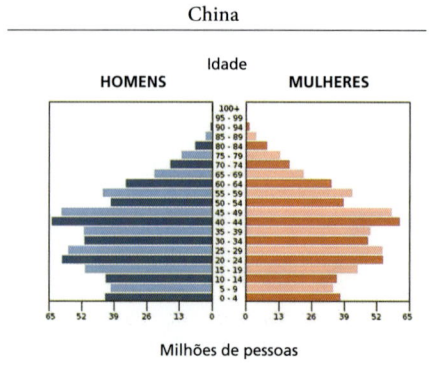

Na China, a política do filho único causou a diminuição do número de crianças com menos de 10 anos.

Fonte: Departamento de Censo dos EUA, 2013.

❶ EUA

Expectativa de vida ao nascer (em anos) — 78

Pequena melhora

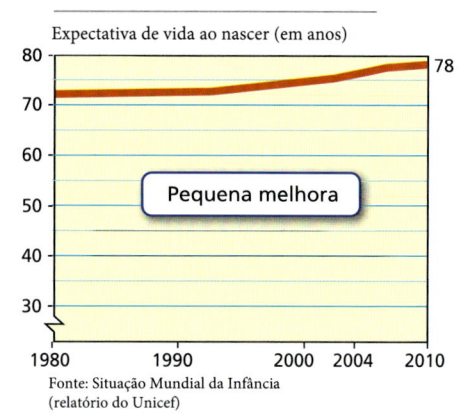

Fonte: Situação Mundial da Infância (relatório do Unicef)

❺ Brasil

Expectativa de vida ao nascer (em anos) — 73

Melhora constante

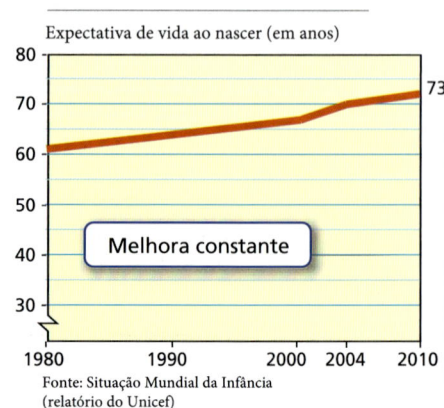

Fonte: Situação Mundial da Infância (relatório do Unicef)

DESENVOLVIMENTO

② Reino Unido
Expectativa de vida ao nascer (em anos)

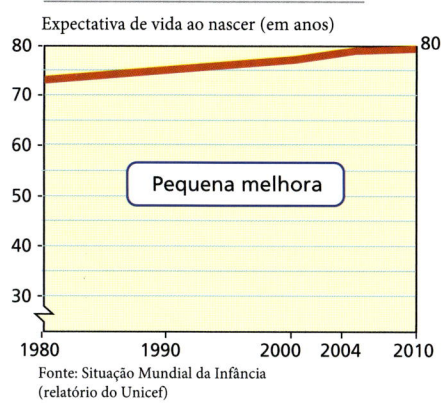

Pequena melhora

Fonte: Situação Mundial da Infância (relatório do Unicef)

③ Rússia
Expectativa de vida ao nascer (em anos)

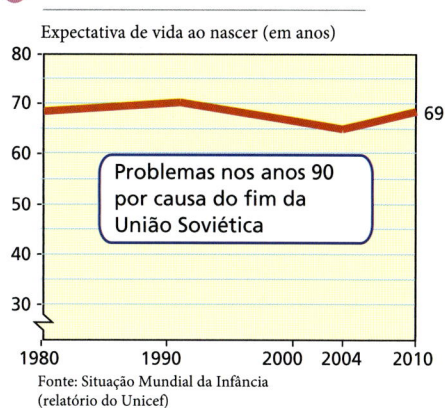

Problemas nos anos 90 por causa do fim da União Soviética

Fonte: Situação Mundial da Infância (relatório do Unicef)

Foto: Anna Cseresnjes

Melhorias no sistema de saúde significam que estas crianças chinesas podem ter a expectativa de viver mais.

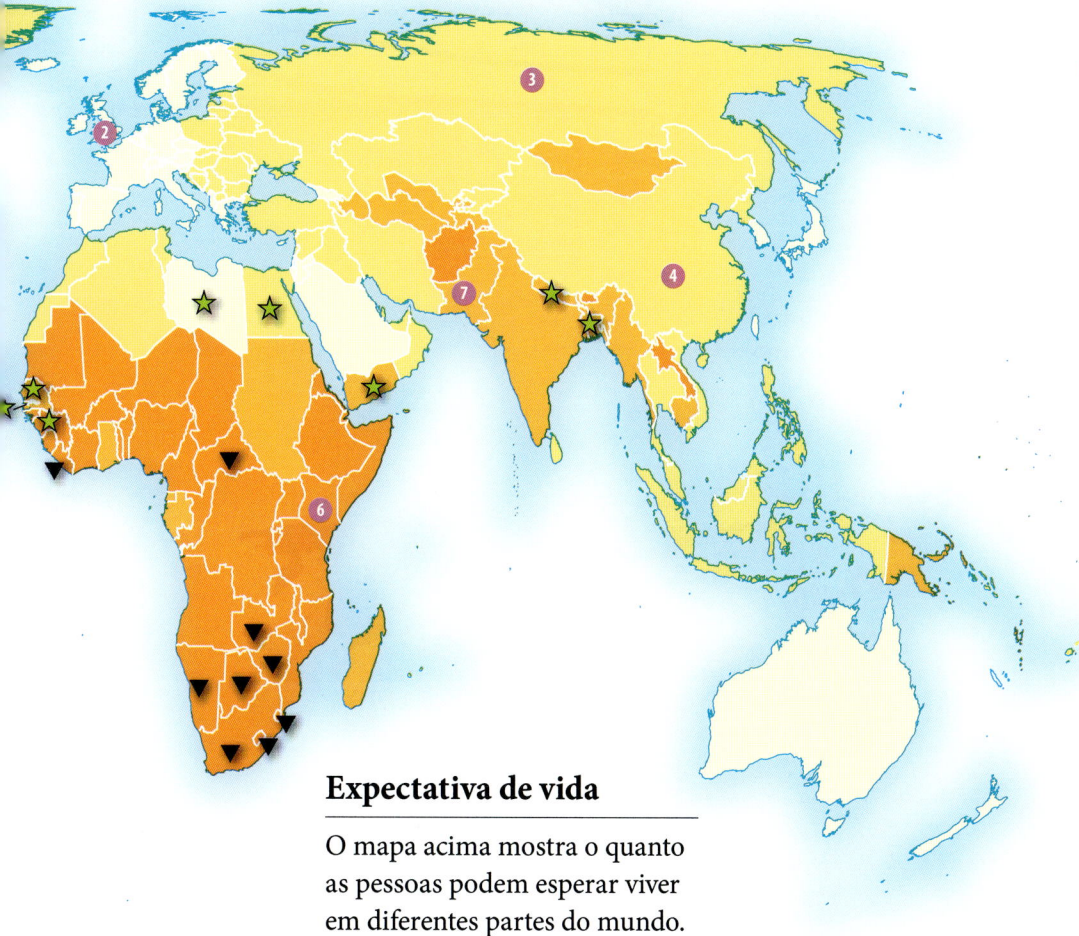

④ China
Expectativa de vida ao nascer (em anos)

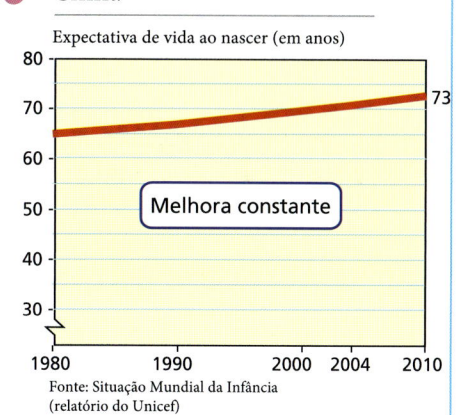

Melhora constante

Fonte: Situação Mundial da Infância (relatório do Unicef)

Expectativa de vida
O mapa acima mostra o quanto as pessoas podem esperar viver em diferentes partes do mundo.

Legenda
Expectativa de vida ao nascer (em anos)
- acima de 75
- 65 a 74
- 55 a 64
- abaixo de 55

Mudanças na expectativa de vida
- ★ países em que a expectativa de vida aumentou em dez anos ou mais desde 1990
- ▼ países em que a expectativa de vida diminuiu em dez anos ou mais desde 1990

Fonte: Situação Mundial da Infância (relatório do Unicef) – 1992, 2006

⑥ Quênia
Expectativa de vida ao nascer (em anos)

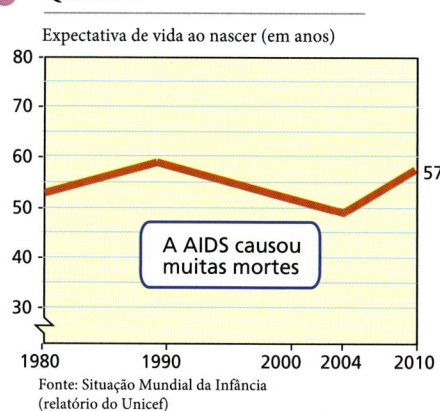

A AIDS causou muitas mortes

Fonte: Situação Mundial da Infância (relatório do Unicef)

⑦ Paquistão
Expectativa de vida ao nascer (em anos)

Problemas por causa da constante pobreza do país

Fonte: Situação Mundial da Infância (relatório do Unicef)

DEBATE
Que países tiveram um grande aumento ou uma grande diminuição na expectativa de vida?

Que problemas o aumento do número de pessoas idosas pode causar?

DESENVOLVIMENTO

RIQUEZA

Objetivo para o milênio:
reduzir pela metade o número de pessoas que ganham menos de 1 dólar por dia

A riqueza do mundo está distribuída de forma desigual. Em todos os países, há algumas pessoas que são muito ricas e outras que são muito pobres. Além disso, há alguns poucos países que são bem mais ricos do que outros. Isso significa que 80% da população detêm 20% da riqueza do mundo.

Mudanças na riqueza

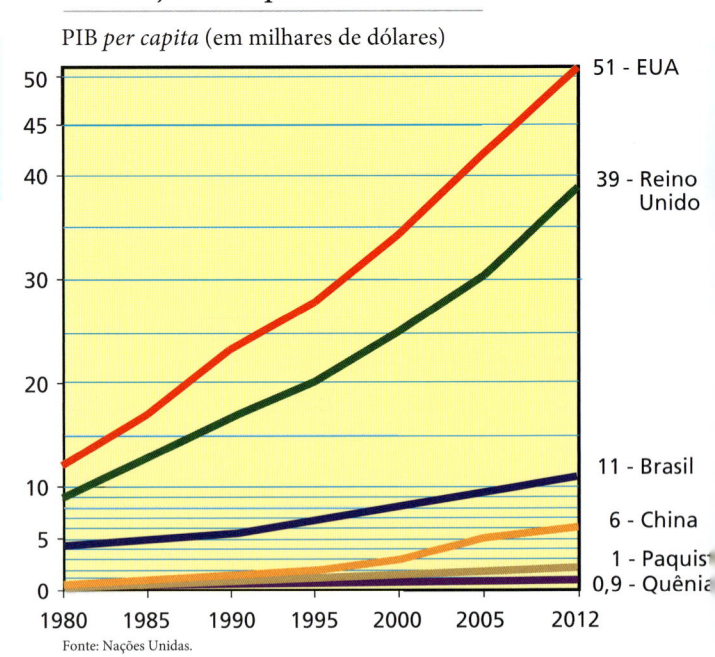

PIB *per capita* (em milhares de dólares)

- 51 - EUA
- 39 - Reino Unido
- 11 - Brasil
- 6 - China
- 1 - Paquistão
- 0,9 - Quênia

Fonte: Nações Unidas.

A riqueza no mundo

O mapa abaixo mostra a diferença entre as riquezas dos países. As informações baseiam-se no PIB (produto interno bruto) *per capita*. O PIB é o valor total de bens e serviços que um país produz em um ano.

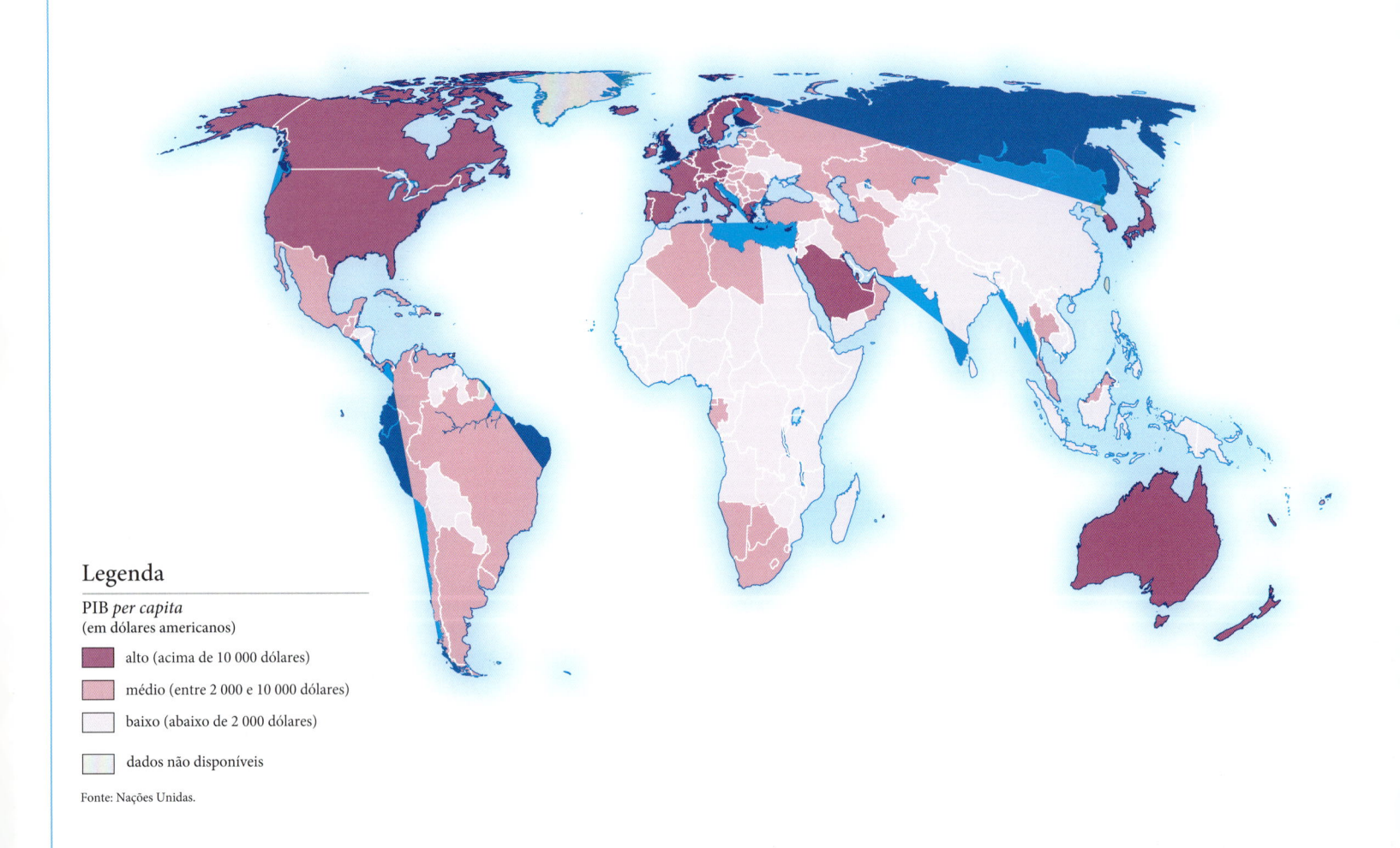

Legenda

PIB *per capita* (em dólares americanos)

- alto (acima de 10 000 dólares)
- médio (entre 2 000 e 10 000 dólares)
- baixo (abaixo de 2 000 dólares)
- dados não disponíveis

Fonte: Nações Unidas.

DESENVOLVIMENTO

COMIDA

Objetivo para o milênio:
reduzir pela metade o número de pessoas que passam fome

Algumas pessoas têm muito o que comer; outras têm muito pouca comida. A desnutrição tem um efeito bastante grave em crianças pequenas, não só pelo fato de elas serem mais fracas que os adultos, mas também porque elas podem sofrer danos cerebrais permanentes se não forem alimentadas adequadamente. O que acontece nos primeiros anos de vida de uma pessoa determina o que acontecerá em sua vida adulta.

Consumo de comida no mundo

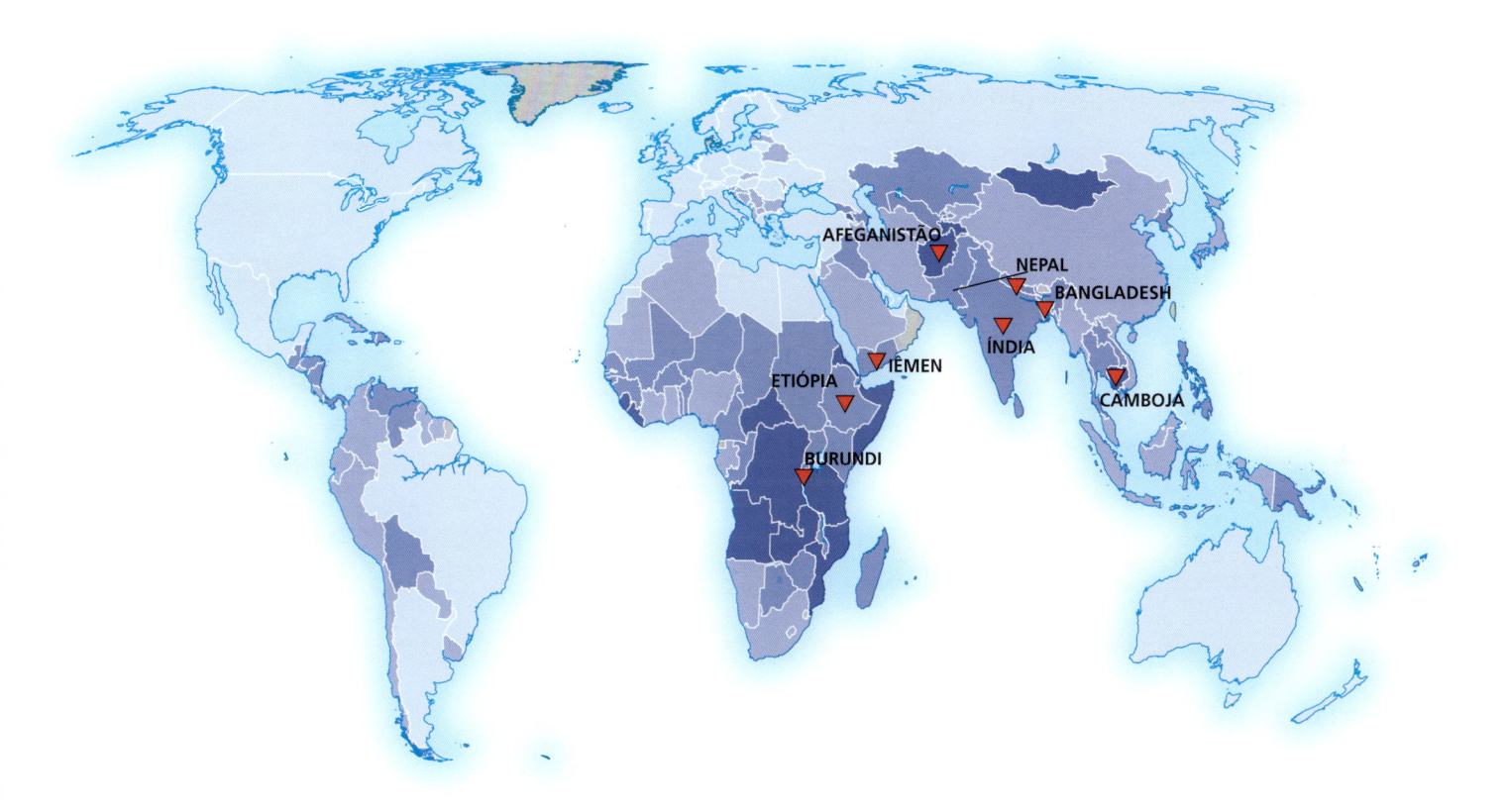

Legenda

Calorias ingeridas por pessoa diariamente

- menos de 2 000 – menos de 90% do recomendado
- 2 000 a 2 500 – 90% a 100%
- 2 500 a 3 000 – 101 a 110%
- mais de 3 000 – mais de 110%
- dados não disponíveis
- ▼ países em que muitas crianças pequenas estão abaixo do peso

Fonte: Relatório sobre o Desenvolvimento Humano.

DEBATE

Que continente mais sofre com a falta de comida? Qual você acha que é a explicação para isso?

Existe uma relação entre falta de comida e pobreza?

EDUCAÇÃO

Objetivo para o milênio:
garantir que todas as crianças, meninos e meninas, tenham educação básica completa

No mundo de hoje, é essencial saber ler e escrever. A educação é a chave para uma vida mais satisfatória. No mundo todo, o número de alunos está aumentando. Entretanto, 61 milhões de crianças ainda não têm acesso à educação, segundo a ONU. Muitas delas moram no sul da Ásia e na África subsaariana. As meninas sofrem ainda mais do que os meninos, pois não se espera que elas estudem, mas, sim, que realizem trabalhos domésticos. Isso causa um grande impacto na vida dessas garotas depois que elas crescem.
Mulheres que estudam tendem a ter menos filhos e a cuidar melhor deles do que aquelas que não frequentaram a escola.

Para combater a pobreza, não há estratégia mais eficaz do que a educação.

Gordon Brown
Político britânico

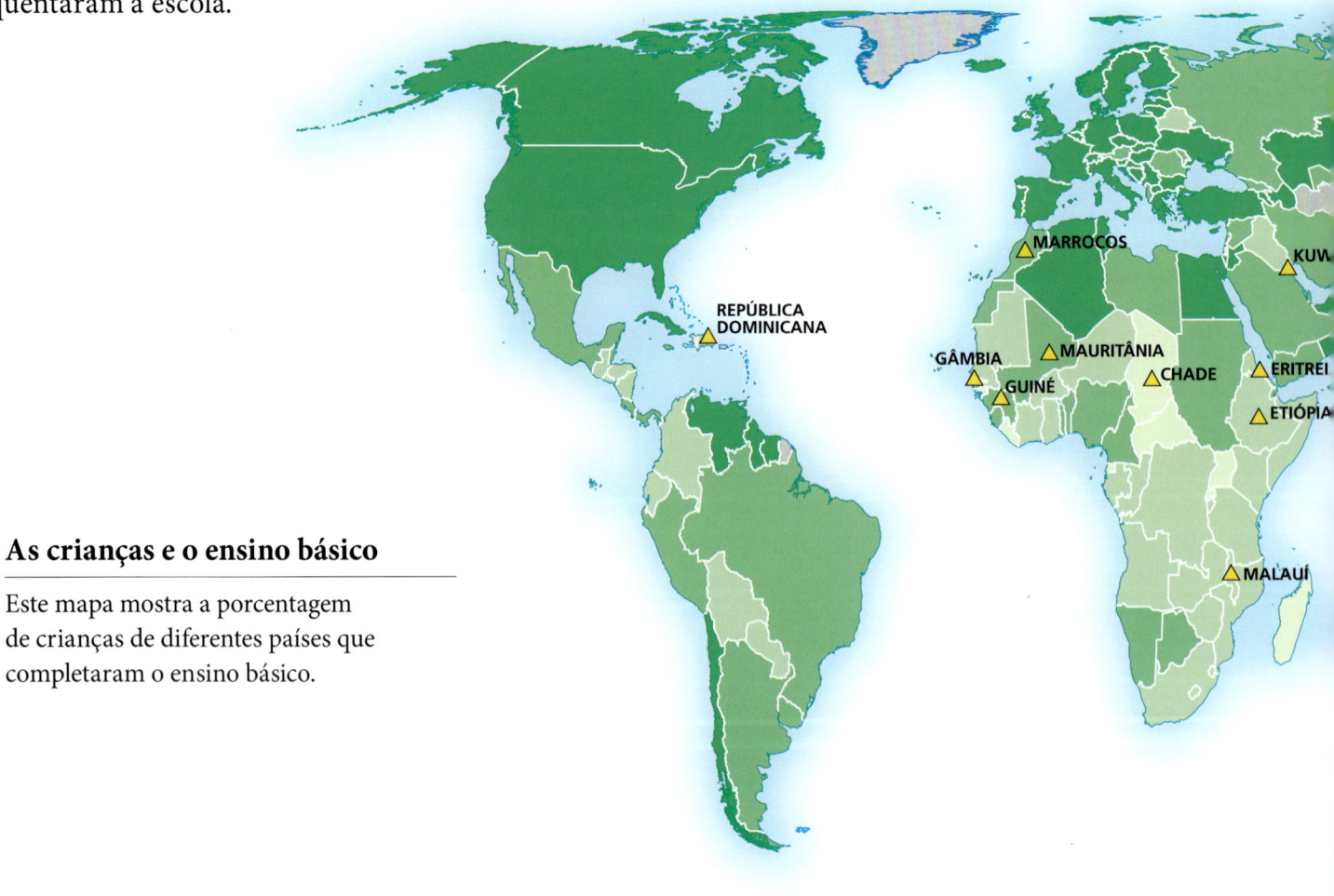

As crianças e o ensino básico

Este mapa mostra a porcentagem de crianças de diferentes países que completaram o ensino básico.

DESENVOLVIMENTO

Diferenças entre meninos e meninas

Número médio de anos que meninos e meninas ficam na escola

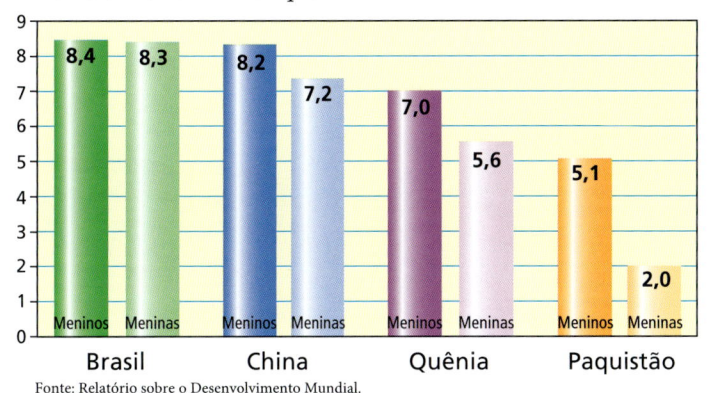

- Brasil: Meninos 8,4 / Meninas 8,3
- China: Meninos 8,2 / Meninas 7,2
- Quênia: Meninos 7,0 / Meninas 5,6
- Paquistão: Meninos 5,1 / Meninas 2,0

Fonte: Relatório sobre o Desenvolvimento Mundial.

Na maioria dos países, os meninos têm prioridade na hora de estudar.

Diferenças entre cidades grandes e pequenas

Número médio de anos que as crianças passam na escola em áreas urbanas e rurais

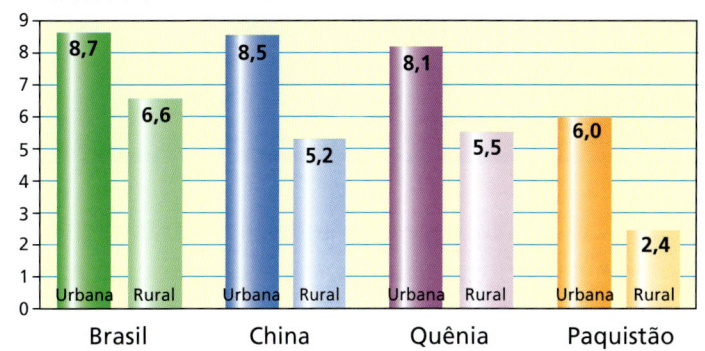

- Brasil: Urbana 8,7 / Rural 6,6
- China: Urbana 8,5 / Rural 5,2
- Quênia: Urbana 8,1 / Rural 5,5
- Paquistão: Urbana 6,0 / Rural 2,4

Fonte: Relatório sobre o Desenvolvimento Mundial.

As crianças que moram em áreas urbanas têm mais chance de ir à escola do que aquelas que moram em áreas rurais.

Legenda

As crianças e o ensino básico
Porcentagem de crianças que completaram o ensino básico

- acima de 95%
- 80 a 94%
- 50 a 79%
- abaixo de 50%
- dados não disponíveis

Fonte: Situação Mundial da Infância (relatório do Unicef)

⚠ países em que o número de crianças matriculadas no ensino fundamental aumentou em 50% desde 1990

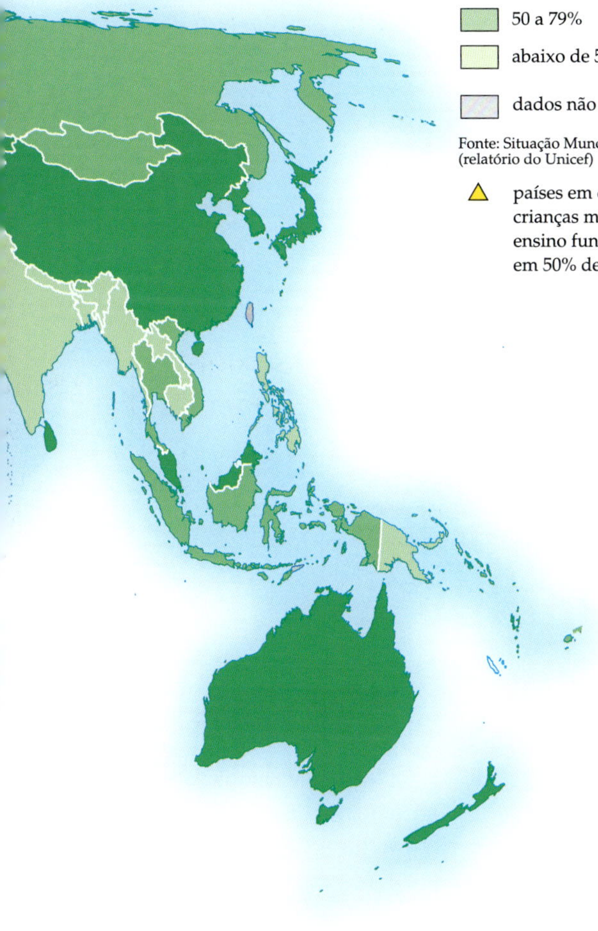

Analfabetismo adulto

Porcentagem da população adulta que sabe ler e escrever

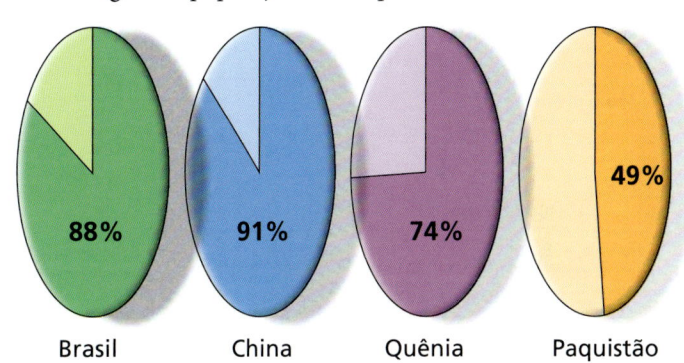

- Brasil: 88%
- China: 91%
- Quênia: 74%
- Paquistão: 49%

Fonte: Relatório sobre o Desenvolvimento Mundial.

Há 860 milhões de adultos analfabetos em todo o mundo. Dois terços deles são mulheres.

DEBATE

Por que você acha que as crianças nos países economicamente menos desenvolvidos têm mais chances de ir à escola em cidades grandes do que em cidades pequenas?
Como seria a sua vida se você não soubesse ler nem escrever?

MEIO AMBIENTE

Objetivo para o milênio:
reverter o quadro de perda de recursos naturais

Assim como acontece com todas as outras criaturas do planeta, a nossa sobrevivência depende do meio em que vivemos. Água, ar, comida e combustível são recursos essenciais para o dia a dia. Nós também temos que nos livrar do lixo que produzimos. A quantidade de terra necessária para sustentar nossa sobrevivência é conhecida como pegada ecológica. O crescimento da população e o aumento da necessidade de recursos significam que nossa pegada está ficando maior. A cada ano, usamos mais e mais recursos do que a Terra pode renovar naturalmente. Reverter esse quadro é um grande desafio para o futuro.

> *O maior desafio dos nossos tempos é salvar o planeta da destruição. Para isso, será preciso mudar a base da civilização moderna – o relacionamento dos humanos com a natureza.*
>
> **Mikhail Gorbachev**
> Presidente da União Soviética, de 1985 a 1991

Pegada mundial

Quantidade de planetas Terra necessários para sustentar a atividade humana

Fonte: Living Planet Report (relatório da WWF), 2013.

Pegadas ecológicas

Este mapa mostra a quantidade de terra usada pelas pessoas em diferentes países.

Legenda

Pegada ecológica por pessoa
(em hectares por pessoa)

- 5 a 10
- 3 a 4,9
- 1,5 a 2,9
- abaixo de 1,5
- dados não disponíveis

Fonte: Living Planet Report (relatório da WWF).

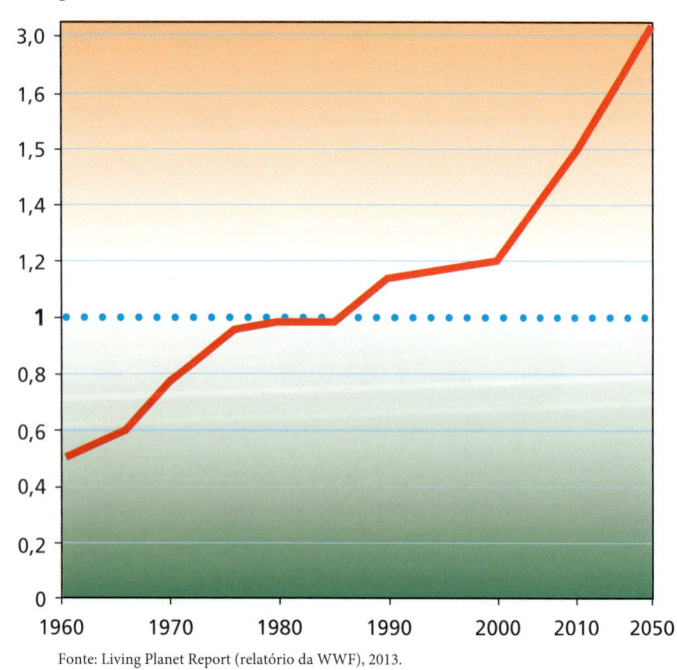

Desde a metade dos anos 80, a maneira como as pessoas exploram a Terra vem ultrapassando a capacidade natural do planeta.

DEBATE

É justo que alguns países tenham uma pegada ecológica muito maior do que outros?

O que você poderia fazer para reduzir o tamanho da sua pegada ecológica?

DESENVOLVIMENTO

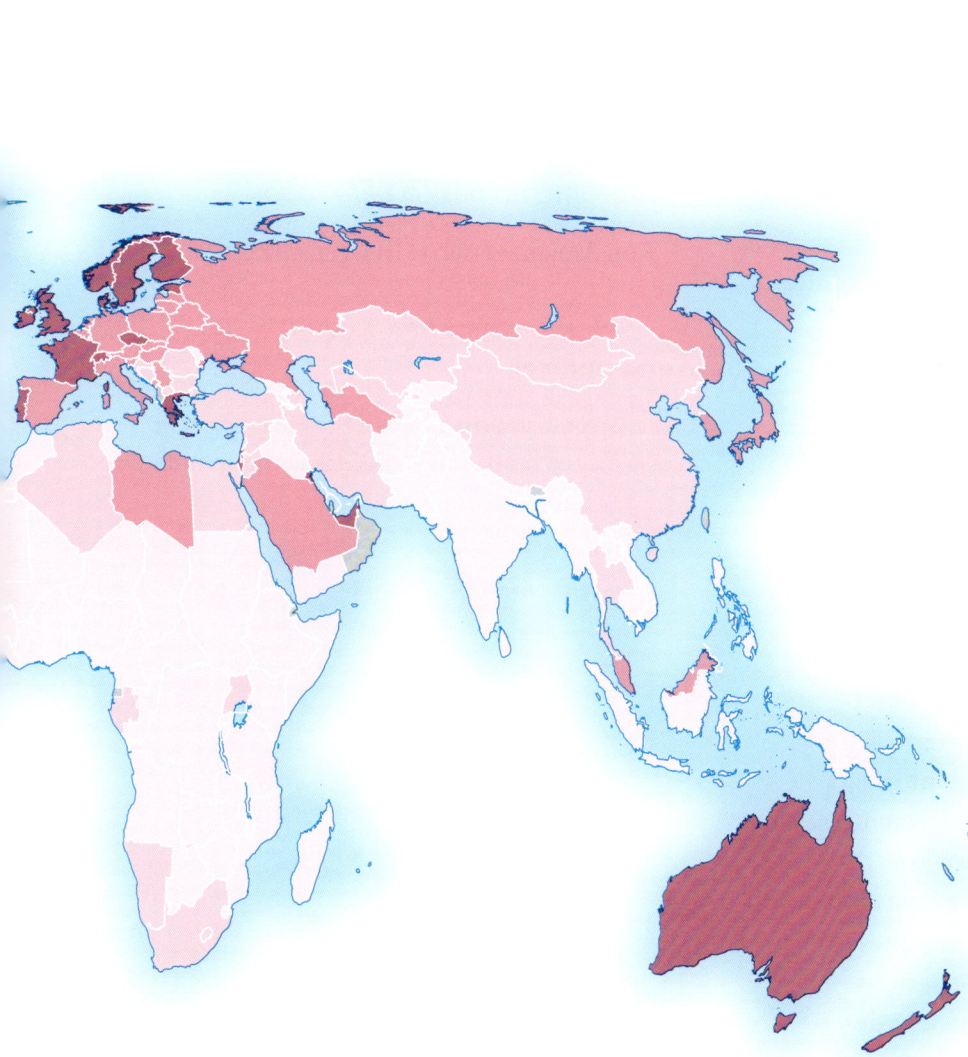

A energia renovável é uma das possibilidades de mudarmos a maneira como exploramos o meio ambiente. Diminuir o consumo também é essencial, principalmente na Europa e nos Estados Unidos.

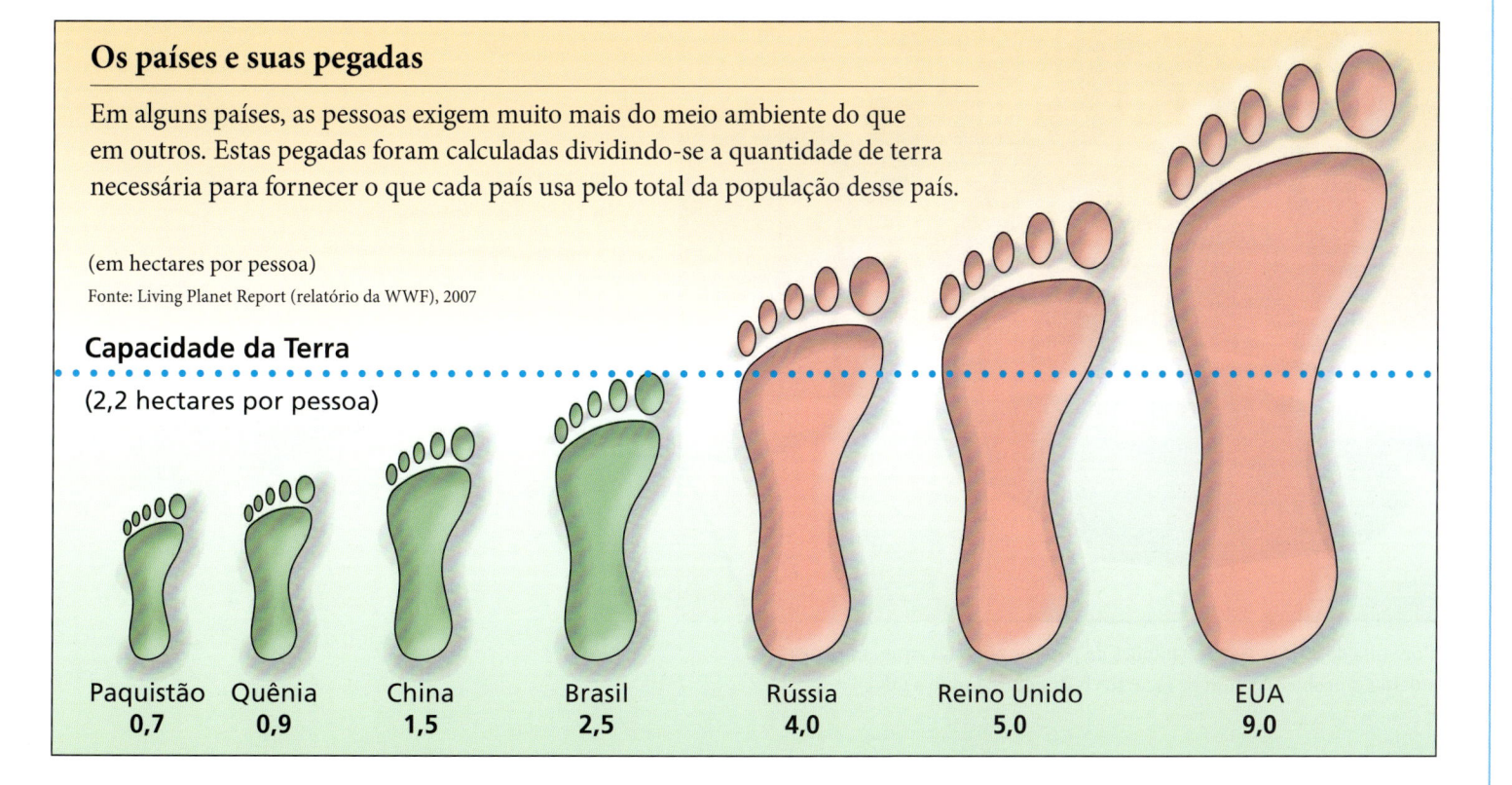

Os países e suas pegadas

Em alguns países, as pessoas exigem muito mais do meio ambiente do que em outros. Estas pegadas foram calculadas dividindo-se a quantidade de terra necessária para fornecer o que cada país usa pelo total da população desse país.

(em hectares por pessoa)
Fonte: Living Planet Report (relatório da WWF), 2007

Capacidade da Terra
(2,2 hectares por pessoa)

Paquistão	Quênia	China	Brasil	Rússia	Reino Unido	EUA
0,7	0,9	1,5	2,5	4,0	5,0	9,0

DESENVOLVIMENTO

ÁGUA

Objetivo para o milênio:

reduzir pela metade o número de pessoas que não têm acesso à água potável e ao saneamento básico

A água é essencial para a vida. Nós a usamos para beber, lavar, cozinhar e limpar. Em países economicamente menos desenvolvidos, conseguir água limpa pode ser um problema. As pessoas que moram em favelas, nas grandes cidades, geralmente têm apenas água poluída à disposição. Em algumas partes das áreas rurais da África e da Ásia, mulheres passam diversas horas por dia apanhando e carregando água de baixa qualidade, obtida em bombas ou poços.

Cerca de 80% das doenças que ocorrem em países economicamente menos desenvolvidos são causadas por água poluída e falta de saneamento básico. Quase todas essas doenças poderiam ser evitadas. Fornecer água pura a todos custa relativamente pouco, e essa é uma medida que ajudaria a salvar a vida de milhares de crianças que morrem todos os dias, em consequência de males causados pela falta de água potável.

Nenhuma medida seria mais eficiente para reduzir doenças e salvar vidas nos países em desenvolvimento do que proporcionar água limpa e saneamento básico para todos.

Kofi Annan, ex-secretário-geral da ONU

Água potável

Este mapa mostra o número de pessoas que têm acesso à água limpa nos vários países do mundo.

Legenda

Acesso à água potável (% da população)
- 90 a 100
- 75 a 89
- 50 a 74
- abaixo de 50
- dados não disponíveis

Fonte: Nações Unidas.

Disputas pela água
- ★ conflito pelo acesso à água
- ～ rio disputado

Foto: US Agricultural Research Service

Por volta de 2025, mais de 3 bilhões de pessoas poderão viver em países sujeitos a problemas com os recursos hídricos, segundo a ONU.

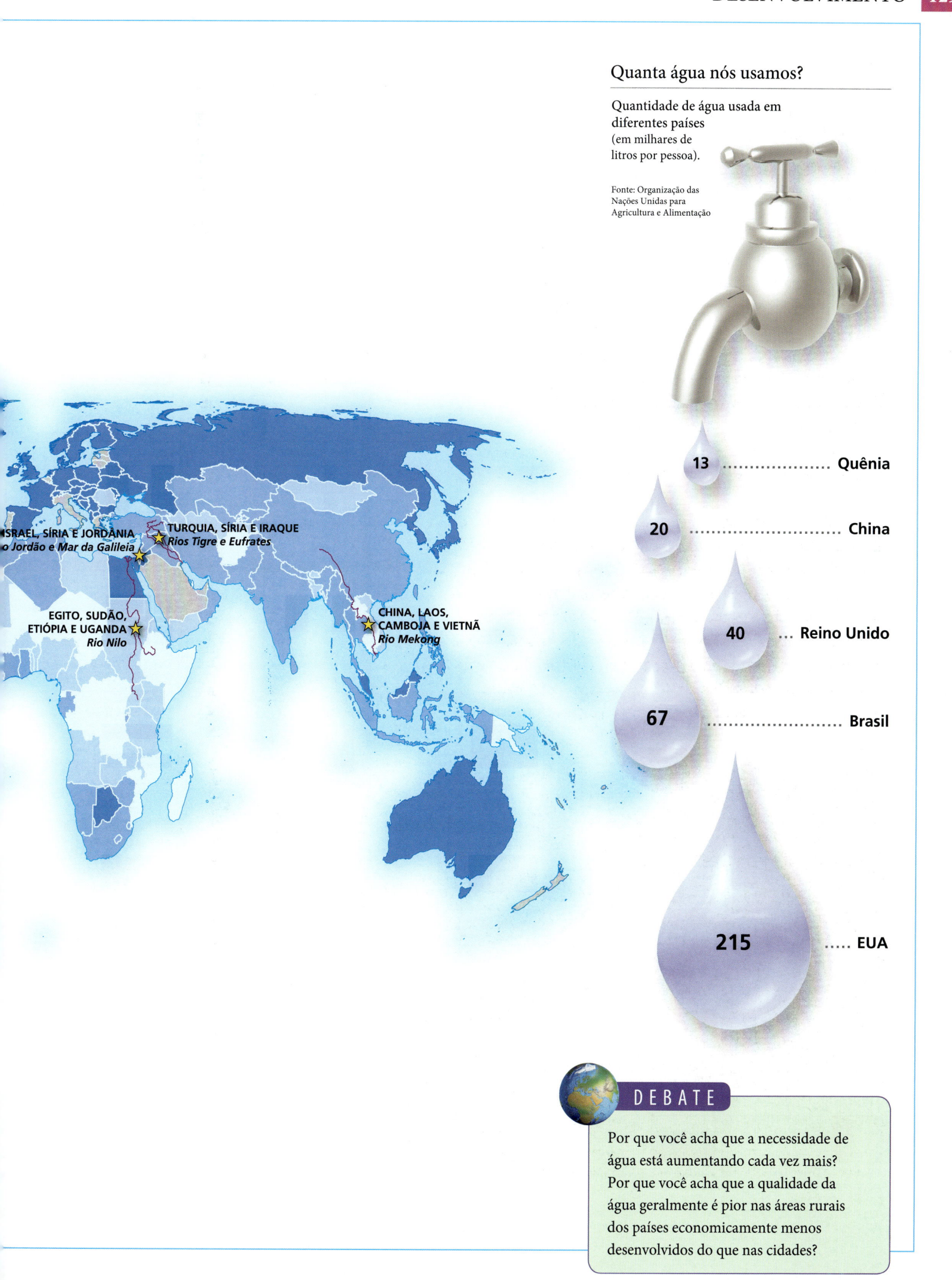

DESENVOLVIMENTO 129

Quanta água nós usamos?

Quantidade de água usada em diferentes países (em milhares de litros por pessoa).

Fonte: Organização das Nações Unidas para Agricultura e Alimentação

- 13 .... Quênia
- 20 .... China
- 40 ... Reino Unido
- 67 .... Brasil
- 215 ..... EUA

ISRAEL, SÍRIA E JORDÂNIA
Rio Jordão e Mar da Galileia

TURQUIA, SÍRIA E IRAQUE
Rios Tigre e Eufrates

EGITO, SUDÃO, ETIÓPIA E UGANDA
Rio Nilo

CHINA, LAOS, CAMBOJA E VIETNÃ
Rio Mekong

DEBATE

Por que você acha que a necessidade de água está aumentando cada vez mais? Por que você acha que a qualidade da água geralmente é pior nas áreas rurais dos países economicamente menos desenvolvidos do que nas cidades?

DADOS GEOGRÁFICOS

EUROPA

ALEMANHA
- P 82 652 000 hab.
- M Euro
- I 0,91
- E 80,6 anos
- D 0,2%
- C Bonn
- □ 99%
- A 356 733 km²
- ▲ 41 360
- L Alemão
- ✱ 11

ÁUSTRIA
- P 8 526 000 hab.
- M Euro
- I 0,88
- E 81 anos
- D 0,16%
- C Viena
- □ 99%
- A 83 853 km²
- ▲ 46 600
- L Alemão
- ✱ 9

BÉLGICA
- P 11 144 000 hab.
- M Euro
- I 0,88
- E 80 anos
- D 0,28%
- C Bruxelas
- □ 99%
- A 30 519 km²
- ▲ 43 710
- L Francês, alemão e holandês
- ✱ 10

BIELORÚSSIA
- P 9 307 000 hab.
- M Rublo
- I 0,78
- E 70,1 anos
- D −0,33%
- C Minsk
- □ 100%
- A 207 600 km²
- ▲ 6 730
- L Bielorusso
- ✱ 14

BÓSNIA-HERZEGÓVINA
- P 3 824 000 hab.
- M Marco
- I 0,73
- E 75,8 anos
- D -0,23%
- C Saravejo
- □ 95%
- A 51 129 km²
- ▲ 4 520
- L Bósnio
- ✱ 10

BULGÁRIA
- P 7 168 000 hab.
- M Lev
- I 0,77
- E 73,6 anos
- D -0,66%
- C Sófia
- □ 98%
- A 110 912 km²
- ▲ 7 004
- L Búlgaro
- ✱ 15

CHIPRE
- P 1 153 000 hab.
- M Euro
- I 0,85
- E 79,8 anos
- D 1,08%
- C Nicósia
- □ 99%
- A 9 251 km²
- ▲ 26 768
- L Grego e turco
- ✱ 7

CROÁCIA
- P 4 272 000 hab.
- M Kuna
- I 0,82
- E 76,8 anos
- D -0,2%
- C Zagreb
- □ 99%
- A 56 538 km²
- ▲ 13 105
- L Croata
- ✱ 12

DINAMARCA
- P 5 640 000 hab.
- M Coroa
- I 0,87
- E 79 anos
- D 0,35%
- C Copenhague
- □ 99%
- A 43 077 km²
- ▲ 56 253
- L Dinamarquês
- ✱ 10

ESLOVÁQUIA
- P 5 454 000 hab.
- M Coroa
- I 0,83
- E 75,6 anos
- D 0,16%
- C Bratislava
- □ 100%
- A 49 035 km²
- ▲ 16 774
- L Eslovaco
- ✱ 10

ESLOVÊNIA
- P 2 076 000 hab.
- M Euro
- I 0,87
- E 79,5 anos
- D 0,23%
- C Liubliana
- □ 100%
- A 20 251 km²
- ▲ 21 947
- L Esloveno
- ✱ 9

ESPANHA
- P 47 066 000 hab.
- M Euro
- I 0,87
- E 81,6 anos
- D 0,62%
- C Madrid
- □ 98%
- A 505 789 km²
- ▲ 28 278
- L Espanhol
- ✱ 9

ESTÔNIA
- P 1 284 000 hab.
- M Coroa
- I 0,84
- E 75 anos
- D 0,07%
- C Tallinn
- □ 100%
- A 45 100 km²
- ▲ 17 335
- L Estoniano
- ✱ 12

FINLÂNDIA
- P 5 443 000 hab.
- M Euro
- I 0,88
- E 80,1 anos
- D 0,32%
- C Helsinque
- □ 100%
- A 338 145 km²
- ▲ 45 741
- L Finlandês e sueco
- ✱ 10

FRANÇA
- P 64 641 000 hab.
- M Euro
- I 0,88
- E 81,7 anos
- D 0,51%
- C Paris
- □ 99%
- A 551 500 km²
- ▲ 39 617
- L Francês
- ✱ 9

GRÉCIA
- P 11 128 000 hab.
- M Euro
- I 0,85
- E 80 anos
- D 0,23%
- C Atenas
- □ 97%
- A 131 990 km²
- ▲ 22 237
- L Grego
- ✱ 10

HOLANDA
- P 16 800 000 hab.
- M Euro
- I 0,91
- E 80,8 anos
- D 0,3%
- C Amsterdã
- □ 100%
- A 40 844 km²
- ▲ 46 073
- L Holandês
- ✱ 8

HUNGRIA
- P 9 933 000 hab.
- M Forint
- I 0,82
- E 74,6 anos
- D -0,16%
- C Budapeste
- □ 99%
- A 93 032 km²
- ▲ 12 490
- L Húngaro
- ✱ 13

IRLANDA
- P 4 677 000 hab.
- M Euro
- I 0,90
- E 80,7 anos
- D 1,14%
- C Dublin
- □ 99%
- A 70 284 km²
- ▲ 46 032
- L Irlandês e inglês
- ✱ 6

ISLÂNDIA
- P 333 000 hab.
- M Coroa islandesa
- I 0,89
- E 81,9 anos
- D 1,16%
- C Reykjavik
- □ 99%
- A 103 000 km²
- ▲ 41 670
- L Islandês
- ✱ 6

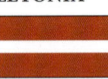

ITÁLIA
- P 61 070 000 hab.
- M Euro
- I 0,87
- E 82 anos
- D 0,23%
- C Roma
- □ 99%
- A 301 268 km²
- ▲ 33 069
- L Italiano
- ✱ 10

LETÔNIA
- P 2 041 000 hab.
- M Lat
- I 0,81
- E 73,6 anos
- D -0,37%
- C Riga
- □ 100%
- A 64 500 km²
- ▲ 13 773
- L Letão
- ✱ 14

LIECHTENSTEIN
- P 37 194 000 hab.
- M Franco suíço
- I 0,89
- E 79,8 anos
- D 0,77%
- C Vaduz
- □ 100%
- A 160 km²
- ▲ 158 977
- L Alemão
- ✱ s/d

LITUÂNIA
- P 3 008 000 hab.
- M Lita
- I 0,83
- E 72,5 anos
- D -0,43%
- C Vilnius
- □ 100%
- A 65 200 km²
- ▲ 13 984
- L Lituano
- ✱ 14

LUXEMBURGO
- P 537 000 hab.
- M Euro
- I 0,88
- E 80,1 anos
- D 1,35%
- C Luxemburgo
- □ 99%
- A 2 586 km²
- ▲ 105 287
- L Luxemburguês
- ✱ 8

MACEDÔNIA
- P 2 108 000 hab.
- M Dinar
- I 0,73
- E 75 anos
- D 0,12%
- C Skopje
- □ 97%
- A 25 713 km²
- ▲ 4 584
- L Macedônio
- ✱ 9

MALTA
- P 430 000 hab.
- M Lira
- I 0,83
- E 79,8 anos
- D 0,31%
- C Valeta
- □ 92%
- A 316 km²
- ▲ 20 514
- L Maltês e inglês
- ✱ 8

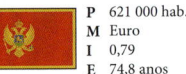

MOLDÁVIA
- P 4 461 000 hab.
- M Leu
- I 0,66
- E 69,6 anos
- D -0,68%
- C Chisinau
- □ 99%
- A 33 700 km²
- ▲ 2 064
- L Romeno
- ✱ 13

MÔNACO
- P 38 000 hab.
- M Euro
- I s/d
- E 82,3 anos
- D 0,04%
- C Mônaco
- □ s/d
- A 2 km²
- ▲ 151 878
- L Francês
- ✱ s/d

MONTENEGRO
- P 621 000 hab.
- M Euro
- I 0,79
- E 74,8 anos
- D 0,07%
- C Podgorica
- □ 98%
- A 13 812 km²
- ▲ 6 514
- L Sérvio
- ✱ 10

NORUEGA
- P 5 092 000 hab.
- M Coroa
- I 0,94
- E 81,3 anos
- D 0,69%
- C Oslo
- □ 99%
- A 323 895 km²
- ▲ 100 056
- L Norueguês
- ✱ 9

POLÔNIA
- P 38 220 000 hab.
- M Zloty
- I 0,83
- E 76,3 anos
- D 0,04%
- C Varsóvia
- □ 100%
- A 323 250 km²
- ▲ 12 820
- L Polonês
- ✱ 10

PORTUGAL
- P 10 610 000 hab.
- M Euro
- I 0,82
- E 79,7 anos
- D 0,05%
- C Lisboa
- □ 97%
- A 92 389 km²
- ▲ 20 006
- L Português
- ✱ 10

REINO UNIDO
- P 63 489 000 hab.
- M Libra esterlina
- I 0,89
- E 78,3 anos
- D 0,6%
- C Londres
- □ 99%
- A 244 100 km²
- ▲ 39 367
- L Inglês
- ✱ 9

REPÚBLICA TCHECA
- P 10 740 000 hab.
- M Coroa tcheca
- I 0,86
- E 77,8 anos
- D 0,26%
- C Praga
- □ 99%
- A 78 864 km²
- ▲ 18 428
- L Tcheco
- ✱ 10

ROMÊNIA
- P 21 640 000 hab.
- M Leu
- I 0,79
- E 74,2 anos
- D -0,23%
- C Bucareste
- □ 98%
- A 237 500 km²
- ▲ 7 787
- L Romeno
- ✱ 12

RÚSSIA
- P 142 468 000 hab.
- M Rublo
- I 0,78
- E 69,1 anos
- D -0,10%
- C Moscou
- □ 99%
- A 17 075 400 km²
- ▲ 14 178
- L Russo
- ✱ 14

SAN MARINO
- P 31 000 hab.
- M Euro
- I s/d
- E 81,9 anos
- D 0,62%
- C San Marino
- □ s/d
- A 61 km²
- ▲ 59 303
- L Italiano
- ✱ s/d

SÉRVIA
- P 9 468 000 hab.
- M Dinar sérvio
- I 0,75
- E 74,7 anos
- D -0,01%
- C Belgrado
- □ 98%
- A 88 361 km²
- ▲ 5 315
- L Sérvio
- ✱ 12

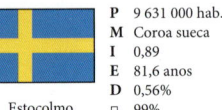

SUÉCIA
- P 9 631 000 hab.
- M Coroa sueca
- I 0,89
- E 81,6 anos
- D 0,56%
- C Estocolmo
- □ 99%
- A 449 964 km²
- ▲ 55 072
- L Sueco
- ✱ 10

Legenda: **C** (Capital), **A** (Área territorial), **L** (Idioma oficial), **P** (População), **M** (Moeda), **I** (Índice de Desenvolvimento Humano – IDH), **E** (Esperança de vida ao nascer), **D** (Índice de crescimento demográfico), □ (Índice de alfabetização), ▲ (Produto Interno Bruto – PIB – *per capita*, em US$), ✱ (Mortalidade infantil, por 1 000 nascimentos). Fonte: IBGE

DADOS GEOGRÁFICOS   131

SUÍÇA
- P 8 158 000 hab.
- M Franco suíço
- I 0,92
- E 82,5 anos
- D 0,39%
- C Berna
- ▫ 99%
- A 41 293 km²
- ▲ 78 924
- L Alemão, francês e italiano
- ✻ 8

UCRÂNIA
- P 44 941 000 hab.
- M Hyvnia
- I 0,73
- E 68,8 anos
- D -0,55%
- C Kiev
- ▫ 100%
- A 603 700 km²
- ▲ 3 872
- L Ucraniano
- ✻ 17

VATICANO
- P s/d hab.
- M Euro
- I s/d
- E s/d
- D s/d
- C Vaticano
- ▫ s/d
- A 1 km²
- ▲ s/d
- L Italiano e latim
- ✻ s/d

ÁFRICA

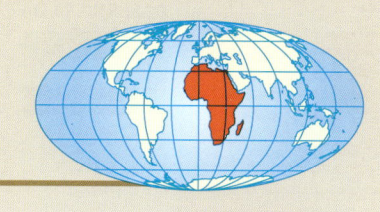

ÁFRICA DO SUL
- P 53 139 000 hab.
- M Rand
- I 0,66
- E 53,4 anos
- D 0,51%
- C Pretória (adm)
- ▫ 93%
- A 1 221 037 km²
- ▲ 7 336
- L Africâner e inglês
- ✻ 15

ANGOLA
- P 22 137 000 hab.
- M Kuanza
- I 0,53
- E 51,5 anos
- D 2,7%
- C Luanda
- ▫ 70%
- A 1 246 700 km²
- ▲ 5 586
- L Português
- ✻ 138,8

ARGÉLIA
- P 39 929 000 hab.
- M Dinar argelino
- I 0,72
- E 73,4 anos
- D 1,36%
- C Argel
- ▫ 73%
- A 2 381 741 km²
- ▲ 5 380
- L Árabe
- ✻ 37,4

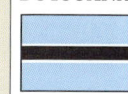

BOTSUANA
- P 2 039 000 hab.
- M Pula
- I 0,68
- E 53 anos
- D 1,05%
- C Gaborone
- ▫ 85%
- A 581 730 km²
- ▲ 7 191
- L Inglês
- ✻ 51

BURKINA FASO
- P 17 420 000 hab.
- M Franco C.F.A.
- I 0,39
- E 55,9 anos
- D 2,98%
- C Ouagadougou
- ▫ 29%
- A 274 200 km²
- ▲ 649
- L Francês
- ✻ 121,4

BURUNDI
- P 10 483 000 hab.
- M Franco
- I 0,39
- E 50,9 anos
- D 1,93%
- C Bujumbura
- ▫ 87%
- A 27 834 km²
- ▲ 229
- L Francês e quirundi
- ✻ 105,9

CABO VERDE
- P 504 000 hab.
- M Escudo
- I 0,64
- E 74,3 anos
- D 0,95%
- C Praia
- ▫ 85%
- A 4 033 km²
- ▲ 3 850
- L Português
- ✻ 29,8

CAMARÕES
- P 22 818 000 hab.
- M Franco C.F.A.
- I 0,5
- E 52,1 anos
- D 2,14%
- C Iaunde
- ▫ 71%
- A 475 442 km²
- ▲ 1 202
- L Francês e inglês
- ✻ 94,3

CHADE
- P 13 211 000 hab.
- M Franco C.F.A.
- I 0,37
- E 43,6 anos
- D 2,59%
- C Ndjamena
- ▫ 35%
- A 1 284 000 km²
- ▲ 818
- L Árabe e francês
- ✻ 116

COMORES
- P 752 000 hab.
- M Franco comorense
- I 0,49
- E 61,5 anos
- D 2,5%
- C Moroni
- ▫ 76%
- A 2 235 km²
- ▲ 858
- L Árabe, francês e comorense
- ✻ 57,7

CONGO
- P 4 559 000 hab.
- M Franco C.F.A.
- I 0,56
- E 57,8 anos
- D 2,18%
- C Brazzaville
- ▫ 83%
- A 342 000 km²
- ▲ 3 404
- L Francês
- ✻ 72,3

COSTA DO MARFIM
- P 20 804 000 hab.
- M Franco
- I 0,45
- E 56 anos
- D 2,18%
- C Abidjan
- ▫ 57%
- A 322 463 km²
- ▲ 1 230
- L Francês
- ✻ 118,3

DJIBUTI
- P 886 000 hab.
- M Franco do Djibuti
- I 0,47
- E 58,3 anos
- D 1,86%
- C Djibuti
- ▫ 66%
- A 23 200 km²
- ▲ 1 583
- L Árabe e francês
- ✻ 93,2

EGITO
- P 83 387 000 hab.
- M Libra
- I 0,68
- E 73,5 anos
- D 1,67%
- C Cairo
- ▫ 74%
- A 1 001 449 km²
- ▲ 3 155
- L Árabe
- ✻ 36,7

ERITREIA
- P 6 536 000 hab.
- M Nakfa
- I 0,38
- E 62 anos
- D 2,91%
- C Asmara
- ▫ 69%
- A 117 600 km²
- ▲ 507
- L Árabe
- ✻ 64,6

ETIÓPIA
- P 95 506 000 hab.
- M Birr
- I 0,44
- E 59,7 anos
- D 2,07%
- C Adis-Abeba
- ▫ 39%
- A 1 104 300 km²
- ▲ 454
- L Amárico
- ✻ 99,5

GABÃO
- P 1 711t 000 hab.
- M Franco C.F.A.
- I 0,67
- E 63,1 anos
- D 1,9%
- C Libreville
- ▫ 69%
- A 267 677 km²
- ▲ 14 747
- L Francês
- ✻ 57,9

GÂMBIA
- P 1 909 000 hab.
- M Dalasi
- I 0,44
- E 58,8 anos
- D 2,68%
- C Banjul
- ▫ 51%
- A 11 295 km²
- ▲ 512
- L Inglês
- ✻ 77

GANA
- P 26 442 000 hab.
- M Cedi
- I 0,57
- E 64,6 anos
- D 2,26%
- C Acra
- ▫ 72%
- A 238 533 km²
- ▲ 1 605
- L Inglês
- ✻ 62,3

GUINÉ
- P 12 044 000 hab.
- M Franco guineense
- I 0,3
- E 51 anos
- D 2,51%
- C Conacri
- ▫ 25,3%
- A 245 857 km²
- ▲ 532
- L Francês
- ✻ 105,5

GUINÉ EQUATORIAL
- P 778 000 hab.
- M Franco guineense
- I 0,56
- E 51,4 anos
- D 2,72%
- C Malabo
- ▫ 94%
- A 28 051 km²
- ▲ 19 980
- L Espanhol e francês
- ✻ 102

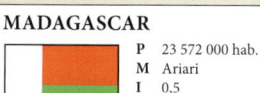

GUINÉ-BISSAU
- P 1 746 000 hab.
- M Franco C.F.A.
- I 0,39
- E 44,6 anos
- D 2,08%
- C Bissau
- ▫ 55%
- A 36 125 km²
- ▲ 510
- L Português
- ✻ 119,7

LESOTO
- P 2 098 000 hab.
- M Loti
- I 0,5
- E 48,7 anos
- D 1,03%
- C Maseru
- ▫ 75,8%
- A 30 355 km²
- ▲ 1 191
- L Inglês e sessoto
- ✻ 66,7

LIBÉRIA
- P 4 397 000 hab.
- M Dólar liberiano
- I 0,41
- E 57,3 anos
- D 2,64%
- C Monróvia
- ▫ 42,9%
- A 111 369 km²
- ▲ 356
- L Inglês
- ✻ 141,9

LÍBIA
- P 6 253 000 hab.
- M Dinar
- I 0,8
- E 75 anos
- D 0,77%
- C Trípoli
- ▫ 89%
- A 1 759 540 km²
- ▲ 15 566
- L Árabe
- ✻ 19,2

MADAGASCAR
- P 23 572 000 hab.
- M Ariari
- I 0,5
- E 66,9 anos
- D 2,82%
- C Antananarivo
- ▫ 64,5%
- A 587 041 km²
- ▲ 447
- L Francês e malgaxe
- ✻ 78,8

MALAUÍ
- P 16 829 000 hab.
- M Quacha
- I 0,4
- E 54,8 anos
- D 3,24%
- C Lilongue
- ▫ 61,3%
- A 118 484 km²
- ▲ 355
- L Inglês
- ✻ 110,8

MALI
- P 15 768 000 hab.
- M Franco C.F.A.
- I 0,4
- E 51,9 anos
- D 2,96%
- C Bamaco
- ▫ 33,4%
- A 1 240 192 km²
- ▲ 691
- L Francês
- ✻ 133,5

MARROCOS
- P 33 493 000 hab.
- M Dirham
- I 0,62
- E 68,5 anos
- D 0,99%
- C Rabat
- ▫ 67%
- A 446 500 km²
- ▲ 2 952
- L Árabe
- ✻ 38,1

MAURÍCIO
- P 1 249 000 hab.
- M Rúpia mauriciana
- I 0,77
- E 73,5 anos
- D 0,53%
- C Port Louis
- ▫ 89%
- A 2 040 km²
- ▲ 9 238
- L Inglês
- ✻ 15

MAURITÂNIA
- P 3 985 000 hab.
- M Ouguiya
- I 0,48
- E 58,9 anos
- D 2,24%
- C Nuakchott
- ▫ 58,6%
- A 1 025 520 km²
- ▲ 1 018
- L Árabe
- ✻ 96,7

MOÇAMBIQUE
- P 26 473 000 hab.
- M Metical
- I 0,39
- E 41,9 anos
- D 2,24%
- C Maputo
- ▫ 50,6%
- A 801 590 km²
- ▲ 579
- L Português
- ✻ 100,9

NAMÍBIA
- P 2 348 000 hab.
- M Dólar da Namíbia
- I 0
- E 62,6 anos
- D 1,68%
- C Windhoek
- ▫ 76,5%
- A 824 292 km²
- ▲ 5 668
- L Inglês
- ✻ 43,9

NÍGER
- P 18 534 000 hab.
- M Franco C.F.A.
- I 0
- E 50 anos
- D 3,52%
- C Niamei
- ▫ 29%
- A 1 267 000 km²
- ▲ 395
- L Francês
- ✻ 152,7

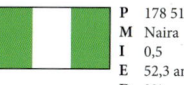

NIGÉRIA
- P 178 516 000 hab.
- M Naira
- I 0,5
- E 52,3 anos
- D 2%
- C Abuja
- ▫ 51,1%
- A 923 768 km²
- ▲ 1 555
- L Inglês
- ✻ 114,4

Legenda: **C** (Capital), **A** (Área territorial), **L** (Idioma oficial), **P** (População), **M** (Moeda), **I** (Índice de Desenvolvimento Humano – IDH), **E** (Esperança de vida ao nascer), **D** (Índice de crescimento demográfico), ▫ (Índice de alfabetização), ▲ (Produto Interno Bruto – PIB – *per capita*, em US$), ✻ (Mortalidade infantil, por 1 000 nascimentos). Fonte: IBGE

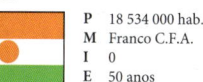

DADOS GEOGRÁFICOS

QUÊNIA
- P 45 546 000 hab.
- M Xelim
- I 0,54
- E 58 anos
- D 2,69%
- C Nairóbi ☐ 72%
- A 580 367 km² ▲ 943
- L Suaíle ✶ 67,8

REP. CENTRO-AFRICANA
- P 4 709 000 hab.
- M Franco C.F.A.
- I 0,34
- E 39,4 anos
- D 1,96%
- C Bangui ☐ 57%
- A 622 984 km² ▲ 483
- L Francês ✶ 98,2

REP. DEM. DO CONGO
- P 69 360 000 hab.
- M Franco congonês
- I 0,50
- E 48,7 anos
- D 2,62%
- C Kinshasa ☐ 61%
- A 2 344 858 km² ▲ 286
- L Francês ✶ 118,5

RUANDA
- P 12 100 000 hab.
- M Franco ruandês
- I 0,50
- E 55,7 anos
- D 2,92%
- C Kigali ☐ 66%
- A 26 338 km² ▲ 620
- L Francês, inglês e quiniaruanda ✶ 115,4

SÃO TOMÉ E PRÍNCIPE
- P 198 000 hab.
- M Dobra
- I 0,56
- E 64,9 anos
- D 1,97%
- C São Tomé ☐ 70%
- A 964 km² ▲ 1 386
- L Português ✶ 82,4

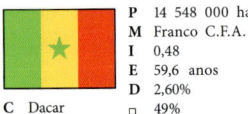

SENEGAL
- P 14 548 000 hab.
- M Franco C.F.A.
- I 0,48
- E 59,6 anos
- D 2,60%
- C Dacar ☐ 49%
- A 196 722 km² ▲ 1 017
- L Francês ✶ 83,5

SERRA LEOA
- P 6 205 000 hab.
- M Leone
- I 0,4
- E 48,1 anos
- D 2,09%
- C Freetown ☐ 43%
- A 71 740 km² ▲ 725
- L Inglês ✶ 165,1

SEICHELES
- P 93 000 hab.
- M Rúpia das Seichelles
- I 0,76
- E 73,8
- D 0,33
- C Vitória ☐ 92%
- A 455 km² ▲ 11 174
- L Crioulo ✶ s/d

SOMÁLIA
- P 10 806 000 hab.
- M Xelim
- I 51,5
- E 51,5 anos
- D 2,56%
- C Mogadíscio ☐ s/d
- A 637 657 km² ▲ 128
- L Árabe e somali ✶ 126,1

SUAZILÂNDIA
- P 1 267 000 hab.
- M Lilangeni
- I 0,53
- E 49 anos
- D 1,36%
- C Mbabane/Lobamba ☐ 88%
- A 17 364 km² ▲ 3 137
- L Inglês e sussuáti ✶ 73,1

SUDÃO
- P 38 764 000 hab.
- M Dinar sudanês
- I 0,47
- E 61,8 anos
- D 2,38%
- C Cartum ☐ 71,8%
- A 2 505 813 km² ▲ 1 383
- L Árabe ✶ 72,2

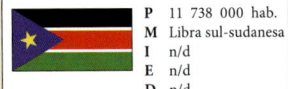

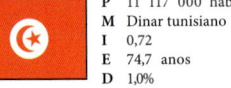

SUDÃO DO SUL
- P 11 738 000 hab.
- M Libra sul-sudanesa
- I n/d
- E n/d
- D n/d
- C Juba ☐ n/d
- A 644 329 km² ▲ 1 221
- L Inglês e árabe ✶ n/d

TANZÂNIA
- P 50 757 000 hab.
- M Xelim tanzaniano
- I 0,49
- E 45 anos
- D 3,08%
- C Dar es Salaam ☐ 68%
- A 945 087 km² ▲ 608
- L Kisahili e inglês ✶ 104,4

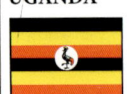

TOGO
- P 6 993 000 hab.
- M Franco C.F.A.
- I 0,47
- E 57,5 anos
- D 2,04%
- C Lomé ☐ 60,4%
- A 56 785 km² ▲ 590
- L Francês ✶ 92,5

TUNÍSIA
- P 11 117 000 hab.
- M Dinar tunisiano
- I 0,72
- E 74,7 anos
- D 1,0%
- C Túnis ☐ 79%
- A 163 610 km² ▲ 4 150
- L Árabe ✶ 22,2

UGANDA
- P 38 884 000 hab.
- M Xelim ugandense
- I 0,48
- E 54,5 anos
- D 3,1%
- C Kampala ☐ 73%
- A 235 880 km² ▲ 598
- L Inglês ✶ 81,2

ZÂMBIA
- P 15 021 000 hab.
- M Quacha
- I 0,56
- E 49,4 anos
- D 3,05%
- C Lusaka ☐ 61,4%
- A 752 614 km² ▲ 1 527
- L Inglês ✶ 95,1

ZIMBÁBUE
- P 14 599 000 hab.
- M Dolár Zimbábue
- I 0,492
- E 52,7 anos
- D 2,15%
- C Harare ☐ 83,6%
- A 390 759 km² ▲ 714
- L Inglês ✶ 62,3

ÁSIA

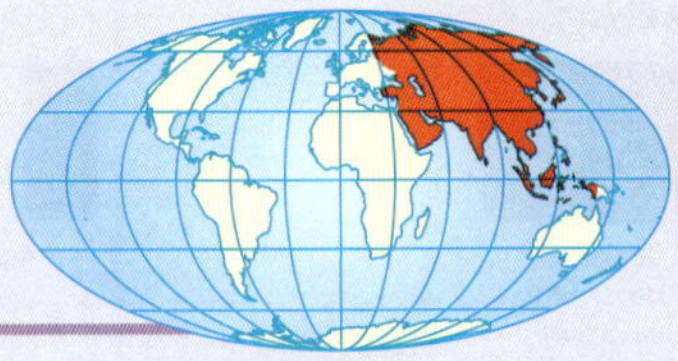

AFEGANISTÃO
- P 31 980 000 hab.
- M Afegane
- I 0,46
- E 49,1 anos
- D 3,13%
- C Cabul ☐ s/d
- A 652 090 km² ▲ 683
- L Pachto e Dari ✶ 149

ARÁBIA SAUDITA
- P 29 369 000 hab.
- M Rial
- I 0,84
- E 74,1 anos
- D 2,13%
- C Riad ☐ 87%
- A 2 149 690 km² ▲ 25 136
- L Árabe ✶ 22,5

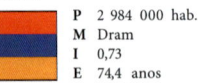

ARMÊNIA
- P 2 984 000 hab.
- M Dram
- I 0,75
- E 74,4 anos
- D −0,26%
- C Ierevan ☐ 99%
- A 29 800 km² ▲ 3 351
- L Armênio ✶ 30,2

AZERBAIJÃO
- P 9 518 000 hab.
- M Manat
- I 0,75
- E 70,9 anos
- D 1,19%
- C Baku ☐ 100%
- A 86 600 km² ▲ 7 383
- L Azerbaijano ✶ 75,5

BAREIN
- P 1 344 000 hab.
- M Dinar do Barein
- I 0,815
- E 75,2 anos
- D 2,13%
- C Manama ☐ 95%
- A 678 km² ▲ 23 039
- L Árabe ✶ 13,8

BANGLADESH
- P 158 513 000 hab.
- M Taka
- I 0,56
- E 69,2
- D 1,25
- C Daca ☐ 57,7
- A 144 000 km² ▲ 822
- L Bengali ✶ 77

BRUNEI
- P 423 000 hab.
- M Dólar do Brunei
- I 0,85
- E 78,31 anos
- D 1,65%
- C Bandar Seri ☐ 95,4%
- A 5 765 km² ▲ 41 127
- L Malaio ✶ 6,1

BUTÃO
- P 766 000 hab.
- M Ngultrum
- I 0,584
- E 67,6 anos
- D 1,54%
- C Timfu ☐ 53%
- A 47 000 km² ▲ 2 509
- L Zoncá ✶ 55,7

CAMBOJA
- P 15 408 000 hab.
- M Riel
- I 0,58
- E 63,6 anos
- D 1,20%
- C Phnom Penh ☐ 74%
- A 181 035 km² ▲ 944
- L Khmer ✶ 94,8

CAZAQUISTÃO
- P 16 607 000 hab.
- M Tenge
- I 0,76
- E 67,4 anos
- D 1,05%
- C Astana ☐ 100%
- A 2 717 300 km² ▲ 12 455
- L Cazaque ✶ 61,2

CATAR
- P 2 268 000 hab.
- M Rial
- I 0,85
- E 78,5 anos
- D 2%
- C Doha ☐ 96,3%
- A 11 000 km² ▲ 93 831
- L Árabe ✶ 11,6

CHINA
- P 1 393 784 000 hab.
- M Renmimbi
- I 0,72
- E 73,7 anos
- D 0,67%
- C Pequim ☐ 95%
- A 9 596 961 km² ▲ 6 070
- L Mandarim ✶ 34,7

CINGAPURA
- P 5 517 000 hab.
- M Dólar de Cingap.
- I 0,90
- E 81,2 anos
- D 1,10%
- C Cingapura ☐ 96%
- A 618 km² ▲ 52 141
- L Malaio, mandarim, tamil e inglês ✶ 3

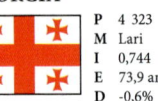

COREIA DO NORTE
- P 25 027 000 hab.
- M Won norte-coreano
- I s/d
- E 69 anos
- D 0,41%
- C Pyongyang ☐ 100
- A 120 530 km² ▲ 583
- L Coreano ✶ 45,7

COREIA DO SUL
- P 49 512 000 hab.
- M Won
- I 0,9
- E 80,7 anos
- D 0,39%
- C Seul ☐ 98%
- A 99 016 km² ▲ 23 052
- L Coreano ✶ 3,8

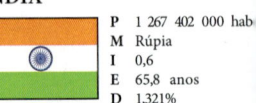

EMIRADOS ÁRABES UNIDOS
- P 9 446 000 hab.
- M Dirham
- I 0,827
- E 76,7 anos
- D 2,17
- C Abu Dhabi ☐ 90%
- A 83 600 km² ▲ 41 692
- L Árabe ✶ 8,9

FILIPINAS
- P 100 096 000 hab.
- M Peso filipino
- I 0,660
- E 69 anos
- D 1,68%
- C Manila ☐ 95,4%
- A 300 000 km² ▲ 2 587
- L Filipino e inglês ✶ 28,1

GEÓRGIA
- P 4 323 000 hab.
- M Lari
- I 0,744
- E 73,9 anos
- D -0,6%
- C Tbilisi ☐ 100%
- A 69 700 km² ▲ 3 632
- L Georgiano ✶ 40,5

IÊMEN
- P 24 969 000 hab.
- M Rial iemenita
- I 0,5
- E 65,9 anos
- D 3,03%
- C Sana/ Aden ☐ 65,6%
- A 527 968 km² ▲ 1 376
- L Árabe ✶ 69

ÍNDIA
- P 1 267 402 000 hab.
- M Rúpia
- I 0,6
- E 65,8 anos
- D 1,321%
- C Nova Délhi ☐ 63%
- A 3 287 590 km² ▲ 1 516
- L Hindi e inglês ✶ 67,6

Legenda: **C** (Capital), **A** (Área territorial), **L** (Idioma oficial), **P** (População), **M** (Moeda), **I** (Índice de Desenvolvimento Humano – IDH), **E** (Esperança de vida ao nascer), **D** (Índice de crescimento demográfico), ☐ (Índice de alfabetização), ▲ (Produto Interno Bruto – PIB – *per capita*, em US$), ✶ (Mortalidade infantil, por 1 000 nascimentos). Fonte: IBGE

DADOS GEOGRÁFICOS 133

INDONÉSIA
- P 252 812 000 hab.
- M Rúpia
- I 0,7
- E 69,8 anos
- D 0,98%
- C Jacarta
- ☐ 93%
- A 1 904 569 km²
- ▲ 3 557
- L Indonésio
- ✱ 42,7

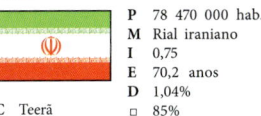

IRÃ
- P 78 470 000 hab.
- M Rial iraniano
- I 0,75
- E 70,2 anos
- D 1,04%
- C Teerã
- ☐ 85%
- A 1 648 000 km²
- ▲ 7 217
- L Persa
- ✱ 33,7

IRAQUE
- P 34 769 000 hab.
- M Dinar iraquiano
- I 0,64
- E 69,6 anos
- D 3,09%
- C Bagdá
- ☐ 78,5
- A 438 317 km²
- ▲ 4 557
- L Árabe
- ✱ 94,3

ISRAEL
- P 7 822 000 hab.
- M Novo shequel
- I 0,89
- E 81,9 anos
- D 1,66%
- C Telavive
- ☐ 97%
- A 22 145 km²
- ▲ 51 537
- L Hebraico e árabe
- ✱ 5,1

JAPÃO
- P 126 999 000 hab.
- M Iene
- I 0,89
- E 83,6 anos
- D -0,07%
- C Tóquio
- ☐ 99%
- A 377 801 km²
- ▲ 46 838
- L Japonês
- ✱ 3,2

JORDÂNIA
- P 7 505 000 hab.
- M Dinar jordaniano
- I 0,75
- E 73,5 anos
- D 1,88%
- C Amã
- ☐ 96%
- A 89 342 km²
- ▲ 4 414
- L Árabe
- ✱ 23,3

KUWAIT
- P 3 479 000 hab.
- M Dinar
- I 0,81
- E 76,8 anos
- D 2,41%
- C Kuwait
- ☐ 83%
- A 17 818 km²
- ▲ 27 621
- L Árabe
- ✱ 10,3

LAOS
- P 6 894 000 hab.
- M Quipe
- I 0,57
- E 67,8 anos
- D 1,33%
- C Vientiane
- ☐ 73%
- A 236 800 km²
- ▲ 1 369
- L Laosiano
- ✱ 88

LÍBANO
- P 4 966 000 hab.
- M Libra libanesa
- I 0,77
- E 72,8 anos
- D 0,73%
- C Beirute
- ☐ 89%
- A 10 400 km²
- ▲ 9 143
- L Árabe
- ✱ 22,5

MALÁSIA
- P 30 188 000 hab.
- M Ringgit
- I 0,77
- E 74,5 anos
- D 1,57%
- C Putrajaya, Kuala Lumpur
- ☐ 93%
- A 329 749 km²
- ▲ 10 422
- L Malaio
- ✱ 10,1

MALDIVAS
- P 352 000 hab.
- M Rúfia
- I 0,69
- E 77,1 anos
- D 1,28%
- C Male
- ☐ 98%
- A 298 km²
- ▲ 7 700
- L Dhivehi
- ✱ 42,6

MIANMAR
- P 53 719 000 hab.
- M Quiate
- I 0,52
- E 65,7 anos
- D 0,79%
- C Naypyidaw, Yangon
- ☐ 93%
- A 676 578 km²
- ▲ 3 031
- L Birmanês
- ✱ 1 1026

MONGÓLIA
- P 2 881 000 hab.
- M Tugrik
- I 0,69
- E 68,8 anos
- D 1,53%
- C Ulan Bator
- ☐ 97%
- A 1 566 500 km²
- ▲ 3 673
- L Mongol
- ✱ 58,2

NEPAL
- P 28 121 000 hab.
- M Rúpia
- I 0,54
- E 69,1 anos
- D 1,68%
- C Katmandu
- ☐ 57%
- A 140 797 km²
- ▲ 656
- L Nepali
- ✱ 64,8

OMÃ
- P 3 926 000 hab.
- M Rial
- I 0,78
- E 74 anos
- D 1,89%
- C Mascate
- ☐ 87%
- A 212 457 km²
- ▲ 23 570
- L Árabe
- ✱ 15,6

PAQUISTÃO
- P 185 133 000 hab.
- M Rúpia
- I 0,54
- E 62,9 anos
- D 1,77%
- C Islamabad
- ☐ 55%
- A 796 095 km²
- ▲ 1 201
- L Urdu
- ✱ 78,6

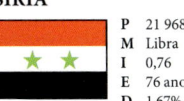

QUIRGUISTÃO
- P 5 625 000 hab.
- M Som
- I 0,6
- E 68 anos
- D 1,07%
- C Bishkek
- ☐ 99%
- A 198 500 km²
- ▲ 1 183
- L Quirguiz
- ✱ 55,1

SÍRIA
- P 21 968 000 hab.
- M Libra
- I 0,76
- E 76 anos
- D 1,67%
- C Damasco
- ☐ 84%
- A 184 050 km²
- ▲ 2 126
- L Árabe
- ✱ 18,2

SRI LANKA
- P 21 446 000 hab.
- M Rúpia do Sri Lanka
- I 0,75
- E 75,1 anos
- D 0,79%
- C Colombo / Kotte
- ☐ 91%
- A 65 610 km²
- ▲ 2 816
- L Sinhala e tâmil
- ✱ 17,2

TAILÂNDIA
- P 67 223 000 hab.
- M Baht
- I 0,72
- E 74,3 anos
- D 0,50%
- C Bangcoc
- ☐ 94%
- A 513 115 km²
- ▲ 5 775
- L Tai
- ✱ 19,6

TAIWAN
- P 23 073 000 hab.
- M Novo dólar
- I s/d
- E s/d
- D s/d
- C Taipé
- ☐ s/d
- A 36 118 km²
- ▲ 37 720
- L Mandarim
- ✱ 6

TADJIQUISTÃO
- P 8 409 000 hab.
- M Somoni
- I 0,61
- E 67,8 anos
- D 1,46%
- C Duchambe
- ☐ 100%
- A 143 100 km²
- ▲ 953
- L Tadjique
- ✱ 89,2

TIMOR-LESTE
- P 1 152 000 hab.
- M Dólar
- I 0,620
- E 62,9 anos
- D 2,92%
- C Dili
- ☐ 58%
- A 14 874 km²
- ▲ 4 835
- L Português e tétum
- ✱ 93,7

TURCOMENISTÃO
- P 5 307 000 hab.
- M Turkmen manat
- I 0,69
- E 65,2 anos
- D 1,24%
- C Ashkhabad
- ☐ 99%
- A 488 100 km²
- ▲ 6 469
- L Turcomano
- ✱ 78,3

TURQUIA
- P 75 837 000 hab.
- M Nova lira turca
- I 0,76
- E 74,2 anos
- D 1,14%
- C Ancara
- ☐ 94,1%
- A 779 452 km²
- ▲ 10 653
- L Turco
- ✱ 41,6

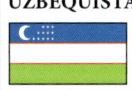

UZBEQUISTÃO
- P 29 325 000 hab.
- M Som uzbeque
- I 0,66
- E 68,6 anos
- D 1,1%
- C Tashkent
- ☐ 99%
- A 447 400 km²
- ▲ 1 801
- L Uzbeque
- ✱ 58

VIETNÃ
- P 92 548 000 hab.
- M Dongue
- I 0,6
- E 75,4 anos
- D 1,0%
- C Hanói
- ☐ 93%
- A 331 689 km²
- ▲ 1 716
- L Vietnamita
- ✱ 29,9

OCEANIA

AUSTRÁLIA
- P 23 630 000 hab.
- M Dólar australiano
- I 0,93
- E 82 anos
- D 1,33%
- C Camberra
- ☐ 99%
- A 7 713 364 km²
- ▲ 67 869
- L Inglês
- ✱ 4,9

FED. EST. DA MICRONÉSIA
- P 104 000 hab.
- M Dólar
- I 0,630
- E 69,2 anos
- D 0,55%
- C Palikir
- ☐ s/d
- A 702 km²
- ▲ 3 165
- L Inglês
- ✱ 38

FIJI
- P 867 000 hab.
- M Dólar fijiano
- I 0,72
- E 69,4 anos
- D 0,81%
- C Suva
- ☐ 93%
- A 18 274 km²
- ▲ 4 572
- L Fijiano e inglês
- ✱ 21,8

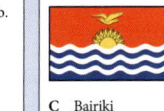

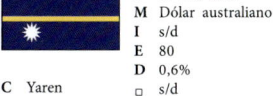

ILHAS MARSHALL
- P 53 000 hab.
- M Dólar
- I 72,3
- E s/d
- D 1,61
- C Dalap-uliga-darrit
- ☐ s/d
- A 181 km²
- ▲ 3 773
- L Inglês e marshallês
- ✱ s/d

KIRIBATI
- P 104 000 hab.
- M Dólar australiano
- I 0,61
- E 68,4
- D 1,54%
- C Bairiki
- ☐ s/d
- A 726 km²
- ▲ 1 745
- L Ikiribati
- ✱ s/d

NAURU
- P 10 000 hab.
- M Dólar australiano
- I s/d
- E 80
- D 0,6%
- C Yaren
- ☐ s/d
- A 21 km²
- ▲ 12 022
- L Inglês e nauruano
- ✱ s/d

NOVA ZELÂNDIA
- P 4 551 000 hab.
- M Dólar neozelandês
- I 0,91
- E 80,8 anos
- D 1,0%
- C Wellington
- ☐ 99%
- A 270 986 km²
- ▲ 38 399
- L Inglês e maori
- ✱ 5,4

PALAU
- P 21 000 hab.
- M Dólar
- I 0,76%
- E 72,1
- D 0,8%
- C Melequeoque
- ☐ s/d
- A 459 km²
- ▲ 10 271
- L Inglês e palauense
- ✱ s/d

PAPUA-NOVA GUINÉ
- P 7 746 000 hab.
- M Kina
- I 0,4
- E 63,1 anos
- D 2,1%
- C Port Moresby
- ☐ 62%
- A 462 840 km²
- ▲ 2 187
- L Inglês, motul e dialetos
- ✱ 70,6

ILHAS SALOMÃO
- P 573 000 hab.
- M Dólar das Ilhas Salomão
- I 0,49
- E 68,2 anos
- D 2,5%
- C Honiara
- ☐ 77%
- A 28 896 km²
- ▲ 1 837
- L Inglês
- ✱ 34,3

Legenda: **C** (Capital), **A** (Área territorial), **L** (Idioma oficial), **P** (População), **M** (Moeda), **I** (Índice de Desenvolvimento Humano – IDH), **E** (Esperança de vida ao nascer), (Índice de crescimento demográfico), ☐ (Índice de alfabetização), ▲ (Produto Interno Bruto – PIB – *per capita*, em US$), ✱ (Mortalidade infantil, por 1 000 nascimentos). Fonte: IBGE

DADOS GEOGRÁFICOS

SAMOA OCIDENTAL
- P 192 000 hab.
- M Tala
- I 0,69
- E 72,7 anos
- D 0,48%
- C Ápia
- ☐ 99%
- A 2 831 km²
- ▲ 3 607
- L Samoano e inglês
- ✴ 25,7

TONGA
- P 106 000 hab.
- M Paanga
- I 0,71
- E 72,5 anos
- D 0,42%
- C Nukualofa
- ☐ 99%
- A 747 km²
- ▲ 4 429
- L Inglês
- ✴ 21

TUVALU
- P 10 000 hab.
- M Dólar australiano
- I s/d
- E 67,5
- D 0,23%
- C Funafuti
- ☐ s/d
- A 26 km²
- ▲ 4 042
- L Inglês e tuvaluano
- ✴ s/d

VANUATU
- P 258 000 hab.
- M Vatu
- I 0,62
- E 71,3 anos
- D 2,41%
- C Porto-Vila
- ☐ 83%
- A 12 189 km²
- ▲ 3 040
- L Bislama, francês e inglês
- ✴ 34,3

AMÉRICA

ANTÍGUA E BARBUDA
- P 91 000 hab.
- M Dólar do Caribe
- I 0,8
- E 72,8%
- D 0,98
- C Saint John's
- ☐ 99%
- A 440 km²
- ▲ 13 207
- L Inglês
- ✴ s/d

ARGENTINA
- P 41 803 000 hab.
- M Peso argentino
- I 0,81
- E 76,1 anos
- D 0,86%
- C Buenos Aires
- ☐ 98%
- A 2 766 889 km²
- ▲ 11 610
- L Espanhol
- ✴ 17

BAHAMAS
- P 383 000 hab.
- M Dólar das Bahamas
- I 0,7
- E 75,9 anos
- D 1,14%
- C Nassau
- ☐ 96%
- A 13 878 km²
- ▲ 21 624
- L Inglês
- ✴ 13,8

BARBADOS
- P 286 000 hab.
- M Dólar de Barbados
- I 0,77
- E 77 anos
- D 0,22%
- C Bridgetown
- ☐ 100%
- A 430 km²
- ▲ 16004
- L Inglês
- ✴ 10,8

BELIZE
- P 340 000 hab.
- M Dólar de Belize
- I 0,73
- E 76,3 anos
- D 1,96%
- C Belmopan
- ☐ 77%
- A 22 965 km²
- ▲ 4 795
- L Inglês
- ✴ 30,5

BOLÍVIA
- P 10 848 000 hab.
- M Boliviano
- I 0,67
- E 63,9 anos
- D 1,57%
- C La Paz / Sucre
- ☐ 91%
- A 1 098 581 km²
- ▲ 2 576
- L Espanhol, quíchuá e aimará
- ✴ 55,6

BRASIL
- P 202 034 000 hab.
- M Real
- I 0,74
- E 73,8 anos
- D 0,84%
- C Brasília
- ☐ 90%
- A 8 514 876 km²
- ▲ 11 347
- L Português
- ✴ 15

CANADÁ
- P 35 525 000 hab.
- M Dólar canadense
- I 0,93
- E 81,1 anos
- D 0,9%
- C Otawa
- ☐ 99%
- A 9 976 139 km²
- ▲ 52 283
- L Inglês e francês
- ✴ 5,1

CHILE
- P 17 773 000 hab.
- M Peso
- I 0,82
- E 79,3 anos
- D 0,86%
- C Santiago
- ☐ 98%
- A 756 945 km²
- ▲ 15 363
- L Espanhol
- ✴ 8

COLÔMBIA
- P 48 929 000 hab.
- M Peso colombiano
- I 0,71
- E 73,9 anos
- D 1,29%
- C Bogotá
- ☐ 94%
- A 1 138 914 km²
- ▲ 7 752
- L Espanhol
- ✴ 25,6

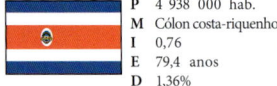

COSTA RICA
- P 4 938 000 hab.
- M Cólon costa-riquenho
- I 0,76
- E 79,4 anos
- D 1,36%
- C San José
- ☐ 96%
- A 51 100 km²
- ▲ 9 387
- L Espanhol
- ✴ 10,5

CUBA
- P 11 259 000 hab.
- M Peso cubano
- I 0,82
- E 79,3 anos
- D -0,05%
- C Havana
- ☐ 100%
- A 110 861 km²
- ▲ 6 301
- L Espanhol
- ✴ 6,1

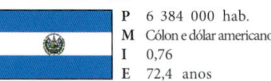

DOMINICA
- P 77 000 hab.
- M Dólar do Caribe
- I 0,72
- E 77,6 anos
- D s/d%
- C Roseau
- ☐ s/d
- A 751 km²
- ▲ 6 958
- L Inglês
- ✴ s/d

EL SALVADOR
- P 6 384 000 hab.
- M Cólon e dólar americano
- I 0,76
- E 72,4 anos
- D 0,61%
- C San Salvador
- ☐ 85%
- A 21 041 km²
- ▲ 3 790
- L Espanhol
- ✴ 26,4

EQUADOR
- P 15 983 000 hab.
- M Dólar americano
- I 0,71
- E 75,8 anos
- D 1%
- C Quito
- ☐ 92%
- A 283 561 km²
- ▲ 5 648
- L Espanhol
- ✴ 24,9

ESTADOS UNIDOS
- P 322 583 000 hab.
- M Dólar
- I 0,91
- E 787 anos
- D 0,85%
- C Washington, D.C.
- ☐ 99%
- A 9 363 520 km²
- ▲ 51 163
- L Inglês
- ✴ 6,9

GRANADA
- P 106 000 hab.
- M Dólar do Caribe
- I 0,74
- E 76,1 anos
- D 0,38%
- C St George's
- ☐ 96%
- A 344 km²
- ▲ 7 418
- L Inglês
- ✴ s/d

GUATEMALA
- P 15 859 000 hab.
- M Quetzal
- I 0,63
- E 71,4 anos
- D 2,51%
- C Guatemala
- ☐ 76%
- A 108 889 km²
- ▲ 3 340
- L Espanhol
- ✴ 38,9

GUIANA
- P 804 000 hab.
- M Dólar da Guiana
- I 0,64
- E 70,2 anos
- D 0,2%
- C Georgetown
- ☐ 85%
- A 214 969 km²
- ▲ 3 585
- L Inglês
- ✴ 49,1

HAITI
- P 10 461 000 hab.
- M Gourde
- I 0,47
- E 62,4 anos
- D 1,23%
- C Porto Príncipe
- ☐ 48,7%
- A 27 750 km²
- ▲ 706
- L Francês e crioulo
- ✴ 61,6

HONDURAS
- P 8 261 000 hab.
- M Lempira
- I 0,62
- E 73,4 anos
- D 1,98%
- C Tegucigalpa
- ☐ 85%
- A 112 088 km²
- ▲ 2 339
- L Espanhol
- ✴ 31,9

JAMAICA
- P 2 799 000 hab.
- M Dólar jamaicano
- I 0,72
- E 73,3 anos
- D 0,3%
- C Kingston
- ☐ 87%
- A 10 990 km²
- ▲ 5 343
- L Inglês
- ✴ 14,9

MÉXICO
- P 123 799 000 hab.
- M Peso mexicano
- I 0,87
- E 77,1 anos
- D 1,14%
- C Cidade do México
- ☐ 94%
- A 1 958 201 km²
- ▲ 9 795
- L Espanhol
- ✴ 20,5

NICARÁGUA
- P 6 169 000 hab.
- M Cordoba
- I 0,61
- E 74,3 anos
- D 1,42%
- C Manágua
- ☐ 78%
- A 130 000 km²
- ▲ 1 754
- L Espanhol
- ✴ 30,1

PANAMÁ
- P 3 900 000 hab.
- M Balboa
- I 0,77
- E 76,3 anos
- D 1,46%
- C Cidade de Panamá
- ☐ 94%
- A 76 517 km²
- ▲ 9 534
- L Espanhol
- ✴ 20,6

PARAGUAI
- P 6 918 000 hab.
- M Guarani
- I 0,6
- E 72,7 anos
- D 17%
- C Assunção
- ☐ 94%
- A 406 752 km²
- ▲ 3
- L Espanhol e guarani
- ✴ 37

PERU
- P 30 769 000 hab.
- M Novo Sol
- I 0,74
- E 69,8 anos
- D 1,1%
- C Lima
- ☐ 89%
- A 1 285 216 km²
- ▲ 6 825
- L Espanhol
- ✴ 33,4

REPÚBLICA DOMINICANA
- P 10 529 000 hab.
- M Peso
- I 0,70
- E 73,6 anos
- D 1,2%
- C Santo Domingo
- ☐ 90,1%
- A 48 734 km²
- ▲ 5 731
- L Espanhol
- ✴ 34,6

SANTA LÚCIA
- P 184 000 hab.
- M Dólar do Caribe
- I 0,71
- E 74,8 anos
- D 0,96%
- C Castries
- ☐ 99%
- A 616 km²
- ▲ 7 289
- L Inglês
- ✴ 18

SÃO CRISTÓVÃO E NÉVIS
- P 55 000 hab.
- M Dólar do Caribe
- I 0,75
- E 73,3 anos
- D 1,18%
- C Basseterre
- ☐ s/d
- A 261 km²
- ▲ 14 267
- L Inglês
- ✴ s/d

SÃO VICENTE E GRANADINAS
- P 110 000 hab.
- M Dólar jamaicano
- I 0,72
- E 72,5 anos
- D 0,53%
- C Kingston
- ☐ s/d
- A 388 km²
- ▲ 6 349
- L Inglês
- ✴ 25,6

SURINAME
- P 544 000 hab.
- M Dólar do Suriname
- I 0,71
- E 70 anos
- D 0,8%
- C Paramaribo
- ☐ 94,7%
- A 163 265 km²
- ▲ 9 376
- L Holandês
- ✴ 25,6

TRINIDAD E TOBAGO
- P 1 344 000 hab.
- M Dólar de Trinidad
- I 0,7
- E 70 anos
- D 0,32%
- C Port of Spain
- ☐ 98%
- A 5 130 km²
- ▲ 17365
- L Inglês
- ✴ 13,7

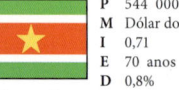

URUGUAI
- P 3 419 000 hab.
- M Peso uruguaio
- I 0,79
- E 77,2 anos
- D 0,35%
- C Montevidéu
- ☐ 98%
- A 177 414 km²
- ▲ 14 703
- L Espanhol
- ✴ 13,1

VENEZUELA
- P 30 851 000 hab.
- M Bolívar venezuelano
- I 0,77
- E 74,6 anos
- D 1,4%
- C Caracas
- ☐ 96%
- A 912 050 km²
- ▲ 12 767
- L Espanhol
- ✴ 17,5

Legenda: C (Capital), A (Área territorial), L (Idioma oficial), P (População), M (Moeda), I (Índice de Desenvolvimento Humano – IDH), E (Esperança de vida ao nascer), D (Índice de crescimento demográfico), ☐ (Índice de alfabetização), ▲ (Produto Interno Bruto – PIB – *per capita*, em US$), ✴ (Mortalidade infantil, por 1 000 nascimentos). Fonte: IBGE

DADOS GEOGRÁFICOS

BRASIL

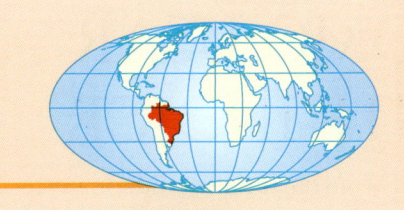

ACRE (AC)
- P 790 000 hab. 
- • 4,5 hab./km²
- I 0,66
- E 72,5 anos
- □ 85%
- C Rio Branco
- ▲ 11 782
- A 164 123 km²
- ✱ 25,8

ALAGOAS (AL)
- P 3 321 000 hab.
- • 112,3 hab./km²
- I 0,63
- E 70 anos
- □ 88%
- C Maceió
- ▲ 9 079
- A 27 779 km²
- ✱ 18,3%

AMAPÁ (AP)
- P 751 000 hab.
- • 4,7 hab./km²
- I 0,71
- E 72,8 anos
- □ 92%
- C Macapá
- ▲ 13 105
- A 142 829 km²
- ✱ 25,4

AMAZONAS (AM)
- P 3 874 000 hab.
- • 2,23 hab./km²
- I 0,67
- E 70,9 anos
- □ 91%
- C Manaus
- ▲ 18 244
- A 1 559 159 km²
- ✱ 20,6

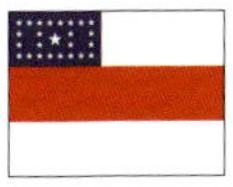

BAHIA (BA)
- P 15 126 334 hab.
- • 24,8 hab./km²
- I 0,66
- E 72,5 anos
- □ 85%
- C Salvador
- ▲ 11 340
- A 564 733 km²
- ✱ 21,1

CEARÁ (CE)
- P 8 843 000 hab.
- • 59,4 hab./km²
- I 0,7
- E 72,9 anos
- □ 83%
- C Fortaleza
- ▲ 10 314
- A 148 920 km²
- ✱ 16,3

DISTRITO FEDERAL (DF)
- P 2 853 000 hab.
- • 445 hab./km²
- I 0,82
- E 77 anos
- □ 97%
- C Brasília
- ▲ 63 020
- A 5 779 km²
- ✱ 12,2

ESPÍRITO SANTO (ES)
- P 3 885 000 hab.
- • 76,25 hab./km²
- I 0,74
- E 77 anos
- □ 92%
- C Vitória
- ▲ 27 542
- A 46 095 km²
- ✱ 12,2

GOIÁS (GO)
- P 6 523 000 hab.
- • 17,65 hab./km²
- I 0,74
- E 73,5 anos
- □ 93%
- C Goiânia
- ▲ 18 298
- A 340 111 km²
- ✱ 16

MARANHÃO (MA)
- P 6 851 000 hab.
- • 19,8 hab./km²
- I 0,64
- E 69,4 anos
- □ 81%
- C São Luís
- ▲ 7 852
- A 331 938 km²
- ✱ 21,9

MATO GROSSO (MT)
- P 3 325 000 hab.
- • 3,4 hab./km²
- I 0,73
- E 73,2 anos
- □ 86%
- C Cuiabá
- ▲ 23 218
- A 903 358 km²
- ✱ 19,6

MATO GROSSO DO SUL (MS)
- P 2 620 000 hab.
- • 6,8 hab./km²
- I 0,73
- E 74,4 anos
- □ 88%
- C Campo Grande
- ▲ 19 875
- A 357 145 km²
- ✱ 15,5

MINAS GERAIS (MG)
- P 20 734 000 hab.
- • 33,41 hab./km²
- I 0,73
- E 76,1 anos
- □ 94%
- C Belo Horizonte
- ▲ 19 573
- A 586 522 km²
- ✱ 16,2

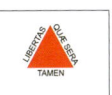

PARÁ (PA)
- P 8 074 000 hab.
- • 6,1 hab./km²
- I 0,65
- E 71,3 anos
- □ 89%
- C Belém
- ▲ 11 493
- A 1 247 955 km²
- ✱ 21,4

PARAÍBA (PB)
- P 3 944 000 hab.
- • 66,7 hab./km²
- I 0,660
- E 71,9 anos
- □ 80%
- C João Pessoa
- ▲ 9 348
- A 56 469 km²
- ✱ 18,3

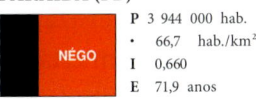

PARANÁ (PR)
- P 11 082 000 hab.
- • 52,4 hab./km²
- I 0,75
- E 75,8 anos
- □ 95%
- C Curitiba
- ▲ 22 769
- A 199 307 km²
- ✱ 12

PERNAMBUCO (PE)
- P 9 278 000 hab.
- • 80,62 hab./km²
- I 0,67
- E 72,1 anos
- □ 84%
- C Recife
- ▲ 11 776
- A 98 148 km²
- ✱ 17,1

PIAUÍ (PI)
- P 3 195 000 hab.
- • 12,4 hab./km²
- I 0,64
- E 70,3 anos
- □ 79%
- C Teresina
- ▲ 7 835
- A 251 578 km²
- ✱ 20,7

RIO DE JANEIRO (RJ)
- P 16 461 000 hab.
- • 365,23 hab./km²
- I 0,7
- E 74,9 anos
- □ 96%
- C Rio de Janeiro
- ▲ 28 696
- A 43 780 km²
- ✱ 14,2

RIO GRANDE DO NORTE (RN)
- P 3 409 087 hab.
- • 59,99 hab./km²
- I 0,6
- E 74,7 anos
- □ 83%
- C Natal
- ▲ 11 286
- A 52 087 km²
- ✱ 17,3

RIO GRANDE DO SUL (RS)
- P 11 207 000 hab.
- • 37,96 hab./km²
- I 0,7
- E 76,6 anos
- □ 96%
- C Porto Alegre
- ▲ 24 562
- A 281 730 km²
- ✱ 11,4

RONDÔNIA (RO)
- P 1 749 000 hab.
- • 6,6 hab./km²
- I 0,6
- E 70,5 anos
- □ 92%
- C Porto Velho
- ▲ 17 659
- A 237 590 km²
- ✱ 18,9

RORAIMA (RR)
- P 496 936 hab.
- • 2,01 hab./km²
- I 0,707
- E 70,2 anos
- □ 89%
- C Boa Vista
- ▲ 15 105
- A 224 300 km²
- ✱ 18,1

SANTA CATARINA (SC)
- P 6 727 000 hab.
- • 65,27 hab./km²
- I 0,77
- E 77,7 anos
- □ 96%
- C Florianópolis
- ▲ 26 760
- A 95 736 km²
- ✱ 11,3

SÃO PAULO (SP)
- P 44 035 000 hab.
- • 166,23 hab./km²
- I 0,7
- E 76,8 anos
- □ 96%
- C São Paulo
- ▲ 32 749
- A 248 222 km²
- ✱ 12

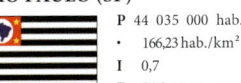

SERGIPE (SE)
- P 2 220 000 hab.
- • 94,36 hab./km²
- I 0,6
- E 71,6 anos
- □ 83%
- C Aracaju
- ▲ 12 536
- A 21 915 km²
- ✱ 18,2

TOCANTINS (TO)
- P 1 497 000 hab.
- • 4,9 hab./km²
- I 0,6
- E 72,2 anos
- □ 88%
- C Palmas
- ▲ 12 891
- A 277 720 km²
- ✱ 20,4

Legenda: **C** (Capital), **A** (Área territorial), **P** (População), • (Densidade territorial), **I** (Índice de Desenvolvimento Humano Municipal – IDHM), **E** (Esperança de vida ao nascer), □ (Índice de analfabetismo), ▲ (Produto Interno Bruto – PIB – *per capita*, em R$), ✱ (Mortalidade infantil, por 1 000 nascimentos). Fonte: IBGE

COMO USAR ESTE ÍNDICE

Para encontrar uma localidade neste atlas, primeiro procure o nome da localidade no índice alfabético. Ao lado do nome, você verá um número de página e um código de referência. Por exemplo: **Canárias, Ilhas 38 B4**. Use o número para ir até a página correta (no exemplo, página 38). Em seguida, observe o rodapé da página para encontrar a letra B; depois, observe a lateral da página para encontrar o número 4. As Ilhas Canárias estarão localizadas na área em que essa letra e esse número se cruzarem. No índice alfabético, também estão indicadas a latitude e a longitude dos lugares. Por exemplo: **Canárias, Ilhas 38 B4** 28°0'N 15°30'. Usamos essa referência para descobrir a posição exata de uma localidade na superfície da Terra. Você pode descobrir mais sobre latitude e longitude lendo as páginas 4 e 5 deste atlas.

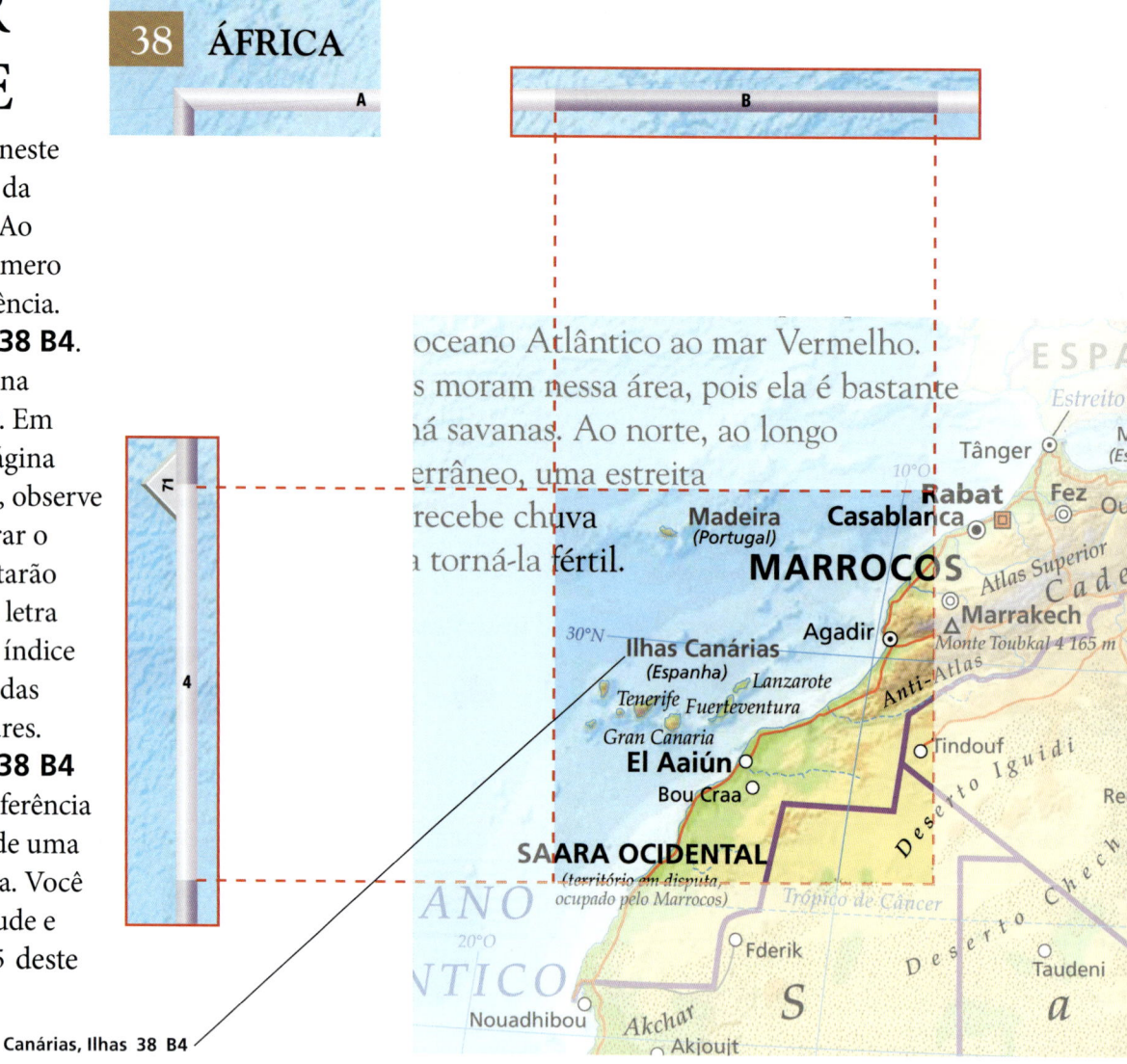

Canárias, Ilhas 38 B4

A

A'nyemaqen, Montes	52 D3	34°11'N	100°54'L
Aalborg	29 B2	57°3'N	9°56'L
Abaetetuba	106 D4	1°43'S	48°52'O
Abha	49 E1	18°16'N	42°32'L
Abidjan	38 C2	5°19'N	4°1'O
Abu Dhabi	49 F2	24°30'N	54°20'L
Abuja	38 D2	9°4'N	7°28'L
Acapulco	72 B2	16°51'N	99°53'O
Aconcágua, Pico do	79 B3	32°36'S	69°53'O
Acra	38 C2	5°33'N	0°15'O
Adamoua, Montes	38 D2	7°0'N	12°0'L
Adana	48 D4	37°0'N	35°19'L
Adelaide	62 D2	34°56'S	138°36'L
Áden	49 E1	12°51'N	45°5'L
Aden, Golfo de	39 H2	12°22'N	46°51'L
Adis Abeba	39 G2	9°0'N	38°43'L
Adriático, Mar	31 F2	43°32'N	14°34'L
Afeganistão	46 C1	32°39'N	64°23'L
África do Sul	34 E1	30°57'S	19°44'L
Agra	51 E4	27°9'N	78°0'L
Ahaggar	38 D3	23°54'N	6°23'L
Ahmadabad	50 D3	23°3'N	72°40'L
Ahvaz	49 F3	31°20'N	48°38'L
Air, Maciço de	38 D3	18°25'N	8°55'L
Ajjer, Planalto	38 D4	25°10'N	8°0'L
Akchâr	38 B3	20°54'N	14°11'O
Akita	55 F3	39°44'N	140°6'L
Aktau	46 C2	43°37'N	51°14'L
Aktobe	46 C3	50°18'N	57°10'L
Al Fujayrah	49 G3	25°9'N	56°18'L
Al Hufuf	49 F3	25°21'N	49°34'L
Alabama	71 G3	33°6'N	86°44'O
Alabama, Rio	71 G2	31°8'N	87°57'O
Aland, Ilhas	29 D3	60°14'N	19°54'L
Aland, Mar de	29 D3	60°0'N	20°0'L
Alasca	70 A4	65°0'N	150°0'O
Alasca, Golfo do	68 B2	58°0'N	145°0'O
Albânia	33 A2	41°12'N	19°58'L
Albany, Austrália	62 C2	35°3'S	117°54'L
Albany, Canadá	69 E1	51°15'N	84°6'O
Albert, Lago	41 E5	1°41'N	30°55'L
Alberta	68 C2	55°33'N	114°38'O
Alemanha	31 E4	51°21'N	10°17'L
Aleppo	48 D4	36°14'N	37°10'L
Aleutas, Ilhas	70 A3	52°0'N	176°0'O
Alexandria	39 F4	31°7'N	29°51'L
Alice Springs	62 D3	23°42'S	133°52'L
Allahabad	51 E4	25°27'N	81°50'L
Almaty	46 D2	43°19'N	76°55'L
Alpes do Sul	63 G1	44°23'S	168°52'L
Altai, Montes	52 C4	48°0'N	88°36'L
Altun, Montes	52 C3	37°20'N	87°13'L
Amã	48 D3	31°57'N	35°56'L
Amarelo, Mar	54 B2	36°36'N	123°32'L
Amarelo, Rio	53 F3	37°0'N	117°20'L
Amazonas, Foz do Rio	78 D6	1°0'N	48°0'O
Amazônia	78 B6	0°10'S	49°0'O
Amazônica, Planície	78 C6	4°48'S	62°44'O
Ambon	57 F1	3°41'S	128°10'L
Amindivi, Ilhas	50 D1	11°0'N	73°0'L
Amol	49 F4	36°31'N	52°24'L
Amritsar	51 E5	31°38'N	74°55'L
Amsterdã	31 E4	52°22'N	4°54'L
Amundsen, Golfo	68 C3	70°42'N	124°1'O
Amur	53 F5	53°10'N	124°52'L
An Nafud	49 E3	28°14'N	40°42'L
An Najaf	49 E3	31°59'N	44°19'L
Anadyr	47 G5	64°41'N	177°22'L
Anadyr, Golfo de	47 G5	64°0'N	178°0'O
Anatólia	48 D5	39°43'N	44°39'L
Anchorage	70 A3	61°13'N	149°52'O
Andaman, Ilhas	51 G2	12°12'N	92°0'L
Andaman, Mar de	56 C3	11°0'N	108°0'L
Andes	79 B4	2°0'N	78°0'O
Andorra	30 D2	42°34'N	1°34'L
Angel, Cataratas	78 C6	5°52'N	62°19'O
Angola	40 D3	11°8'S	19°25'L
Anguilla	73 G3	18°26'N	63°0'O
Ankara	48 D5	39°55'N	32°50'L
Annapurna	51 F4	28°30'N	83°50'L
Anshan	53 F4	41°6'N	122°55'L
Antakya	48 D4	36°12'N	36°10'L
Antalya	48 C4	36°53'N	30°42'L
Antananarivo	41 G2	18°52'S	47°30'L
Antártica	116 B3	90°0'S	0°0'
Antígua e Barbuda	73 H2	17°21'N	61°48'O
Antilhas Holandesas	73 G2	12°32'N	68°36'O
Aomori	55 F4	40°50'N	140°43'L
Aoraki (Monte Cook)	63 G1	43°39'S	170°5'L
Apalaches, Montes	71 G3	34°53'N	84°28'O
Arábia, Mar da	50 D2	15°0'N	65°0'L
Arábia Saudita	49 E2	29°8'N	40°50'L
Arábica, Península	49 E2	22°22'N	44°32'L
Aracaju	78 E5	10°54'S	37°4'O
Arafura, Mar de	62 D5	9°0'S	135°0'L
Araguaia, Rio	78 D5	5°21'S	48°41'O
Araguaína	106 D3	7°11'S	48°12'O
Aral, Mar de	46 C2	44°34'N	59°49'L
Ararat, Monte	49 E5	39°43'N	44°19'L
Aras	49 E5	39°18'N	45°7'L
Archangel	32 C6	64°32'N	40°40'L
Ardabil	49 E4	38°15'N	48°18'L
Argel	38 D5	36°47'N	2°58'L
Argélia	38 C4	28°4'N	0°45'L
Argentina	79 B2	35°54'S	64°55'O
Argun	53 F5	50°52'N	119°31'L
Århus	29 B2	56°9'N	10°11'L
Arizona	70 D3	34°8'N	112°7'C
Arkansas	71 F3	34°56'N	92°14'O
Armênia	49 E5	40°36'N	44°22'L
Arnhem, Terra de	62 D4	14°3'S	133°24'L
Ártico, Oceano	117 B3	90°0'N	0°0'
Aru, Ilhas	57 G1	6°10'S	134°20'L
Aruba	73 G2	12°30'N	69°55'O
Asadabad	46 C1	34°52'N	71°9'L
Asahi, Pico	55 F5	43°42'N	142°55'L
Asahikawa	55 F5	43°46'N	142°23'L

ÍNDICE

Nome	Pág	Ref	Coordenadas
Asansol	51	F3	23°40'N 86°59'L
Ashkabad	46	C2	37°58'N 58°22'L
Asmara	39	G3	15°15'N 38°58'L
Assal, Lago	39	G3	11°2'N 41°51'L
Assunção	79	C4	25°17'S 57°36'O
Astana	46	D2	51°13'N 71°25'L
Astrakhan	33	D3	46°20'N 48°1'L
Aswan	39	F3	24°3'N 32°59'L
Atacama, Deserto de	79	B4	21°39'S 69°26'O
Atenas	33	B2	37°59'N 23°44'L
Athabasca, Lago	68	D2	59°7'N 110°0'O
Atlas, Cadeia do	38	C4	33°11'N 2°56'O
Atyrau	46	C2	47°7'N 51°56'L
Auckland	63	G1	36°53'S 174°46'L
Augusta	71	H5	44°20'N 69°44'O
Aukar	38	B3	18°6'N 9°28'L
Austin	71	E2	30°16'N 97°45'O
Austrália Ocidental	62	C3	25°56'S 121°14'L
Austrália do Sul	62	D3	29°33'S 135°20'L
Austrália	62	D3	25°0'S 135°0'L
Áustria	31	F3	47°28'N 12°31'L
Axel Heiberg, Ilha	68	D4	79°34'N 91°16'O
Aydin	48	C4	37°51'N 27°51'L
Ayers Rock – ver Uluru			
Az Zahran	49	F3	26°18'N 50°2'L
Azerbaidjão	49	E5	41°7'N 47°10'L

B

Nome	Pág	Ref	Coordenadas
Badlands	71	E4	43°45'N 102°31'O
Baffin, Baía de	69	E4	72°38'N 71°38'O
Baffin, Ilha	69	E3	70°7'N 73°41'O
Bagdá	49	E4	33°20'N 44°26'L
Bagé	112	B2	31°19'S 54°06'O
Bahamas	73	F3	23°50'N 76°55'O
Baikal, Lago	47	F3	53°0'N 108°0'L
Baixa Califórnia	72	A4	27°48'N 113°23'O
Baku	49	F5	40°24'N 49°51'L
Balabac, Estreito de	57	E3	7°37'N 116°42'L
Baleares, Ilhas	30	D1	39°2'N 3°10'L
Bali	57	E1	8°18'S 115°12'L
Balikesir	48	C5	39°38'N 27°52'L
Balkhash, Lago	46	D2	46°17'N 74°22'L
Báltico, Mar	29	C2	54°37'N 12°16'L
Baltimore	71	H4	39°17'N 76°37'O
Bamako	38	B2	12°39'N 8°2'O
Bananga	51	H1	6°57'N 93°54'L
Banda, Mar de	57	F1	5°0'S 125°0'L
Bandar Seri Begawan	57	E2	4°56'N 114°58'L
Bandar-e'Abbas	49	G3	27°11'N 56°11'L
Bandarlampung	56	D1	5°28'S 105°16'L
Bandung	56	D1	6°47'S 107°28'L
Bangalore	51	E2	12°58'N 77°35'L
Bangcoc	56	C3	13°44'N 100°30'L
Bangladesh	51	G4	22°59'N 92°17'L
Bangui	39	E2	4°21'N 18°32'L
Bangweulu, Lago	41	E3	10°59'S 29°48'L
Banjarmasin	57	E2	3°22'S 114°33'L
Banjul	38	A2	13°26'N 16°43'O
Banks, Ilha de	68	C3	72°55'N 121°54'O
Banyak, Arquipélago	56	C2	2°1'N 97°36'L
Baotou	53	E3	40°38'N 109°59'L
Barbados	73	H2	13°8'N 59°33'O
Barcelona	30	D2	41°25'N 2°10'L
Bareilly	51	E4	28°20'N 79°24'L
Barein	49	F3	26°0'N 50°37'L
Barents, Mar de	32	C7	73°23'N 37°50'L
Bari	31	F2	41°6'N 16°52'L
Barisan, Montes	56	C2	3°37'S 102°50'L
Barlavento, Ilhas	73	H3	18°6'N 61°49'O
Barnaul	47	E3	53°21'N 83°45'L
Barranquilla	78	A7	10°59'N 74°48'O
Barreiras	108	A3	12°9'S 44°59'O
Barva, Vulcão	73	E1	10°8'N 84°8'O
Basileia	31	E3	47°33'N 7°36'L
Basra	49	E3	30°30'N 47°50'L
Bass, Estreito de	63	E2	39°43'S 146°17'L
Bassein	56	C4	16°46'N 94°45'L
Basseterre	73	G2	17°16'N 62°45'L
Bathurst, Ilha	68	D4	75°49'N 99°12'O
Beaufort, Mar de	68	C4	75°0'N 140°0'O
Beer Sheva	48	D3	31°15'N 34°47'L
Beihai	53	E1	21°29'N 109°10'L
Beira	41	F2	19°45'S 34°56'L
Beirute	48	D4	33°55'N 35°31'L
Belcher, Ilhas	69	E2	56°16'N 79°14'O
Belém	78	D6	1°27'S 48°29'O
Belfast	30	C4	54°35'N 5°55'O
Bélgica	31	E4	50°47'N 4°42'L
Belgrado	33	B3	44°48'N 20°27'L
Belize	72	D2	17°14'N 88°40'O
Belmopán	72	D2	17°13'N 88°48'O
Belo Horizonte	79	D4	19°54'S 43°54'O
Bendigo	63	E2	36°46'S 144°19'L
Bengala, Golfo de	51	G3	18°0'N 90°0'L
Benin	38	C2	9°44'N 2°7'L
Benin, Baía de	38	C2	4°48'N 3°33'L
Bergen	29	A4	60°24'N 5°19'L
Bering, Estreito de	47	G5	65°45'N 168°32'O
Bering, Mar de	47	G5	61°4'N 179°7'L
Berlim	31	F4	52°31'N 13°26'L
Berna	31	E3	46°57'N 7°26'L
Bhopal	51	E3	23°17'N 77°25'L
Bhubaneshwar	51	F3	20°16'N 85°51'L
Bhusawal	51	E3	21°1'N 75°50'L
Bié, Planalto de	40	D3	12°53'S 16°2'L
Bielorrússia	33	B4	55°29'N 29°26'L
Bilbao	30	D2	43°15'N 2°56'O
Birmingham	30	D4	33°30'N 86°47'O
Biscaia, Golfo de	30	C2	45°17'N 1°51'O
Bishkek	46	D2	42°54'N 74°27'L
Bissau	38	B2	11°52'N 15°39'O
Blagoveshchensk	47	G3	50°19'N 127°30'L
Blanca, Baía	79	C2	39°42'S 60°29'O
Blantyre	41	F3	15°45'S 35°4'L
Bloemfontein	41	E1	29°7'S 26°14'L
Bo, Mar de	53	F3	38°36'N 119°34'L
Boa Esperança, Cabo da	40	D1	34°19'S 18°25'L
Boa Vista	106	B4	2°49'N 60°39'O
Bogotá	78	B6	4°38'N 74°5'O
Bohoro, Montes	52	C4	42°0'N 88°0'L
Bolívia	79	B4	16°3'S 65°28'O
Bombaim – ver Mumbai			
Boothia, Golfo de	68	D3	70°52'N 91°2'O
Boothia, Península de	68	D3	70°43'N 94°34'O
Boras	29	B3	57°44'N 12°55'L
Bordeaux	30	D2	44°49'N 0°33'O
Borge, Montes	28	C5	65°16'N 13°43'L
Bornéo	57	E2	0°18'S 113°42'L
Bornholm	29	C2	55°10'N 14°51'L
Bósnia-Herzegóvina	33	A3	44°14'N 17°49'L
Boston, EUA	71	H4	42°22'N 71°4'O
Bótnia, Golfo de	29	D4	63°4'N 20°19'L
Botsuana	41	E2	22°41'S 23°9'L
Brahmaputra	51	G4	29°6'N 91°10'L
Branco, Mar	32	C6	65°46'N 36°57'L
Brand, Monte	40	D2	21°20'S 14°23'L
Brasil	78	C5	0°50'S 60°5'O
Brasileiro, Planalto	79	D4	17°0'S 45°0'O
Brasília	79	D4	15°45'S 47°57'O
Bratislava	33	A3	48°10'N 17°10'L
Brazaville	40	D4	4°14'S 15°14'L
Bremen	31	E4	53°6'N 8°48'L
Brest	33	B4	52°6'N 23°42'L
Bridgetown	73	H2	13°5'N 59°36'O
Brisbane	63	F3	27°30'S 153°0'L
Colúmbia Britânica	68	C2	53°40'N 124°10'O
Brooks, Cadeia	70	A4	68°0'N 152°0'O
Broome	62	C4	17°58'S 122°15'L
Brunei	57	E2	4°32'N 114°28'L
Bruxelas	31	E4	50°52'N 4°21'L
Bucaramanga	78	B7	7°8'N 73°10'O
Bucareste	33	B3	44°27'N 26°6'L
Budapeste	33	A3	47°30'N 19°3'L
Buenos Aires	79	C3	34°40'S 58°30'O
Bujumbura	41	E4	3°25'S 29°24'L
Bulawayo	41	E2	20°8'S 28°37'L
Bulgária	33	B3	42°24'N 24°57'L
Buraydah	49	E3	26°50'N 44°0'L
Burgas	33	B2	42°31'N 27°30'L
Burhan Budai Shan	52	D3	35°57'N 96°31'L
Burketown	63	E4	17°49'S 139°28'L
Burkina Faso	38	C2	11°56'N 2°20'O
Bursa	48	C5	40°12'N 29°4'L
Burundi	41	E4	3°18'S 29°53'L
Bushire	49	F3	28°59'N 50°50'L
Butão	51	G4	27°46'N 90°13'L

C

Nome	Pág	Ref	Coordenadas
Cabinda	40	C4	5°7'S 12°20'L
Cabul	46	C1	34°34'N 69°8'L
Cabo Breton, Ilha do	69	G1	46°56'N 60°36'O
Cabo Verde	38	A3	13°47'N 23°41'O
Cabo, Cidade do	40	D1	33°56'S 18°28'L
Cabora Bassa, Lago	41	E3	15°40'S 31°57'L
Cádiz	30	C1	36°32'N 6°18'O
Cagliari	31	E1	39°15'N 9°6'L
Caiena	78	D6	4°55'N 52°18'O
Cairns	63	E4	16°51'S 145°43'L
Cairo	39	F4	30°1'N 31°18'L
Calcutá	51	F3	22°30'N 88°20'L
Calgary	68	C1	51°5'N 114°5'O
Cali	78	A6	3°24'N 76°30'O
Califórnia	70	C3	38°0'N 121°35'O
Califórnia, Golfo da	72	A4	27°58'N 112°7'O
Callao	78	A5	12°3'S 77°10'O
Camarões	38	D2	5°51'N 11°55'L
Camberra	63	E2	35°21'S 149°8'L
Camboja	56	D3	12°44'N 105°11'L
Cambridge, Bay	68	D3	68°56'N 105°9'O
Campeche	72	D2	19°47'N 90°29'O
Campeche, Baía de	72	C2	19°45'N 93°57'O
Campina Grande	108	D4	7°13'S 35°52'O
Campinas	79	D4	22°54'S 47°6'O
Campo Grande	114	B2	20°26'S 54°38'O
Canadá	68	C2	59°'N 105°0'O
Canadense, Escudo	68	D2	55°4'N 94°0'O
Canal, Ilhas do	30	D3	49°16'N 2°45'O
Canárias, Ilhas	38	B4	28°0'N 15°30'O
Canaveral, Cabo	71	H2	28°28'N 80°32'O
Cancún	72	D2	21°5'N 86°48'O
Cantábrica, Cordilheira	30	C2	42°52'N 5°35'O
Cantão	53	E1	23°11'N 113°19'L
Cap-Haïtien	73	F2	19°44'N 72°12'O
Caprivi, Faixa de	40	D3	17°52'S 23°4'L
Caracas	78	B7	10°29'N 66°54'O
Caribe, Mar do	73	F2	16°48'N 85°40'O
Carnarvon	62	B3	24°57'S 113°38'L
Carolina do Norte	71	H3	36°7'N 79°9'O
Carolina do Sul	71	H3	31°27'N 81°48'O
Cárpatos, Montes dos	33	B3	47°38'N 25°9'L
Carpentária, Golfo de	62	D4	14°37'S 139°7'L
Cartum	39	F3	15°33'N 32°32'L
Casablanca	38	C4	33°39'N 7°31'O
Cascata, Cadeia da	70	C4	46°30'N 121°13'O
Caspiana, Depressão	33	D3	45°39'N 47°40'L
Cáspio, Mar	33	E3	43°51'N 48°41'L
Castries	73	H2	14°1'N 60°59'O
Cáucaso	33	D3	43°35'N 41°5'L
Caxias do Sul	112	C2	29°10'S 51°10'O
Cayman, Ilhas	73	E2	19°29'N 80°34'O
Cayos Miskitos	73	E1	14°22'N 82°47'O
Cazaquistão	46	C2	49°9'N 67°49'L
Cebu	57	F3	10°17'N 123°46'L
Célebes	57	F2	2°23'S 119°31'L
Célebes, Mar de	57	F2	5°42'N 123°27'L
Central Siberiano, Planalto	47	E4	62°34'N 104°18'L
Central, Cordilheira	63	E5	5°3'S 143°9'L
Ceram, Mar de	57	G2	2°30'S 129°0'L
Ch'ungju	54	C3	36°57'N 127°50'L
Chunchon	54	C3	37°52'N 127°48'L
Chaco	79	C4	24°0'S 60°0'O
Chade	39	E3	13°48'N 17°40'L
Chade, Lago	38	D2	12°48'N 14°2'L
Chandrapur	51	E3	19°58'N 79°21'L
Changchun	53	F4	43°53'N 125°18'L
Changsha	53	E2	28°10'N 113°0'L
Chapecó	112	B3	27°05'S 52°37'O
Chari	39	E2	9°42'N 17°47'L
Charleville	63	E3	26°25'S 146°18'L
Charlottetown	69	G1	46°14'N 63°9'O
Chech, Deserto	38	C3	24°0'N 3°0'O
Cheju, Ilha	54	C1	33°22'N 126°8'L
Chelyabinsk	46	C3	55°12'N 61°25'L
Chenab	50	D4	32°24'N 73°49'L
Chengde	53	F3	41°0'N 117°57'L
Chengdu	52	D2	30°41'N 104°3'L
Cherepovets	32	C5	59°9'N 37°50'L
Cherkasy	33	C3	49°26'N 32°5'L
Chernihiv	33	C4	51°28'N 31°19'L
Cherskiy	47	F5	68°45'N 161°15'L
Cherskogo, Montes	47	F4	65°0'N 145°0'L
Chiang Mai	56	C4	18°48'N 98°59'L
Chiba	55	F2	35°37'N 140°6'L
Chicago	71	G4	41°51'N 87°39'O
Chifeng	53	F4	42°17'N 118°56'L
Chile	79	B3	28°40'S 70°48'O
Chin, Montes	56	C4	21°45'N 93°27'L
China Meridional, Mar da	57	E4	13°0'N 110°0'L
China Oriental, Mar da	53	G2	30°0'N 125°0'L
China	52	D2	30°0'N 110°0'L
Chipre	33	C1	35°0'N 33°0'L
Chisinau	33	B3	47°0'N 28°51'L
Chita	47	F3	52°3'N 113°35'L
Chittagong	51	G3	22°20'N 91°48'L
Chongqing	53	E2	29°34'N 106°27'L
Chonos, Arquipélago dos	79	B2	44°4'S 74°33'O

DADOS ÍNDICE

Chota Nagpur	51 F3	23°30'N	84°30'L
Chott Melghir	38 D4	34°3'N	6°7'L
Christchurch	63 G1	43°31'S	172°39'L
Chugoku, Montes	54 D2	34°48'N	132°23'L
Chukchi, Mar	47 G5	73°0'N	170°0'O
Chukot, Montes	47 G5	68°0'N	175°0'L
Cíclades	33 B2	37°6'N	25°1'L
Cidade do México	72 C2	19°26'N	99°8'O
Cincinnati	71 G3	39°4'N	84°34'O
Cingapura	56 D2	1°17'N	103°48'L
Ciudad Juárez	72 B4	31°39'N	106°26'O
Clermont	63 E3	22°47'S	147°41'L
Cleveland	71 G4	41°30'N	81°42'O
Cloncurry	63 E4	20°45'S	140°30'L
Cluj-Napoca	33 B3	46°47'N	23°36'L
Cochin	51 E1	9°56'N	76°15'L
Cockburn Town	73 F3	24°1'N	74°31'O
Coco, Rio	73 E2	13°32'N	85°50'O
Coimbatore	51 E1	11°0'N	76°57'L
Colatina	110 D3	19°32'S	40°37'O
Colômbia	78 B6	4°51'N	73°8'O
Colombo	51 E1	6°55'N	79°52'L
Colônia	31 E4	50°57'N	6°57'L
Colorado	71 E3	38°45'N	102°21'O
Colorado, Planalto do	70 D3	37°10'N	111°33'O
Colorado, Rio	70 C3	28°36'N	95°59'O
Colúmbia, Rio	70 C4	49°36'N	118°8'O
Columbus	71 G4	39°58'N	83°0'O
Comores	41 G3	11°48'S	44°30'L
Conacri	38 B2	9°31'N	13°43'O
Concepção, Vulcão	72 D1	11°32'N	85°37'O
Conchos, Rio	72 B4	28°49'N	105°27'O
Congo (país)	40 D5	1°21'S	15°46'L
Congo, Bacia do	40 D5	0°34'N	21°49'L
Congo, Rio	40 D4	5°15'S	13°50'L
Connecticut	71 H4	41°38'N	72°26'O
Contagem	110 C3	19°55'S	44°3'O
Coober Pedy	62 D3	29°1'S	134°47'L
Cook, Monte – ver Aoraki			
Cooktown	63 E4	15°28'S	145°15'L
Cooma	63 E2	36°16'S	149°9'L
Copenhague	29 B2	55°43'N	12°34'L
Coral, Mar de	63 F4	15°0'S	155°0'L
Cordilheira Central	73 E1	8°33'N	81°9'O
Córdoba, Argentina	79 B3	31°25'S	64°11'O
Córdoba, Espanha	30 C1	37°53'N	4°46'O
Coreia do Norte	54 C3	39°47'N	126°33'L
Coreia do Sul	54 C2	35°49'N	127°54'L
Coreia, Baía da	54 B3	39°6'N	124°5'L
Coreia, Baía Oriental da	54 C3	39°30'N	129°30'L
Coreia, Estreito da	54 C2	34°7'N	128°36'L
Córsega	31 E2	42°55'N	8°39'L
Cosenza	31 F1	39°17'N	16°15'L
Costa do Marfim	38 C2	8°7'N	5°20'O
Costa, Montanhas da	68 C2	54°49'N	129°13'O
Costa, Cadeia da	70 C4	40°38'N	123°19'O
Costa Rica	73 E1	9°47'N	83°52'O
Courland, Lagoa	29 D2	55°12'N	21°2'L
Cracóvia	33 B4	50°3'N	19°58'L
Creta	33 B1	35°16'N	24°47'L
Criciúma	112 D3	28°40'S	49°22'O
Croácia	33 A3	45°27'N	16°1'L
Cruzeiro do Sul	106 A3	7°37'S	72°40'O
Cuango	40 D4	6°52'S	16°47'L
Cuautla	72 C2	18°48'N	98°56'O
Cuba	73 E3	21°9'N	81°2'O
Cubango	40 D3	16°19'S	17°43'L
Cuernavaca	72 C2	18°57'N	99°15'O
Cuiabá	114 B3	15°35'S	56°05'O
Culiacán	72 B3	24°48'N	107°25'O
Cunnamulla	63 E3	28°9'S	145°44'L
Curilas, Ilhas	55 G5	45°0'N	147°0'L
Curitiba	79 D4	25°25'S	49°25'O

D

Da Nang	56 D4	16°4'N	108°14'L
Daca	51 G4	23°42'N	90°22'L
Dacar	38 A3	14°44'N	17°27'O
Dakota do Norte	71 E4	47°15'N	102°18'O
Dakota do Sul	71 E4	44°28'N	102°8'O
Dalian	53 F3	38°53'N	121°37'L
Dallas	71 F2	32°47'N	96°48'O
Damasco	48 D4	33°30'N	36°19'L
Dampier	62 B3	20°40'S	116°40'L
Danau Toba	56 C2	2°41'N	98°46'L
Danúbio	31 F3	46°33'N	18°55'L
Danzig, Golfo de	29 D2	54°29'N	19°5'L
Dar es Salaam	41 F4	6°51'S	39°18'L
Darfur	39 E2	13°50'N	24°34'L
Darien, Golfo de	73 F1	8°53'N	77°4'O
Darling, Rio	63 E3	33°44'S	142°20'L
Darwin	62 D4	12°28'S	130°52'L
Dasoguz	46 C2	41°51'N	59°53'L
Datong	53 E3	40°9'N	113°17'L
Davao	57 F3	7°6'N	125°36'L
Davis, Estreito de	69 F3	67°45'N	62°19'O
Decã, Planalto do	51 E3	16°26'N	77°29'L
Delaware	71 H4	39°6'N	75°21'O
Délhi	51 E4	28°40'N	77°11'L
Denver	71 E3	39°45'N	105°0'O
Detroit	71 G4	42°20'N	83°3'O
Devon, Ilha	68 D4	75°2'N	86°38'O
Dez Graus, Canal dos	51 G1	9°58'N	92°41'L
Dezful	49 F4	32°23'N	48°28'L
Dhanbad	51 F3	23°48'N	86°27'L
Diamantina, Chapada	78 E5	11°30'S	41°10'O
Dijon	31 E3	47°21'N	5°4'L
Dili	57 F1	8°33'S	125°34'L
Dinamarca	29 B2	55°0'N	8°59'L
Diyarbakir	49 E4	37°55'N	40°14'L
Djibuti (capital)	39 G2	11°33'N	42°55'L
Djibuti (país)	39 G2	11°37'N	42°42'L
Dnipropetrovsk	33 C3	48°28'N	35°0'L
Dnieper	33 C4	55°20'N	33°33'L
Doberai, Península	57 G2	0°50'S	132°35'L
Dodecanese	33 B2	37°1'N	26°33'L
Dodoma	41 F4	6°11'S	35°45'L
Doha	49 F3	25°15'N	51°36'L
Dominica	73 H2	15°25'N	61°21'O
Don, Rússia	33 D4	49°49'N	41°6'L
Donetsk	33 C3	47°58'N	37°50'L
Dongguan	53 F1	23°3'N	113°43'L
Dortmund	31 E4	51°31'N	7°28'L
Dourados	114 B1	22°13'S	54°48'O
Dovrefjell	29 B4	62°22'N	8°55'L
Drake, Estreito de	79 B1	56°20'S	67°5'O
Dresden	31 F4	51°3'N	13°43'L
Duala	38 D1	4°4'N	9°43'L
Dubai	49 G3	25°11'N	55°18'L
Dubawnt, Lago	68 D2	61°31'N	103°13'O
Dublin	30 C4	53°20'N	6°15'O
Dunedin	63 G1	45°52'S	170°31'L
Durban	41 E1	29°51'S	31°0'L
Dushanbe	46 C1	38°35'N	68°44'L
Dvina do Norte	32 D5	62°1'N	45°6'L
Dvina Ocidental	29 E2	56°49'N	24°31'L
Dzhugdzhur, Montes	47 G3	57°42'N	138°19'L

E

Ebro	30 D2	40°58'N	0°29'L
Edmonton	68 C1	53°34'N	113°25'O
Egito	39 F4	25°43'N	30°16'L
El Aaiún	38 B4	27°10'N	13°11'O
El Chichónal, Vulcão	72 C2	17°20'N	93°12'O
El Paso	70 D2	31°45'N	106°30'O
El Salvador	72 D1	13°35'N	88°59'O
Elba	31 E4	50°41'N	15°33'L
Elbrus	33 D3	43°19'N	42°21'L
El-Giza	39 F4	30°1'N	31°13'L
Ellesmere, Ilha	69 E4	85°43'N	94°35'O
Emirados Árabes Unidos	49 F2	23°27'N	53°27'L
Equador	78 A6	0°43'S	78°0'O
Erie, Lago	71 G4	42°18'N	81°9'O
Eritreia	39 G3	15°29'N	38°41'L
Eslováquia	33 B3	49°0'N	20°0'L
Eslovênia	31 F3	46°3'N	14°39'L
Espanha	30 C1	40°5'N	3°44'O
Esperance	62 C2	33°49'S	121°52'L
Espoo	29 D3	60°10'N	24°42'L
Essen	31 E4	51°28'N	7°1'L
Estados Unidos da América	70 D4	40°0'N	103°0'O
Estocolmo	29 C3	59°17'N	18°3'L
Estônia	29 D3	57°30'N	26°30'L
Estrasburgo	31 E3	48°35'N	7°45'L
Etiópia	39 G2	9°35'N	37°49'L
Etiópia, Planalto da	39 G2	11°0'N	39°0'L
Etna, Monte	31 F1	37°44'N	15°0'L
Eucla	62 D2	31°41'S	128°51'L
Eufrates	49 E3	31°0'N	47°25'L
Everest, Monte	51 F4	27°59'N	86°57'L
Everglades	71 H2	26°0'N	82°0'O
Exmouth, Austrália	62 B3	22°1'S	114°6'L
Eire do Norte, Lago	62 D3	28°21'S	137°17'L

F

Faisalabad	50 D5	31°26'N	73°6'L
Falkland (Malvinas), Ilhas	79 C1	51°48'S	59°36'O
Falster	29 B2	54°44'N	11°57'L
Fear, Cabo	71 H3	33°50'N	77°58'O
Feira de Santana	108 C2	12°16'S	38°58'O
Fianarantsoa	41 G2	21°27'S	47°5'L
Fiji	63 H3	15°34'S	178°59'L
Filadélfia	71 H4	40°0'N	75°10'O
Filipinas	57 F3	11°48'N	122°50'L
Filipinas, Mar das	57 F4	10°0'N	130°0'L
Finlândia	28 E5	63°52'N	27°7'L
Finlândia, Golfo da	29 E3	60°10'N	28°42'L
Finnmarksvidda	28 D7	69°24'N	23°56'L
Flattery, Cabo	70 C5	48°22'N	124°44'O
Florença	31 F2	43°47'N	11°15'L
Flores, Mar de	57 E1	7°0'S	120°0'L
Florida Keys	71 H1	24°40'N	81°45'O
Flórida	71 G2	28°48'N	82°4'O
Flórida, Estreito da	73 E3	25°0'N	79°45'O
Formosa, Serra	78 C5	12°0'S	55°0'O
Fortaleza	78 E6	3°45'S	38°35'O
Foxe, Bacia	69 E3	66°50'N	78°52'O
Foz do Iguaçu	112 B4	25°32'S	54°35'O
França	30 D3	42°56'N	0°32'L
Frankfurt	31 E3	50°7'N	8°41'L
Franciso José, Terra de	46 D5	80°45'N	56°29'L
Fredericton	69 F1	45°57'N	66°40'O
Freetown	38 B2	8°27'N	13°16'O
Fremantle	62 B2	32°7'S	115°44'L
Fuji	55 F2	35°8'N	138°39'L
Fuji, Monte	55 F2	35°23'N	138°44'L
Fukui	55 E2	36°3'N	136°12'L
Fukuoka	54 C2	33°36'N	130°24'L
Fukushima	55 F3	37°47'N	140°28'L
Fuzhou	53 F2	26°9'N	119°17'L
Fyn	29 B2	55°19'N	10°24'L

G

Gabão	40 C5	0°50'S	11°6'L
Gaborone	41 E2	24°42'S	25°50'L
Gâmbia	38 B2	13°12'N	17°47'O
Gambier, Mount	63 E2	37°47'S	140°49'L
Gana	38 C2	8°14'N	1°7'O
Ganca	49 E5	40°42'N	46°23'L
Ganges	51 F4	23°56'N	89°53'L
Ganges, Delta do Rio	51 G3	22°6'N	89°21'L
Garonne	30 D2	44°26'N	0°13'L
Gates Ocidentais	50 D2	15°34'N	74°1'L
Gates Orientais	51 E2	17°9'N	80°47'L
Gaziantep	48 D4	37°4'N	37°21'L
Gdansk	33 B4	54°22'N	18°35'L
Geelong	63 E2	38°10'S	144°21'L
Genebra	31 E3	46°13'N	6°9'L
Gênova	31 E2	44°28'N	9°0'L
George Town, Ilhas Cayman	73 E2	19°16'N	81°23'O
George Town, Malásia	56 C2	5°28'N	100°20'L
Georgetown	78 C7	6°46'N	58°10'O
Geórgia (estado)	71 G2	32°35'N	83°15'O
Geórgia (país)	49 E5	42°0'N	44°0'L
Georgian, Baía	69 F1	45°19'N	80°50'O
Geraldton	62 B2	28°48'S	114°40'L
Gibraltar, Estreito de	38 C5	35°58'N	5°36'O
Glåma	29 B4	61°3'N	11°23'L
Glittertind	29 B4	61°24'N	8°19'L
Gobi	53 E4	44°19'N	108°29'L
Godavari	51 E3	17°23'N	81°37'L
Goiânia	79 D4	16°43'S	49°18'C
Gorakhpur	51 F4	26°45'N	83°23'L
Gorgãn	49 F4	36°53'N	54°28'L
Gothenburg	29 B3	57°43'N	11°58'L
Gotland	29 C2	57°36'N	18°29'L
Goto, Arquipélago	54 C1	32°57'N	128°47'L
Governador Valadares	110 D4	18°51'S	41°56'C
Govi Altayn Nuruu	52 D4	44°30'N	100°59'L
Gradaús, Serra dos	78 D5	8°0'S	50°45'C
Grafton	63 F3	29°41'S	152°55'L
Granada	30 C1	37°13'N	3°41'C
Granada	73 H2	12°4'N	61°42'C

ÍNDICE

Nome	Pág	Grid	Lat	Lon
Grand Canyon	70	D3	36°7'N	114°0'O
Grande Planalto	70	C3	39°10'N	116°54'O
Grande Baía Australiana	62	D2	33°30'S	131°12'L
Grande Barreira de Corais	63	F4	18°0'S	146°50'L
Grande Deserto de Areia	62	C3	20°9'S	123°20'L
Grande Deserto Ocidental	38	C4	30°35'N	1°2'L
Grande Deserto Vitória	62	D3	28°12'S	130°4'L
Grande Karoo	40	D1	32°44'S	23°8'L
Grande Lago do Urso	68	C3	66°10'N	120°42'O
Grande Lago do Escravo	68	C2	61°18'N	114°33'O
Grande Muralha da China	53	E3	38°0'N	110°0'L
Grande Vale do Rift	41	F4	4°48'S	35°55'L
Grande, Baía	79	B1	50°57'S	68°55'O
Grandes Antilhas	73	F2	19°13'N	77°31'O
Graz	31	F3	47°5'N	15°23'L
Grécia	33	B2	39°11'N	21°53'L
Grenoble	31	E2	45°11'N	5°42'L
Groenlândia	69	F4	75°0'N	45°0'O
Groenlândia, Mar da	28	A7	75°0'N	25°0'O
Groznyy	33	D3	43°20'N	45°43'L
Grupo Lau	63	H3	18°54'S	178°34'L
Guadalajara	72	B2	20°43'N	103°24'O
Guadalcanal	63	G5	9°40'S	159°42'L
Guadalupe	73	H2	16°15'N	61°33'O
Guanajuato	72	B2	21°0'N	101°19'O
Guantánamo	73	F2	20°6'N	75°16'O
Guaporé, Rio	78	C5	11°54'S	65°1'O
Guardafui, Cabo	39	H2	10°37'N	51°9'L
Guatemala	72	D1	14°38'N	90°29'O
Guatemala, Cidade da	72	D1	15°22'N	90°15'O
Guayaquil	78	A6	2°13'S	79°54'O
Guiana Francesa	78	C6	3°56'N	52°53'O
Guiana	78	C6	6°0'N	60°0'O
Guianas, Planície das	78	C6	1°48'N	59°0'O
Guiné Equatorial	38	D1	1°37'N	10°16'L
Guiné	38	B2	10°43'N	11°30'O
Guiné, Golfo da	38	C1	2°44'N	6°21'L
Guiné-Bissau	38	B2	11°32'N	17°7'O
Guiyang	53	E2	26°33'N	106°45'L
Gujranwala	50	D5	32°11'N	74°9'L
Guwahati	51	G4	26°9'N	91°42'L
Gwalior	51	E4	26°16'N	78°12'L

H

Nome	Pág	Grid	Lat	Lon
Haia	31	E4	52°7'N	4°17'L
Haifa	48	D4	32°49'N	34°59'L
Hainan, Ilha	53	E1	19°32'N	109°6'L
Hai Phong	56	D4	20°50'N	106°41'L
Haiti	73	F2	19°29'N	73°38'O
Hakodate	55	F4	41°46'N	140°43'L
Halifax, Canadá	69	G1	44°38'N	63°35'O
Halls Creek	62	C4	18°17'S	127°39'L
Hamadan	49	F4	34°51'N	48°31'L
Hamamatsu	55	E2	34°43'N	137°46'L
Hamburg	31	E4	53°33'N	10°3'L
Hamersley, Montes	62	B3	23°7'S	118°42'L
Hamgyong, Montes	54	C4	41°15'N	128°57'L
Hamhung	54	C3	39°53'N	127°31'L
Hamilton	63	G1	37°49'S	175°16'L
Handan	53	E3	36°35'N	114°28'L
Hangayn Nuruu	52	D4	47°22'N	99°42'L
Hangzhou	53	F2	30°18'N	120°7'L
Hanöbukten	29	C2	55°45'N	15°4'L
Hanói	56	D4	21°1'N	105°52'L
Har Nuur	52	D4	48°3'N	93°9'L
Harare	41	E3	17°47'S	31°4'L
Harbin	53	F4	45°45'N	126°41'L
Hardanger, Fiorde	29	A3	60°20'N	6°16'L
Hardanger, Planalto	29	B3	60°17'N	7°49'L
Haukivesi	29	E4	62°11'N	28°21'L
Havaí	70	D1	20°0'N	158°0'L
Havana	73	E3	23°7'N	82°25'O
Hefei	53	F2	31°51'N	117°20'L
Heidelberg	31	E3	49°24'N	8°41'L
Helsingborg	29	B2	56°0'N	12°48'L
Helsinque	29	D3	60°18'N	24°58'L
Herat	46	C1	34°23'N	62°11'L
Hida-sanmyaku	55	E2	36°14'N	137°38'L
Hiiumaa	29	D3	58°52'N	22°36'L
Himalaia, Cordilheira do	51	F4	29°0'N	85°0'L
Hims	48	D4	34°44'N	36°43'L
Hinnoya	28	C6	68°33'N	15°31'L
Hiroshima	54	D2	34°23'N	132°26'L
Hispaniola, Ilha	73	F3	20°15'N	70°55'O
Ho Chi Minh	56	D3	10°46'N	106°43'L
Hoang Lien Son	56	D4	22°10'N	103°59'L
Hobart	63	E1	42°54'S	147°18'L
Hokkaido	55	G5	43°0'N	144°0'L
Holanda	31	E4	52°11'N	5°44'L
Holguín	73	F2	20°51'N	76°16'O
Homyel	33	C4	52°25'N	31°0'L
Honduras	72	D1	14°40'N	87°6'O
Honduras, Golfo de	73	E2	16°9'N	88°1'O
Hong Kong	53	F1	22°17'N	114°9'L
Honiara	63	G5	9°27'S	159°56'L
Honolulu	70	D1	21°18'N	157°52'O
Honshu	55	E2	33°37'N	132°51'L
Hormuz, Estreito de	49	G3	26°41'N	56°29'L
Horn, Cabo	79	B1	55°52'S	67°1'O
Houston	71	F2	29°46'N	95°22'O
Hovsgol Nuur	52	D5	51°5'N	100°31'L
Hubli	50	D2	15°20'N	75°14'L
Hudson, Baía de	69	E2	58°19'N	84°37'O
Hudson, Estreito de	69	F3	63°6'N	73°0'O
Hudson, Rio	71	H4	41°54'N	73°56'O
Huíla, Planalto de	40	C3	16°7'S	14°51'L
Hulun, Lago	53	F4	48°55'N	117°23'L
Hungria	33	A3	47°0'N	18°30'L
Huron, Lago	71	G4	45°0'N	82°30'O
Hvannadalshnúkur	28	B6	64°1'N	16°39'O
Hyderabad, Índia	51	E2	17°22'N	78°26'L
Hyderabad, Paquistão	50	D4	25°26'N	68°22'L
Hyesan	54	C4	41°18'N	128°13'L

I

Nome	Pág	Grid	Lat	Lon
Iaundé	38	D1	3°51'N	11°31'L
Ibadan	38	C2	7°22'N	4°1'L
Ibiza	30	D1	39°0'N	1°27'L
Idaho	70	D4	43°27'N	114°58'O
Iêmen	49	F1	14°54'N	47°50'L
Ierevan	49	E5	40°12'N	44°31'L
Iguaçu, Rio	79	D3	25°37'S	54°20'O
Ilhas Virgens Britânicas	73	G3	18°24'N	64°31'O
Ilhéus	108	C2	14°47'S	39°2'O
Iligan	57	F3	8°12'N	124°16'L
Illinois	71	F3	38°33'N	89°46'O
Imperatriz	108	A4	5°31'S	47°29'O
Inarijärvi	28	D6	69°0'N	27°40'L
Inchon	54	C3	37°27'N	126°41'L
Índia	51	E3	22°30'N	80°0'L
Indiana	71	G4	40°12'N	86°5'O
Vindhya, Cadeia	51	E3	23°13'N	77°20'L
Indianápolis	71	G3	39°46'N	86°9'O
Indo, Rio	50	C4	27°22'N	68°18'L
Indo, Delta do	50	C3	23°50'N	67°25'L
Indonésia	57	F1	6°11'S	115°28'L
Indore	51	E3	22°42'N	75°51'L
Innsbruck	31	F3	47°17'N	11°25'L
Inuvik	68	C3	68°25'N	133°35'O
Invercargill	63	G1	46°25'S	168°22'L
Iowa	71	F4	40°43'N	93°23'O
Iqaluit	69	F3	63°44'N	68°28'O
Iquitos	78	B6	3°51'S	73°13'O
Irã	49	F4	33°44'N	53°51'L
Irakleio	33	B1	35°20'N	25°8'L
Iranshahr	49	G3	27°14'N	60°40'L
Iraque	49	E4	36°31'N	43°11'L
Irbid	48	D4	32°33'N	35°51'L
Irkutsk	47	E2	52°18'N	104°15'L
Irrawaddy	56	C4	20°51'N	94°48'L
Irrawaddy, Delta do	56	C4	15°36'N	94°46'L
Irtysh	46	D3	60°27'N	69°48'L
Isfahan	49	F4	32°41'N	51°41'L
Ishinomaki	55	F3	38°26'N	141°17'L
Islamabad	50	D5	33°40'N	73°8'L
Islândia	28	B6	64°57'N	18°49'O
Israel	48	D3	31°36'N	35°5'L
Istambul	48	C5	41°2'N	28°57'L
Itália	31	F2	42°54'N	12°32'L
Iucatã, Canal	72	D2	21°48'N	86°40'O
Iucatã, Península de	72	D2	19°55'N	89°0'O
Ivanhoe	63	E2	32°55'S	144°21'L
Iwaki	55	F3	37°1'N	140°52'L
Izhevsk	32	D5	56°48'N	53°12'L
Izmir	48	C5	38°25'N	27°10'L
Izmit	48	C5	40°47'N	29°55'L
Izu-hanto	55	F2	34°27'N	139°27'L

J

Nome	Pág	Grid	Lat	Lon
Jabalpur	51	E3	23°10'N	79°59'L
Jaboatão dos Guararapes	108	D3	8°6'S	35°0'O
Jacarta	56	D1	6°8'S	106°45'L
Jaffna	51	E1	9°42'N	80°3'L
Jaipur	51	E4	26°54'N	75°47'L
Jamaica	73	E2	18°15'N	77°27'O
James, Baía de	69	E2	54°20'N	81°9'O
Jamshedpur	51	F3	22°47'N	86°12'L
Japão	55	E3	38°3'N	136°33'L
Japão, Mar do	55	E4	38°13'N	131°28'L
Japurá, Rio	78	B6	3°8'S	64°46'O
Java	56	D1	7°51'S	111°26'L
Java, Mar de	57	E1	6°0'S	110°0'L
Jayapura	57	H2	2°37'S	140°39'L
Jerid, Lago	38	D4	33°47'N	8°27'L
Jerusalém	48	D3	31°47'N	35°13'L
Jidá	48	D2	21°34'N	39°13'L
Ji-Paraná	106	B3	10°53'S	61°57'O
Jilin	53	F4	43°46'N	126°32'L
Jinan	53	F3	36°43'N	116°58'L
Jining	53	F3	35°25'N	116°35'L
João Pessoa	108	D4	7°6'S	34°51'O
Jodhpur	50	D4	26°17'N	73°2'L
Johannesburg	41	E2	26°10'S	28°2'L
Johor Bahru	56	D2	1°29'N	103°44'L
Joinville	112	D4	26°18'S	48°50'O
Jônicas, Ilhas	33	A2	38°45'N	20°29'L
Jônico, Mar	33	A2	37°48'N	18°57'L
Jönköping	29	C3	57°45'N	14°10'L
Jordânia	48	D3	31°17'N	36°31'L
Jotunheimen	29	B4	61°40'N	8°24'L
Juazeiro	108	C3	9°24'S	40°29'O
Juazeiro do Norte	108	C4	7°12'S	39°18'O
Juiz de Fora	110	C3	21°45'S	43°21'O
Juruá, Rio	78	B5	2°37'S	65°44'O
Jutlândia	29	B2	56°17'N	9°10'L

K

Nome	Pág	Grid	Lat	Lon
Kutaisi	49	E5	42°16'N	42°42'L
K2	51	E5	35°55'N	76°30'L
Kachchh, Golfo de	50	C3	22°38'N	69°13'L
Kaduna	38	D2	10°32'N	7°26'L
Kaesong	54	C3	37°58'N	126°31'L
Kagoshima	54	C1	31°37'N	130°33'L
Kalahari, Deserto de	40	D2	23°15'S	22°21'L
Kalgoorlie	62	C2	30°51'S	121°27'L
Kalimantan	57	E2	1°29'N	115°49'L
Kaliningrado	33	B4	54°48'N	21°33'L
Kallavesi	29	E4	62°36'N	27°43'L
Kalyan	50	D3	19°17'N	73°11'L
Kamchatka	47	G4	56°16'N	158°46'L
Kampala	41	F5	0°20'N	32°28'L
Kandahar	46	C1	31°36'N	65°48'L
Kandy	51	E1	7°17'N	80°40'L
Kanggye	54	C4	40°58'N	126°37'L
Kangnûng	54	C3	37°47'N	128°51'L
Kano	38	D2	11°56'N	8°31'L
Kanpur	51	E4	26°28'N	80°21'L
Kansas	71	E3	38°33'N	97°58'O
Kansk	47	E3	56°11'N	95°32'L
Kanto, Planície de	55	F2	35°15'N	140°0'L
Kaohsiung	53	F1	22°36'N	120°17'L
Kara, Mar de	32	D7	74°54'N	75°4'L
Karachi	50	C4	24°51'N	67°2'L
Karaganda	46	D2	49°53'N	73°7'L
Karaj	49	F4	35°44'N	51°26'L
Karakoram, Cadeia	51	E5	35°31'N	76°19'L
Karakoram, Passagem de	52	B3	35°23'N	77°45'L
Kashan	49	F4	33°57'N	51°31'L
Katherine	62	D4	14°29'S	132°20'L
Kathiawar, Península	50	D3	21°59'N	70°33'L
Katmandu	51	F4	27°46'N	85°17'L
Katowice	33	B4	50°15'N	19°1'L
Kattegat	29	B2	56°45'N	11°12'L
Kaunas	29	D2	54°54'N	23°57'L
Kavir, Deserto	49	F4	34°25'N	54°0'L
Kazan	33	D4	55°43'N	49°7'L
Keflavík	28	A6	64°1'N	22°35'O
Kemerovo	47	E3	55°25'N	86°5'L
Kentucky	71	G3	37°36'N	84°32'O
Kenya, Monte	41	F5	0°2'S	37°19'L
Kerch	33	C3	45°22'N	36°30'L
Kerman	49	G3	30°18'N	57°5'L
Kermanshah	49	E4	34°19'N	47°4'L
Kerulen	53	E4	48°8'N	114°38'L

Khabarovsk	47 G3	48°32'N	135°8'L
Khambhat, Golfo de	50 D3	20°47'N	71°55'L
Khan Tengri, Pico	46 D2	42°13'N	80°14'L
Khanka, Lago	53 G4	44°57'N	132°36'L
Kharkov	33 C4	50°0'N	36°14'L
Khulna	51 G3	22°48'N	89°32'L
Khyber, Passagem de	50 D5	34°8'N	71°5'L
Kiel	31 E4	54°21'N	10°5'L
Kiev	33 C4	50°26'N	30°32'L
Kigali	41 E4	1°59'S	30°2'L
Kilimanjaro	41 F4	3°2'S	37°14'L
Kimberley, Planalto	62 C4	16°40'S	125°57'L
Kimchaek	54 C4	40°42'N	129°13'L
Kineshma	32 D5	57°28'N	42°8'L
Kingston	73 F2	17°58'N	76°48'O
Kingstown	73 H2	13°9'N	61°14'O
Kinshasa	40 D4	4°21'S	15°16'L
Kirkuk	49 E4	35°28'N	44°26'L
Kirov	32 D5	58°35'N	49°39'L
Kirovohrad	33 C3	48°30'N	31°17'L
Kisangani	41 E5	0°30'N	25°14'L
Kisumu	41 F5	0°2'N	34°42'L
Kitakyushu	54 D2	33°51'N	130°49'L
Kivalo	28 D5	66°4'N	25°38'L
Klaipëda	29 D2	55°42'N	21°9'L
Klarälven	29 C3	60°41'N	12°54'L
Knud Rasmussen, Terra de	69 E5	79°11'N	57°34'O
Kobe	55 E2	34°40'N	135°10'L
Kochi	54 D1	33°31'N	133°30'L
Kokshetau	46 D3	53°18'N	69°25'L
Kola, Península de	32 C6	67°15'N	37°11'L
Kolguyev, Ilha	32 D7	69°9'N	48°56'L
Kolyma, Montes	47 G5	60°25'N	152°19'L
Konya	48 D4	37°51'N	32°30'L
Koryak, Montes	47 G5	61°23'N	170°53'L
Ko-saki	54 C2	34°7'N	129°13'L
Kosciuszko, Monte	63 E2	36°28'S	148°15'L
Koshikijima, Arquipélago	54 C1	31°49'N	129°44'L
Kota	51 E4	25°14'N	75°52'L
Kra, Istmo de	56 C3	10°14'N	98°55'L
Krasnodar	33 C3	45°6'N	39°1'L
Krasnoyarsk	47 E3	56°5'N	92°46'L
Krishna	51 E2	16°40'N	79°35'L
Kuala Lumpur	56 C2	3°8'N	101°42'L
Kula Kangri	51 G4	28°6'N	90°20'L
Kumamoto	54 D1	32°49'N	130°41'L
Kumon, Montes	56 C5	26°48'N	97°18'L
Kunashir, Ilha	47 H3	44°15'N	146°4'L
Kunene	40 C3	17°15'S	12°41'L
Kunlun, Montes	52 B3	36°19'N	85°15'L
Kunming	52 D1	25°4'N	102°41'L
Kursk	33 C4	51°44'N	36°47'L
Kuruktag	52 C4	41°25'N	87°47'L
Kushiro	55 G4	42°58'N	144°24'L
Kütahya	48 C5	39°25'N	29°56'L
Kuwait (capital)	49 E3	29°24'N	47°28'L
Kuwait (país)	49 E3	29°24'N	47°28'L
Kwangju	54 C2	35°9'N	126°53'L
Kyoto	55 E2	35°1'N	135°46'L
Kyushu	54 D1	32°31'N	130°52'L
Kzylorda	46 C2	44°54'N	65°31'L

L

L'viv	33 B4	49°49'N	24°5'L
La Corunha	30 C2	43°22'N	8°24'O
La Paz, Bolívia	79 B4	16°30'S	68°30'O
La Paz, México	72 A3	24°7'N	110°18'O
La Perouse, Estreito de	55 F5	45°49'N	141°53'L
Labrador City	69 F2	52°56'N	66°52'O
Labrador	69 F2	54°38'N	61°56'O
Labrador, Mar	69 F3	55°0'N	55°0'O
Lacadivas, Ilhas	50 D1	10°46'N	72°24'L
Ladoga, Lago	32 C5	61°10'N	30°19'L
Lagos	38 C2	6°24'N	3°17'L
Lahore	50 D5	31°36'N	74°18'L
Lancaster, Passagem de	69 E4	74°25'N	105°39'O
Lanzhou	52 D3	36°1'N	103°52'L
Laos	56 D4	19°59'N	101°58'L
Lapônia	28 D6	68°15'N	28°52'L
Laptev, Mar de	47 E4	75°17'N	125°43'L
Las Vegas	70 C3	36°9'N	115°10'L
Latakia	48 D4	35°31'N	35°47'L
Letónia	29 E2	56°8'N	27°30'L
Lautoka	63 H3	17°40'S	177°26'L
Laval	69 F1	45°32'N	73°44'O
Le Havre	30 D3	49°30'N	0°6'L
Legaspi	57 F3	13°7'N	123°44'L
Leipzig	31 F4	51°19'N	12°24'L
Lena	47 F4	66°5'N	123°55'L
León, Espanha	30 C2	42°34'N	5°34'O
León, México	72 B2	21°5'N	101°43'O
Leshan	52 D2	29°42'N	103°43'L
Lesoto	41 E1	30°0'S	30°0'L
Leti, Ilhas	57 F1	8°24'S	128°9'L
Lhasa	52 C2	29°41'N	91°10'L
Liancourt Rocks	54 D3	37°30'N	131°10'L
Líbano	48 D4	33°56'N	35°46'L
Libéria	38 B2	5°42'N	9°16'O
Líbia	39 E4	26°35'N	18°4'L
Líbia, Deserto da	39 F3	25°39'N	24°7'L
Libreville	40 C5	0°25'N	9°29'L
Liechtenstein	31 E3	47°5'N	9°34'L
Liepaja	29 D2	56°32'N	21°2'L
Ligúria, Mar da	31 E2	44°15'N	8°51'L
Lille	30 D4	50°38'N	3°4'L
Lilongwe	41 F3	13°58'S	33°48'L
Lima	78 A5	12°6'S	78°0'O
Limassol	33 C1	34°41'N	33°2'L
Limoges	30 D3	45°51'N	1°16'L
Limpopo	41 E2	23°26'S	27°21'L
Linköping	29 C3	58°25'N	15°37'L
Lisboa	30 B1	38°44'N	9°8'O
Lituânia	29 D2	55°54'N	22°43'L
Liubliana	31 F3	46°3'N	14°29'L
Llanos	78 B7	5°0'N	70°0'L
Lodz	33 B4	51°51'N	19°26'L
Lofoten	28 C6	68°12'N	12°54'L
Logan, Monte	68 B2	60°32'N	140°34'O
Loire	30 D3	47°22'N	0°16'L
Lokan Tekorjarvi	28 D6	67°49'N	27°45'L
Lolland	29 B2	54°44'N	11°35'L
Lomami	41 E4	5°12'S	25°12'L
Lomé	38 C2	6°8'N	1°13'L
London, Canadá	69 F1	42°59'N	81°13'O
Londrina	112 C5	23°18'S	51°09'O
Long Island	71 H4	40°48'N	73°19'O
Lop, Lago	52 C3	39°45'N	90°20'L
Los Angeles	70 C3	34°3'N	118°15'O
Lotagipi, Pântano	41 F5	4°57'N	34°51'L
Louangphabang	56 D4	19°51'N	102°8'L
Louisiana	71 F2	32°51'N	92°39'O
Loyauté, Ilhas	63 G3	21°0'S	168°0'L
Lualaba	41 E5	11°24'S	25°44'L
Luanda	40 C4	8°48'S	13°17'L
Luangwa	41 E3	14°8'S	30°40'L
Lubumbashi	41 E3	11°40'S	27°31'L
Lucknow	51 E4	26°50'N	80°54'L
Ludhiana	51 E4	30°56'N	75°52'L
Luoyang	53 E3	34°41'N	112°25'L
Lusaka	41 E3	15°24'S	28°17'L
Luxemburgo	31 E3	49°37'N	6°8'L
Luxor	39 F4	25°39'N	32°39'L
Luzon	57 F4	17°4'N	121°19'L
Luzon, Estreito de	57 F4	20°0'N	121°23'L
Lyon	31 E3	45°46'N	4°50'L

M

Macapá	106 D4	0°4'N	51°4'O
Macdonnell, Montes	62 D3	23°38'S	133°43'L
Macedônia	33 B2	41°29'N	21°44'L
Maceió	78 E5	9°40'S	35°44'O
Maciço Central	30 D2	43°53'N	2°35'L
Mackay, Lago	62 C3	22°25'S	128°58'L
Mackenzie	68 C3	64°35'N	124°54'O
Mackenzie, Montes	68 C3	65°2'N	132°23'O
Madagascar	41 G3	19°0'S	47°0'L
Madang	63 E5	5°10'S	145°48'L
Madeira	38 B4	32°30'N	17°0'O
Madeira, Rio	78 C5	5°11'S	60°29'O
Madre del Sur, Serra	72 C2	16°53'N	98°45'O
Madre Ocidental, Serra	72 B3	25°39'N	107°20'O
Madre Oriental, Serra	72 C3	23°54'N	99°34'O
Madre, Lagoa	72 C3	25°8'N	97°36'O
Madri	30 C2	40°25'N	3°43'O
Madurai	51 E1	9°55'N	78°7'L
Maebashi	55 F2	36°24'N	139°2'L
Magadan	47 G4	59°38'N	150°50'L
Magalhães, Estreito de	79 B1	52°40'S	69°54'O
Magnet, Mout	62 C3	28°9'S	117°52'L
Mahachkala	46 B2	42°58'N	47°30'L
Mahajanga	41 G3	15°40'S	46°20'L
Mahalapye	41 E2	23°2'S	26°53'L
Mahanadi	51 F3	20°44'N	84°29'L
Mahilyow	33 C4	53°55'N	30°23'L
Maine	71 H5	45°59'N	68°51'O
Maine, Golfo de	71 H5	43°10'N	69°32'O
Maiorca, Palma de	30 D1	39°37'N	2°56'L
Makassar, Estreito de	57 E2	2°0'S	118°0'L
Makran, Montes	50 C4	26°39'N	63°54'L
Malabo	38 D1	3°43'N	8°52'L
Málaca, Estreito de	56 C2	5°0'N	100°0'L
Málaga	30 C1	36°43'N	4°25'O
Malang	57 E1	7°59'S	112°45'L
Mälaren	29 C3	59°22'N	17°28'L
Malásia	56 D2	4°1'N	102°16'L
Malatya	48 D4	38°22'N	38°18'L
Malauí	41 F3	10°18'S	33°46'L
Malaia, Península	56 D2	8°7'N	99°21'L
Maldivas	50 D1	5°0'N	73°0'L
Mali	38 C3	17°46'N	0°57'O
Malmo	29 B2	55°54'N	14°28'L
Malta	31 F1	35°54'N	14°28'L
Mamoudzou	41 G3	12°48'S	45°0'L
Manágua	72 D1	12°8'N	86°15'O
Manama	49 F3	26°13'N	50°33'L
Manar, Golfo de	51 E1	8°19'N	78°49'L
Manaus	78 C6	3°6'S	60°0'O
Manchúria	53 F4	44°0'N	124°0'L
Mandalay	56 C4	21°57'N	96°4'L
Mangalore	50 D2	12°54'N	74°51'L
Manila	57 F4	14°34'N	120°59'L
Manitoba	68 D2	54°31'N	98°2'O
Manitoba, Lago	68 D1	50°33'N	98°28'O
Manurewa	63 G1	37°1'S	174°55'L
Maoke, Montes	57 H1	4°5'S	138°42'L
Maputo	41 F2	25°58'S	32°35'L
Marabá	106 D3	5°22'S	49°7'O
Maracaibo	78 B7	10°40'N	71°39'O
Maracaibo, Lago	78 B7	10°0'N	71°15'O
Marágheh	49 E4	37°21'N	46°14'L
Marajó, Ilha de	78 D6	1°0'S	44°30'O
Maribor	31 F3	46°34'N	15°40'L
Maringá	112 C5	23°25'S	51°56'L
Maromokotro	41 G3	12°12'S	49°30'L
Marrakech	38 C4	31°39'N	7°58'O
Marrawah	63 E1	40°56'S	144°41'L
Marree	63 E3	29°40'S	138°6'L
Marrocos	38 B4	35°15'N	5°6'O
Marselha	31 E2	43°19'N	5°22'L
Martinica	73 H2	14°28'N	61°3'O
Maryland	71 H3	38°28'N	76°36'O
Maseru	41 E1	29°21'S	27°35'L
Mashhad	49 G4	36°16'N	59°34'L
Massachusetts	71 H4	42°18'N	71°54'O
Matadi	40 C4	5°49'S	13°31'L
Mataram	57 E1	8°36'S	116°7'L
Matsue	54 D2	35°27'N	133°4'L
Matsuyama	54 D2	33°50'N	132°47'L
Mauna Kea	70 D1	19°51'N	155°30'O
Maurício, Ilhas	41 H2	21°42'S	40°0'L
Mauritânia	38 B3	19°1'N	11°58'O
Mayotte, Ilha	41 G3	13°48'S	45°6'L
Mazar-e Sharif	46 C1	36°44'N	67°6'L
Mbabane	41 E2	26°24'S	31°13'L
Mbandaka	40 D5	0°7'N	18°12'L
McClintock, Canal	68 D3	71°38'N	103°13'O
McKinley, Monte	70 A4	63°4'N	151°0'O
Meca	48 D2	21°28'N	39°50'L
Medan	56 C2	3°35'N	98°39'L
Medellín	78 A7	6°15'N	75°36'O
Medina	48 D2	24°25'N	39°29'L
Mediterrâneo, Mar	31 E1	37°38'N	3°0'L
Meerut	51 E4	29°1'N	77°41'L
Mekong	56 D3	11°14'N	105°16'L
Mekong, Delta do	56 D3	10°0'N	107°0'L
Melbourne	63 E2	37°51'S	144°56'L
Melitopol	33 C3	46°49'N	35°23'L
Melville, Ilha	68 D4	75°16'N	109°28'O
Melville, Península	69 E3	67°51'N	84°2'O
Memphis	71 F3	35°9'N	90°3'O
Mendoza	79 B3	33°0'S	68°47'O
Menengiyn Tal	53 E4	47°32'N	116°27'L
Mentawai, Ilhas	56 C2	1°30'S	98°53'L
Mérida	72 D2	20°58'N	89°35'O
Messina	31 F1	38°12'N	15°33'L
Metz	31 E3	49°7'N	6°9'L
Mexicali	72 A4	32°34'N	115°26'O
México	72 B3	28°44'N	103°9'O
México, Golfo do	72 D3	21°56'N	94°3'O
Miami	71 H2	25°46'N	80°12'O
Mianmar	56 C5	22°28'N	95°20'L
Michigan	71 G4	45°4'N	85°28'O
Michigan, Lago	71 G4	44°0'N	87°0'O
Milão	31 E2	45°28'N	9°10'L
Mildura	63 E2	34°13'S	142°9'L
Milwaukee	71 F4	43°3'N	87°56'O
Mindoro	57 F3	13°4'N	120°56'L
Mingaora	50 D5	34°47'N	72°22'L
Minnesota	71 F4	46°0'N	95°53'O
Minorca	31 E1	40°0'N	4°1'L
Minsk	33 B4	53°52'N	27°34'L
Mirim, Lagoa	79 C3	32°36'S	52°50'O
Mississippi	71 F2	33°49'N	90°38'O

ÍNDICE

Nome	Pág	Grid	Lat	Lon
Mississipi, Delta do	71	G2	29°10'N	89°15'O
Mississipi, Rio	71	F3	33°54'N	91°3'O
Missouri	71	F3	38°19'N	92°28'O
Missouri, Rio	71	E4	42°54'N	96°41'O
Mistassini, Lago	69	F1	50°58'N	73°32'O
Misti, Vulcão	79	B4	16°21'S	71°23'O
Mitchell, Monte	71	G3	35°46'N	82°16'O
Mito	55	F2	36°21'N	140°26'L
Mitumba, Montes	41	E4	9°0'S	29°0'L
Miyazaki	54	D1	31°55'N	131°24'L
Mjosa	29	B4	60°29'N	11°16'L
Moçambique	41	F3	19°44'S	34°6'L
Moçambique, Canal de	41	F2	16°0'S	44°0'L
Mogadíscio	39	H1	2°6'N	45°27'L
Moldávia	33	B3	47°29'N	26°33'L
Molopo	40	D2	25°28'S	23°44'L
Molucas	57	F2	3°0'S	128°0'L
Molucas, Mar de	57	F2	1°30'S	120°0'L
Mombasa	41	F4	4°4'N	39°40'L
Mônaco	31	E2	43°45'N	7°25'L
Mongólia	53	E4	46°12'N	106°52'L
Monróvia	38	B2	6°18'N	10°48'O
Montana	70	D4	46°25'N	104°9'O
Montenegro	33	B3	44°8'N	20°33'L
Monterrey	72	C3	25°41'N	100°16'O
Montes Claros	110	C4	16°44'S	43°51'O
Montes Grande Khingan	53	F5	48°58'N	120°36'L
Montevidéu	79	C3	34°55'S	56°10'O
Montreal	69	F1	45°30'N	73°36'O
Montserrat	73	G2	16°42'N	62°12'O
Moosonee	69	E1	51°18'N	80°40'O
Moree	63	E3	29°29'S	149°53'L
Morelia	72	B2	19°40'N	101°11'O
Moroni	41	G3	11°41'S	43°16'L
Morte, Vale da	70	C3	36°22'N	116°54'O
Morto, Mar	48	D3	31°32'N	35°29'L
Moscou	33	C4	55°45'N	37°42'L
Mosquito, Costa do	73	E1	13°11'N	83°42'O
Mosquito, Golfo do	73	E1	8°59'N	81°16'O
Mossoró	108	C4	5°11'S	37°20'O
Mosul	49	E4	36°21'N	43°8'L
Multan	50	D4	30°12'N	71°30'L
Mumbai	50	D3	18°56'N	72°51'L
Munique	31	F3	48°9'N	11°34'L
Muonio	28	D6	67°38'N	23°32'L
Murcia	30	D1	37°59'N	1°8'O
Murmansk	32	C6	68°59'N	33°8'L
Murray, Rio	63	E2	34°28'S	139°36'L
Mascate	49	G2	23°35'N	58°36'L
Musgrave, Montes	62	D3	26°23'S	131°27'L
Mweru, Lago	41	E4	8°59'S	28°43'L
Myrdalsjökull	28	A6	63°39'N	19°6'O
Mysore	51	E2	12°18'N	76°37'L

N

Nome	Pág	Grid	Lat	Lon
Naberezhnyye Chelny	32	D5	55°43'N	52°21'L
Nagano	55	E2	36°39'N	138°11'L
Nagasaki	54	C1	32°45'N	129°52'L
Nagoya	55	E2	35°10'N	136°53'L
Nagpur	51	E3	21°9'N	79°6'L
Nairobi	41	F4	1°17'S	36°50'L
Nakhodka	47	G2	42°46'N	132°48'L
Namangan	46	D2	40°59'N	71°34'L
Namibe	40	C3	15°10'S	12°9'L
Namíbia	40	D2	20°30'S	16°3'L
Namíbia, Deserto da	40	D2	22°50'S	14°52'L
Nampo	54	B3	38°46'N	125°25'L
Nanchang	53	F2	28°38'N	115°58'L
Nangnim, Montes	54	C4	40°12'N	127°15'L
Nanning	53	E1	22°50'N	108°19'L
Nanquim	53	F2	32°3'N	118°47'L
Nantes	30	D3	47°12'N	1°32'O
Napo, Rio	78	A6	3°20'S	72°40'O
Nápoles	31	F2	40°52'N	14°15'L
Nares, Estreito de	69	E5	80°51'N	66°31'O
Nashik	50	D3	20°5'N	73°48'L
Näsijärvi	29	D4	61°45'N	23°47'L
Nassau	73	E3	25°3'N	77°21'O
Nasser, Lago	39	F3	22°30'N	31°40'L
Natal	108	D4	5°47'S	35°12'O
Natuna, Ilhas	56	D2	3°30'N	107°48'L
Natuna, Mar de	56	D2	2°7'N	107°29'L
Ndjamena	39	E2	12°8'N	15°2'L
Ndola	41	E3	12°59'S	28°35'L
Nebraska	71	E4	40°13'N	98°55'O
Negra, Ponta	78	A5	6°0'S	81°0'O
Negro, Mar	33	C3	45°34'N	31°8'L
Negro, Rio	78	C6	3°8'S	59°55'O
Nelson	68	D2	54°17'N	97°34'O
Neman	29	D2	55°9'N	21°42'L
Nepal	51	F4	28°28'N	84°7'L
Nevada	70	C4	39°18'N	117°14'O
Nevado Pupuya	78	B5	15°4'S	69°1'O
Nevado Sajama	79	B4	17°57'S	68°52'O
New Hampshire	71	H5	43°29'N	71°34'O
Newcastle	63	F2	32°55'S	151°46'L
Newman	62	C3	23°18'S	119°45'L
Ngoko	40	D5	1°55'N	15°44'L
Niágara, Cataratas do	71	G4	43°5'N	79°4'O
Niamey	38	C2	13°28'N	2°3'L
Niasa, Lago	41	F3	12°13'S	34°29'L
Nicarágua	73	E1	12°35'N	85°8'O
Nicarágua, Lago	73	E1	11°35'N	85°27'O
Nice	31	E2	43°43'N	7°13'L
Nicobar, Ilhas	51	G1	6°0'N	95°0'L
Nicósia	33	C1	35°10'N	33°23'L
Níger	38	D3	16°19'N	9°56'L
Níger, Delta do	38	D1	4°13'N	5°55'L
Níger, Rio	38	C3	8°56'N	5°24'L
Nigéria	38	D2	11°3'N	8°4'L
Niigata	55	F3	37°55'N	139°1'L
Nilo Azul	39	F2	13°26'N	33°25'L
Nilo Branco	39	F2	12°0'N	32°30'L
Nilo	39	F4	28°30'N	30°47'L
Nilo, Delta do	39	F4	31°28'N	31°4'L
Ningbo	53	F2	29°54'N	121°33'L
Nipigon, Lago	69	E1	50°5'N	88°31'O
Niterói	110	C2	22°53'S	43°06'O
Nizhniy Novgorod	33	D4	56°17'N	44°0'L
Noril'sk	47	E4	69°21'N	88°2'L
Norrköping	29	C3	58°35'N	16°10'L
Norte, Cabo	28	D7	71°10'N	25°42'L
Norte, Ilha do	63	G1	38°53'S	176°8'L
Norte, Mar do	30	D5	57°23'N	6°56'L
Norte Siberiana, Planície	47	E4	72°29'N	95°57'L
Noruega	28	B5	60°37'N	7°18'L
Noruega, Mar da	28	C6	63°22'N	5°58'L
Nouakchott	38	B3	18°9'N	15°58'O
Nouméa	63	G3	22°14'S	166°29'L
Nova Bretanha	63	F5	6°22'S	146°56'L
Nova Brunswick	69	F1	46°26'N	65°58'O
Nova Caledônia	63	G4	21°31'S	164°49'L
Nova Délhi	51	E4	28°35'N	77°15'L
Nova Escócia	69	G1	45°15'N	63°4'O
Nova Gales do Sul	63	E2	32°36'S	146°15'L
Nova Guiné	57	H1	5°12'S	140°38'L
Nova Iguaçu	79	D4	22°31'S	44°5'O
Nova Inglaterra	71	H5	44°0'N	71°0'O
Nova York (cidade)	71	H4	40°45'N	73°57'O
Nova York (estado)	71	H4	42°43'N	76°8'O
Nova Irlanda	63	F5	4°0'S	153°0'L
Nova Jersey	71	H4	40°23'N	74°27'O
Nova Orleans	71	F2	30°0'N	90°1'O
Nova Sibéria, Ilhas da	47	F5	75°0'N	150°0'L
Nova Zelândia	63	G1	39°59'S	173°28'L
Novgorod	32	C5	58°32'N	31°15'L
Novo México	70	D2	36°41'N	103°12'O
Novokuznetsk	46	D2	53°45'N	87°12'L
Novosibirsk	46	D3	55°4'N	83°5'L
Núbia, Deserto da	39	F3	20°30'N	33°53'L
Nukus	46	C2	42°29'N	59°32'L
Nullabor, Planície	62	C2	30°42'S	129°42'L
Nunavut	68	D3	66°30'N	100°0'O
Nuremberg	31	E3	49°27'N	11°5'L
Nuuk	69	F3	64°15'N	51°35'O
Nyainqentanglha, Montes	52	C2	30°51'N	92°23'L

O

Nome	Pág	Grid	Lat	Lon
Ob	46	D3	65°35'N	65°39'L
Ocidental, Cordilheira	79	B4	18°56'S	68°54'O
Odense	29	B2	55°24'N	10°23'L
Odessa	33	C3	46°29'N	30°44'L
Ogaden	39	H2	7°32'N	45°16'L
Ogooué	40	C5	1°56'S	13°29'L
Ohio	71	G4	40°50'N	82°40'O
Ohio, Rio	71	G3	37°26'N	88°24'O
Oiapoque	106	D4	3°50'N	51°50'O
Ojos del Salado, Pico	79	B3	27°5'S	68°34'O
Okavango, Delta do	40	D2	19°23'S	22°48'L
Okayama	54	D2	34°40'N	133°54'L
Okhotsk, Mar de	55	G5	45°22'N	144°23'L
Oki, Arquipélago	54	D2	36°11'N	133°7'L
Oklahoma	71	F3	35°41'N	97°38'O
Öland	29	C2	56°50'N	16°46'L
Olinda	108	D3	8°0'S	34°51'O
Omã	49	G2	19°45'N	55°19'L
Omã, Golfo de	49	G3	24°13'N	57°49'L
Omsk	46	D3	55°0'N	73°22'L
Onega	32	C5	63°1'N	39°17'L
Onega, Lago	32	C5	61°39'N	35°11'L
Ontário	69	E1	53°17'N	92°24'O
Ontário, Lago	71	H4	43°43'N	77°55'O
Orange, Rio	40	D1	28°51'S	18°18'L
Oranjestad	73	G1	12°31'N	70°0'O
Örebro	29	C3	59°18'N	15°12'L
Oregon	70	C4	43°49'N	120°44'O
Orenburg	33	E4	51°46'N	55°12'L
Orinoco, Rio	78	B7	8°37'N	62°15'O
Orlando	71	H2	28°32'N	81°23'O
Orléans	30	D3	47°54'N	1°53'L
Orsk	33	E4	51°13'N	58°35'L
Osaka	55	E2	34°38'N	135°28'L
Osh	46	D2	40°34'N	72°46'L
Oshawa	69	F1	43°54'N	78°50'O
Oslo	29	B3	59°54'N	10°44'L
Ottawa	69	F1	45°24'N	75°41'O
Oubangui	40	D5	5°7'N	19°30'L
Oulu	28	D5	65°1'N	25°28'L
Oulujärvi	28	E5	64°19'N	27°5'L
Ounasjoki	28	D6	68°9'N	24°10'L
Ou-sanmyaku	55	F3	38°58'N	140°44'L

P

Nome	Pág	Grid	Lat	Lon
Padang	56	C2	1°0'S	100°21'L
Paijanne	29	D4	61°32'N	25°29'L
Palembang	56	D2	2°59'S	104°45'L
Palermo	31	F1	38°8'N	13°23'L
Palk, Estreito de	51	E1	10°5'N	79°35'L
Palma de Maiorca	30	D1	39°35'N	2°39'L
Palmas	106	D3	10°12'S	48°21'O
Palmerston North	63	G1	40°20'S	175°52'L
Pampas	79	C3	35°2'S	65°13'O
Panamá	73	E1	8°50'N	80°15'O
Panamá	73	E1	8°57'N	79°33'O
Panamá, Canal do	73	E1	9°5'N	79°40'O
Panamá, Golfo do	73	E1	8°5'N	79°15'O
Panamá, Istmo do	73	E1	8°51'N	78°12'O
Panay, Ilha	57	F3	11°8'N	122°23'L
Panevėžys	29	E2	55°44'N	24°21'L
Pangkalpinang	56	D2	2°5'S	106°9'L
Pantanal	79	C4	17°35'S	57°40'O
Papua-Nova Guiné	63	E5	6°43'S	148°26'L
Papua	57	H1	5°34'S	139°43'L
Paquistão	50	C4	29°2'N	68°58'L
Paracel, Ilhas	57	E4	16°0'N	111°30'L
Paraguai	79	C4	22°46'S	59°18'O
Paraguai, Rio	79	C4	26°11'S	58°2'O
Paramaribo	78	C6	5°52'N	55°14'O
Paraná	79	C3	27°22'S	57°26'O
Paris	30	D3	48°52'N	2°19'L
Parma	31	E2	44°50'N	10°20'L
Parramatta	63	E2	33°49'S	150°59'L
Parry, Ilhas	68	D4	76°41'N	122°5'O
Patagônia	79	B2	48°9'S	69°32'O
Patna	51	F4	25°36'N	85°11'L
Patos, Lagoa dos	79	D3	31°1'S	51°20'O
Pavlodar	46	D2	52°21'N	76°59'L
Pechora	32	D6	66°14'N	52°20'L
Pécs	33	A3	46°5'N	18°11'L
Pegunungan Muller	57	E2	0°27'N	113°41'L
Peipus, Lago	29	E3	58°49'N	27°24'L
Pensilvânia	71	H4	40°38'N	76°51'O
Pequenas Antilhas	73	G2	15°13'N	62°53'O
Pequeno Khingan, Montes	53	F5	49°0'N	126°57'L
Pequim	53	F3	39°58'N	116°23'L
Perm	32	E5	58°1'N	56°10'L
Pérsico, Golfo	49	F3	26°52'N	51°32'L
Perth	32	C2	31°58'S	115°49'L
Peru	78	A5	8°0'S	76°0'O
Pescara	31	F2	42°28'N	14°13'L
Peshawar	50	D5	34°1'N	71°33'L
Petropavlovsk	46	D3	54°47'N	69°6'L
Petropavlovsk Kamchatskiy	47	H4	53°3'N	158°43'L
Petrozavodsk	32	C5	61°46'N	34°19'L
Phnom Penh	56	D3	11°35'N	104°55'L
Phoenix	70	D2	33°27'N	112°4'O
Pilcomayo	79	C4	22°10'S	62°44'O
Pingxiang	53	F2	27°42'N	113°50'L
Pirineus	30	D2	42°36'N	0°24'L
Pittsburgh	71	G4	40°26'N	80°0'O
Pó	31	E2	45°53'N	10°31'L
Pólo Norte	117	B3	90°0'N	0°0'L
Pólo Sul	116	B3	90°0'S	0°0'L
Polônia	33	B4	52°30'N	19°0'L
Pondicherry	51	E1	11°59'N	79°50'L
Ponta Grossa	112	C4	25°05'S	50°09'O

142 DADOS ÍNDICE

Nome	Pág	Ref	Lat	Long
Ponta Porã	114	B1	22°32'S	55°43'O
Pontianak	56	D2	0°5'S	109°16'L
Popocatépetl	72	C2	19°0'N	98°38'O
Port Augusta	62	D2	32°29'S	137°44'L
Port Blair	51	G2	11°40'N	92°44'L
Port Elizabeth	41	E1	33°58'S	25°36'L
Port Lincoln	62	D2	34°43'S	135°49'L
Port Louis	41	H2	20°10'S	57°30'L
Port Macquarie	63	F2	31°26'S	152°55'L
Port Moresby	63	E5	9°28'S	147°12'L
Port of Spain	73	H2	10°39'N	61°30'O
Portland	70	C4	45°31'N	122°41'O
Porto Alegre	79	D3	30°3'S	51°10'O
Porto Novo	38	C2	6°29'N	2°37'L
Porto Príncipe	73	F2	18°33'N	72°20'O
Porto Rico	73	G2	17°46'N	66°35'O
Porto Seguro	108	C1	16°26'S	39°3'O
Porto Velho	78	B5	8°45'S	63°54'O
Porto Vila	63	G4	17°45'S	168°21'L
Porto	30	C2	41°9'N	8°37'O
Portugal	30	C1	39°44'N	8°11'O
Poznan	33	A4	52°24'N	16°56'L
Praga	33	A4	50°6'N	14°26'L
Praia	38	A3	14°55'N	23°31'O
Presidente Prudente	110	A3	22°07'S	51°23'O
Pretória ver Tshwane				
Príncipe Charles, Ilha	69	E3	67°44'N	76°15'O
Príncipe de Gales, Ilha	68	D3	72°39'N	99°7'O
Príncipe Edward, Ilha	69	G1	46°21'N	60°18'O
Príncipe Patrick, Ilha	68	C4	76°37'N	119°19'O
Pripet, Pântano de	33	B4	51°15'N	26°54'L
Pristina	33	B3	42°40'N	21°10'L
Pskov	32	B5	58°32'N	31°15'L
Puebla	72	C2	19°2'N	98°13'O
Pulau Seram	57	G1	3°8'S	129°29'L
Pune	50	D3	18°32'N	73°52'L
Purus, Rio	78	B5	3°42'S	61°28'O
Pusan	54	C2	35°11'N	129°4'L
Putrajaya	56	C2	3°7'N	101°42'L
Putumayo, Rio	78	B6	3°7'S	67°58'O
Pyinmana	56	C4	19°45'N	96°12'L
Pyongyang	54	B3	39°4'N	125°46'L

Q

Nome	Pág	Ref	Lat	Long
Qaidam, Bacia	52	C3	37°21'N	94°30'L
Qatar	49	F3	25°22'N	51°10'L
Qattara, Depressão de	39	F4	30°7'N	27°35'L
Qilian, Monte	52	D3	38°52'N	100°2'L
Qingdao	53	F3	36°31'N	120°55'L
Qinghai, Lago	52	D3	36°55'N	100°9'L
Qiqihar	53	F4	47°23'N	124°0'L
Qom	49	F4	34°43'N	50°54'L
Québec, cidade	69	F1	46°50'N	71°15'O
Québec, província	69	F2	53°9'N	74°26'O
Queensland	63	E3	23°31'S	143°30'L
Quênia	41	F5	0°27'N	36°38'L
Querétaro	72	C2	20°36'N	100°24'O
Quetta	50	C4	30°15'N	67°0'L
Quirguistão	46	D2	41°57'N	75°22'L
Quito	78	A6	0°14'S	78°30'O

R

Nome	Pág	Ref	Lat	Long
Rabat	38	C4	34°2'N	6°51'O
Rabaul	63	F5	4°13'S	152°11'L
Rabyanah Ramlat	39	E3	24°18'N	21°41'L
Race, Cabo	69	G2	46°41'N	53°5'O
Rahimyar Khan	50	D4	28°27'N	70°21'L
Rainha Carlota, Ilhas	68	B2	53°4'N	132°10'O
Rainha Elizabeth, Ilhas	68	D4	78°52'N	96°12'O
Rainier, Mont	70	C5	46°51'N	121°46'O
Rainy, Lago	71	F5	48°51'N	93°21'O
Rajkot	50	D3	22°18'N	70°47'L
Rajshahi	51	F4	24°24'N	88°40'L
Ranchi	51	F3	23°22'N	85°20'L
Rangum	56	C4	16°50'N	96°11'L
Rankin Inlet	69	E2	62°52'N	92°14'O
Rann Kachchh	50	D3	24°4'N	69°56'L
Rasht	49	F4	37°18'N	49°38'L
Rawalpindi	50	D5	33°38'N	73°6'L
Rebun, Ilha	55	F5	45°26'N	141°0'L
Recife	78	E5	8°6'S	34°53'O
Regina	68	D1	50°25'N	104°39'O
Reid	62	D2	30°49'S	128°24'L
Reims	31	E3	49°16'N	4°1'L
Reindeer, Lago	68	D2	57°18'N	102°23'O
Reino Unido	30	D4	52°0'N	1°40'O
Rennes	30	D3	48°8'N	1°40'L
Reno	31	E3	50°13'N	7°38'L
República Centro-Africana	39	E2	7°54'N	20°24'L
República Democrática do Congo	40	D4	1°25'S	21°17'L
República Dominicana	73	F2	17°58'N	69°18'O
República Tcheca	33	A4	50°33'N	14°33'L
República Turca do Norte do Chipre	33	C1	36°0'N	33°0'L
Reunião	41	H2	21°6'S	55°30'L
Revolução de Outubro, Ilha	47	E5	79°23'N	95°59'L
Reykjavik	28	A6	64°8'N	21°54'O
Rhode Island	71	H4	41°37'N	71°7'O
Riad	49	E2	24°50'N	46°50'L
Ribeirão Preto	81	E2	21°10'S	47°48'O
Riga	29	D2	56°57'N	24°8'L
Riga, Golfo de	29	D3	58°2'N	23°28'L
Rio Branco	106	A3	9°58'S	67°48'O
Rio de Janeiro	79	D4	22°53'S	43°17'O
Rio Grande	71	E2	28°11'N	100°9'O
Rio Verde	114	C2	17°47'S	50°55'O
Robson, Monte	68	C1	53°9'N	119°17'O
Rochosas, Montanhas	70	D4	54°43'N	120°56'O
Rockhampton	63	F3	23°31'S	150°31'L
Ródano	31	E2	44°18'N	4°40'L
Roma	31	F2	41°53'N	12°30'L
Roma	63	E3	26°37'S	148°54'L
Romênia	33	B3	46°10'N	25°26'L
Rondonópolis	114	B3	16°28'S	54°38'O
Rønne	29	C2	55°7'N	14°43'L
Roraima, Monte	78	C6	5°11'N	60°36'O
Rosário	79	C3	32°56'S	60°39'O
Roseau	73	H2	15°17'N	61°23'O
Rostov-na-Donu	33	C3	47°16'N	39°45'L
Roterdã	31	E4	51°55'N	4°30'L
Rovuma, Rio	41	F3	10°58'S	39°45'L
Roxas, City	57	F3	11°33'N	122°43'L
Ruanda	41	E4	1°44'S	30°7'L
Rússia	32	D5	54°31'N	37°53'L
Ryazan	33	C4	54°37'N	39°37'L

S

Nome	Pág	Ref	Lat	Long
Saara Ocidental	38	B4	24°45'N	13°34'O
Saara	38	D3	23°0'N	10°0'L
Saaremaa	29	D3	58°26'N	22°27'L
Sabah	57	E2	5°0'N	116°30'L
Sabzevar	49	G4	36°13'N	57°38'L
Sacalina, Ilha	47	G3	50°43'N	143°22'L
Sacramento	70	C3	38°35'N	121°30'O
Sado	55	E3	38°3'N	138°19'L
Sagami, Baía	55	F2	34°53'N	139°18'L
Sahel	38	D3	13°25'N	21°45'L
Saimaa	29	E4	61°13'N	28°22'L
Saint George's	73	H2	12°4'N	61°45'O
Saint Louis	71	F3	38°38'N	90°15'O
Salalah	49	G1	17°1'N	54°4'L
Salamanca	30	C2	40°58'N	5°40'O
Salerno	31	F2	40°40'N	14°44'L
Salgado, Lago	70	D4	40°8'N	111°49'O
Salomão, Ilhas	63	G4	9°34'S	157°51'L
Salomão, Mar de	63	F5	8°0'S	150°0'L
Salônica	33	B2	40°38'N	22°58'L
Salt Lake City	70	D4	40°45'N	111°54'O
Salvador	78	E5	12°58'S	38°29'O
Salween	56	C4	17°51'N	97°42'L
Salyan	51	E4	28°22'N	82°10'L
Salzburg	31	F3	47°48'N	13°3'L
Samar	57	F3	12°13'N	125°12'L
Samara	33	D4	53°15'N	50°15'L
Samarcanda	46	C2	39°40'N	66°56'L
Sambalpur	51	F3	21°28'N	84°4'L
Samsun	48	D5	41°17'N	36°22'L
San Antonio	71	E2	29°25'N	98°30'O
San Diego	70	C2	32°43'N	117°9'O
San José	70	C3	37°18'N	121°53'O
San José	73	E1	9°55'N	84°5'O
San Juan	73	G2	18°28'N	66°6'O
San Luis Potosí	72	B3	22°10'N	100°57'O
San Marino	31	F2	43°56'N	12°26'L
Sana	49	E1	44°40'N	16°45'L
Sangir, Arquipélago	57	F2	2°19'N	125°57'L
Santa Clara	73	E3	22°25'N	78°1'O
Santa Cruz	79	C4	17°49'S	63°11'O
Santa Lúcia	73	H2	13°52'N	60°56'O
Santa Madalena, Ilha	72	A3	24°49'N	112°12'O
Santander	30	C2	43°28'N	3°48'O
Santarém	106	C4	2°26'S	54°42'O
Santiago, Chile	79	B3	33°30'S	70°40'O
Santiago, República Dominicana	73	F2	19°27'N	70°42'O
Santo André	110	B2	23°39'S	46°32'O
Santo Domingo	73	F2	18°30'N	69°57'O
Santos	79	D4	23°56'S	46°22'O
São Bernardo do Campo	110	B2	23°41'S	46°33'O
São Cristóvão e Nevis	73	G2	17°3'N	63°21'O
São Francisco	70	C3	37°47'N	122°25'O
São Francisco, Rio	78	D5	10°30'S	36°24'O
São Gabriel da Cachoeira	106	A4	00°07'S	67°05'O
São José dos Campos	110	B2	23°10'S	45°53'O
São Lourenço	71	H4	46°34'N	72°8'O
São Lourenço, Golfo de	69	G2	50°0'N	60°0'O
São Luís	78	D6	2°34'S	44°16'O
São Manuel, Rio	78	C5	10°39'S	55°52'O
São Paulo	79	D4	23°33'S	46°39'O
São Petersburgo	32	C5	59°55'N	30°25'L
São Roque, Cabo de	78	E5	5°29'S	35°16'O
São Salvador	72	D1	13°42'N	89°12'O
São Tomé e Príncipe	40	C5	0°19'N	6°44'L
São Vincente e Granadinas	73	H2	13°2'N	62°2'O
Sapporo	55	F4	43°5'N	141°21'L
Saragoza	30	D2	41°39'N	0°54'O
Sarajevo	33	A3	43°53'N	18°24'L
Saratov	33	D4	51°33'N	45°58'L
Sarawak	57	E2	2°28'N	112°30'L
Sardenha	31	E1	40°7'N	7°39'L
Saskatchewan do Norte	68	D1	52°23'N	115°22'O
Saskatchewan	68	D2	54°41'N	106°0'O
Saskatchewan, Rio	68	D1	53°56'N	102°44'O
Saskatoon	68	D1	52°10'N	106°40'O
Sault Saint Marie	69	E1	46°30'N	84°17'O
Seattle	70	C5	47°35'N	122°20'O
Sebastopol	33	C3	44°36'N	33°33'L
Selenga	52	D5	51°30'N	107°16'L
Semarang	57	E1	6°58'S	110°29'L
Semipalatinsk	46	D2	50°26'N	80°16'L
Sena	30	D3	48°26'N	3°15'L
Sendai	55	F3	38°16'N	140°52'L
Sendai, Baía	55	F3	38°13'N	141°7'L
Senegal	38	B3	14°41'N	14°32'O
Serov	46	D3	59°42'N	60°32'L
Serra Leoa	38	B2	7°34'N	13°34'O
Serra Nevada	70	C3	36°35'N	118°41'O
Sérvia	33	B3	44°8'N	20°33'L
Seto-naikai	54	D2	34°13'N	133°24'L
Seul	54	C3	37°30'N	126°58'L
Sevilha	30	C1	37°24'N	5°59'O
Shan, Plateau	56	C4	21°18'N	97°56'L
Shantou	53	F1	23°23'N	116°39'L
Sharjah	49	G3	25°22'N	55°28'L
Sharúrah	49	E1	17°29'N	47°5'L
Shashe	41	E2	21°44'S	27°46'L
Shebele	39	G2	0°12'S	42°45'L
Shenyang	53	F4	41°50'N	123°26'L
Shibushi-wan	54	D1	33°17'N	133°36'L
Shijiazhuang	53	E3	38°4'N	114°28'L
Shikoku	54	D2	33°39'N	133°26'L
Shillong	51	G4	25°37'N	91°54'L
Shiraz	49	F3	29°38'N	52°34'L
Sian	53	E3	34°16'N	108°54'L
Siauliai	29	D2	55°55'N	23°21'L
Sibéria	47	E3	64°39'N	118°40'L
Sibéria Oriental, Mar da	47	F5	73°12'N	160°42'L
Siberiana Ocidental, Planície da	46	D3	60°41'N	74°14'L
Sibuyan, Mar	57	F3	12°48'N	122°37'L
Sichuan Pendi	53	E2	30°4'N	105°17'L
Sicília	31	F1	37°15'N	12°42'L
Sidra, Golfo de	39	E4	30°50'N	18°0'L
Sierra Madre	72	D2	15°39'N	93°14'O
Simpson, Deserto de	62	D3	26°20'S	136°40'L
Sinai	39	F4	30°0'N	34°0'L
Siracusa	31	F1	37°4'N	15°17'L
Síria	48	D4	35°28'N	38°37'L
Síria, Deserto da	48	D4	32°58'N	37°59'L
Sittang	56	C4	19°41'N	96°29'L
Sivas	48	D5	39°44'N	37°1'L
Skagerrak	29	B3	57°55'N	9°36'L
Skopje	33	B2	42°0'N	21°28'L
Smallwood, Lago	69	F2	54°4'N	63°55'O
Sobaek, Montes	54	C2	36°36'N	127°59'L
Sochi	33	C3	43°35'N	39°46'L
Socotra	49	G1	12°25'N	53°56'L
Sófia	33	B3	42°42'N	23°20'L
Sogne, Fiorde	29	A4	61°10'N	5°10'L
Sokhumi	49	E5	43°2'N	41°1'L

ÍNDICE

Solapur	51 E2	17°43'N	75°54'L
Somália	39 H2	9°27'N	47°13'L
Somerset, Ilha	68 D4	73°1'N	94°10'O
Sotavento, Ilhas	73 H2	13°55'N	59°38'O
Sotavento, Passagem	73 F2	20°0'N	73°50'O
Southampton, Ilha	69 E3	64°35'N	84°14'O
Soweto	41 E2	26°8'S	27°54'L
Split	33 A3	43°31'N	16°27'L
Spratly, Ilhas	57 E3	10°6'N	114°12'L
Sri Lanka	51 E1	7°11'N	80°41'L
Srinagar	51 E5	34°7'N	74°50'L
St Pierre e Miquelon	69 G2	46°30'N	55°0'O
St. Johns, Canadá	69 G2	47°34'N	52°41'O
St. John's, São Cristóvão e Nevis	73 H2	17°6'N	61°51'O
Stanley	79 C1	51°45'S	57°56'O
Stavanger	29 A3	58°58'N	5°43'L
St-Denis	41 H2	20°55'S	14°34'L
Stewart, Ilha	63 F1	46°18'S	167°30'L
Storsjön	29 C4	63°13'N	14°16'L
Stuttgart	31 E3	48°47'N	9°12'L
Suazilândia	41 E2	26°39'S	31°27'L
Sucre	79 B4	18°53'S	65°25'O
Sudão	39 F2	13°57'N	28°13'L
Sudd	39 F2	7°58'N	29°40'L
Suécia	29 C4	58°40'N	13°56'L
Suez, Canal de	39 F4	28°27'N	33°10'L
Suez, Golfo de	48 D3	29°0'N	33°0'L
Suíça	31 E3	46°59'N	7°53'L
Sul, Ilha do	63 F1	43°47'S	169°30'L
Sulaiman, Montes	50 D5	30°18'N	70°5'L
Sulu, Arquipélago	57 F2	5°33'N	120°33'L
Sulu, Mar de	57 F3	7°59'N	119°27'L
Sumatra	56 C2	1°59'S	101°59'L
Sumba, Ilha	57 F1	8°45'S	122°0'L
Sunchon	54 C2	34°56'N	127°29'L
Suntar	47 F3	62°10'N	117°34'L
Superior, Lago	71 F5	48°2'N	87°23'O
Surabaya	57 E1	7°14'S	112°45'L
Surat	50 D3	21°10'N	72°54'L
Surfers Paradise	63 F3	27°54'S	153°18'L
Surgut	46 D3	61°13'N	73°28'L
Suriname	78 C6	4°0'N	56°0'O
Suruga, Baía	55 F2	34°47'N	138°34'L
Suva	63 H3	18°8'S	178°27'L
Suwon	54 C3	37°17'N	127°3'L
Sydney	63 F2	33°55'N	151°10'L
Syktyvkar	32 D5	61°42'N	50°45'L
Syr Darya	46 C2	45°37'N	63°13'L

T

Taebaek, Montes	54 C3	37°25'N	128°55'L
Taichung	53 F1	24°9'N	120°40'L
Taipé	53 F2	25°2'N	121°28'L
Tabriz	49 E4	38°5'N	46°18'L
Tabuk	48 D3	28°25'N	36°34'L
Tacaná, Vulcão	72 D2	15°7'N	92°6'O
Tacloban	57 F2	11°15'N	125°0'L
Tadjiquistão	46 D1	38°52'N	71°12'L
Taedong-gang	54 C3	39°17'N	125°59'L
Taegu	54 C2	35°55'N	128°33'L
Taejon	54 C2	36°20'N	127°28'L
Tailândia	56 D4	15°10'N	102°45'L
Tailândia, Golfo da	56 C3	10°39'N	101°15'L
Taiwan	53 F1	23°0'N	121°0'L
Taiwan, Estreito de	53 F1	23°0'N	118°0'L
Taiyuan	53 E3	37°48'N	112°33'L
Taizz	49 E1	13°36'N	44°4'L
Takla Makan, Deserto	52 B3	39°7'N	83°23'L
Taldykorgan	46 D2	45°0'N	78°23'L
Tallinn	29 D3	59°26'N	24°42'L
Tamiahua, Lagoa de	72 C2	21°33'N	97°33'O
Tampere	29 D4	61°30'N	23°45'L
Tamworth	63 F2	31°7'S	150°54'L
Tana	41 F4	0°43'S	39°40'L
Tana, Lago	39 G2	12°5'N	37°17'L
Tanami, Deserto de	62 D4	18°58'S	132°13'L
Tane, Montanhas	56 C4	17°27'N	98°21'L
Tanega, Ilha	54 D1	30°35'N	130°58'L
Tanganica, Lago	41 E4	6°22'S	29°37'L
Tangshan	53 F3	39°39'N	118°15'L
Tanimbar, Ilhas	57 G1	7°51'S	131°45'L
Tanzânia	41 F4	5°45'S	33°15'L
Tapajós, Rio	78 C5	2°24'S	54°41'O
Taranto	31 G2	40°30'N	17°11'L
Tarim, Rio	52 B4	40°58'N	83°21'L
Tarim, Bacia de	52 B3	39°10'N	83°30'L
Tashkent	46 C2	41°19'N	69°17'L
Tasmânia	63 E1	42°12'S	146°30'L
Tasmânia, Mar da	63 F2	40°0'S	165°0'L
Taupo, Lago	63 G1	38°49'S	175°55'L
Taymyr, Lago	47 E4	74°36'N	101°39'L
Taymyr, Península	47 E4	73°45'N	102°42'L
Tbilisi	49 E5	41°41'N	44°55'L
Teerã	49 F4	35°44'N	51°27'L
Tefé	106 B3	3°21'S	64°42'O
Tegucigalpa	72 D1	14°4'N	87°11'O
Tehuantepec, Golfo de	72 C2	15°30'N	94°40'L
Tejo	30 C2	39°46'N	5°41'O
Telavive	48 D4	32°5'N	34°46'L
Ténéré	38 D3	18°49'N	10°46'L
Tengger, Deserto	52 D3	38°29'N	104°3'L
Tennant Creek	62 D4	19°40'S	134°16'L
Tennessee	71 G3	35°51'N	86°42'O
Tenojoki	28 D7	69°55'N	26°50'L
Teresina	108 B4	5°5'S	42°48'O
Terra do Fogo	79 B1	54°0'S	69°0'O
Terra Nova	69 G2	48°41'N	56°11'O
Terra Nova, Ilha	32 D7	73°50'N	56°3'L
Terra Nova e Labrador	69 F2	52°9'N	56°59'O
Terra do Norte, Ilhas	47 E5	80°5'N	101°10'L
Território da Capital Australiana	63 E2	35°27'S	148°57'L
Território do Yukon	68 C3	64°23'N	135°56'O
Territórios do Norte (Austrália)	62 D4	20°28'S	133°0'L
Territórios do Norte (Canadá)	68 C2	60°29'N	111°52'O
Texas	71 E2	33°45'N	98°7'O
Thar, Deserto de	50 D4	27°39'N	72°25'L
Thunder Bay	69 E1	48°27'N	89°12'O
Tian, Montes	52 B4	42°30'N	80°19'L
Tianjin	53 F3	39°13'N	117°6'L
Tianshui	53 E3	34°33'N	105°51'L
Tibesti	39 E3	21°1'N	17°39'L
Tibete, Planalto do	52 C3	33°44'N	85°27'L
Tigre	49 E4	31°0'N	47°25'L
Tijuana	72 A4	32°32'N	117°1'O
Tiksi	47 F4	71°40'N	128°47'L
Timor-Leste	57 F1	9°0'S	126°0'L
Timor, Mar de	62 C4	15°0'S	128°0'L
Timfu	51 G4	27°28'N	89°37'L
Tirana	33 A2	41°20'N	19°50'L
Tirreno, Mar	31 F1	39°42'N	12°20'L
Titicaca, Lago	79 B4	15°50'S	69°20'O
Toba Kakar, Montes	50 D5	31°8'N	68°0'L
Tocantins, Rio	78 D5	1°45'S	49°10'O
Togo	38 C2	8°22'N	0°56'L
Tokushima	55 E2	34°4'N	134°28'L
Tol'yatti	33 D4	53°32'N	49°27'L
Toluca	72 C2	19°20'N	99°40'O
Tomakomai	55 F4	42°38'N	141°32'L
Tomsk	46 D3	56°30'N	85°5'L
Tomur, Monte	52 B4	42°2'N	80°8'L
Tongkin, Golfo de	56 D4	20°10'N	107°26'L
Tonle Sap	56 D3	12°55'N	104°4'L
Tóquio	55 F2	35°40'N	139°45'L
Tornionjoki	28 D6	66°34'N	23°54'L
Toronto	69 F1	43°42'N	79°25'O
Torreón	72 B3	25°47'N	103°21'O
Torres, Estreito de	57 H1	9°54'S	142°18'L
Tottori	54 D2	35°29'N	134°14'L
Toubkal, Monte	38 C4	31°0'N	7°50'O
Toulouse	30 D2	43°37'N	1°25'L
Tours	30 D3	47°22'N	0°40'L
Townsville	63 E4	19°24'S	146°53'L
Toyama	55 E2	36°41'N	137°13'L
Trabzon	48 D5	41°0'N	39°43'L
Três Marias, Ilhas	72 B3	21°27'N	106°33'O
Trieste	33 A3	45°39'N	13°45'L
Trinidad e Tobago	73 H2	10°39'N	59°59'O
Trípoli, Líbano	48 D4	34°30'N	35°42'L
Trípoli, Líbia	38 D4	32°54'N	13°11'L
Trivandrum	51 E1	8°30'N	76°57'L
Tshwane	41 E2	25°41'S	28°12'L
Tsu	55 E2	34°41'N	136°30'L
Tsugaru-kaikyo	55 F4	41°27'N	140°40'L
Tsushima	54 C2	34°26'N	129°23'L
Tula	33 C4	54°11'N	37°39'L
Tumen	54 C4	42°55'N	129°50'L
Túnis	38 D5	36°53'N	10°10'L
Tunísia	38 D4	33°47'N	9°35'L
Turcomenistão	46 C2	38°45'N	60°47'L
Turim	31 E2	45°3'N	7°39'L
Turkana, Lago	41 F5	3°30'N	36°0'L
Türkmenabat	46 C2	39°7'N	63°30'L
Turks e Caicos, Ilhas	73 F3	22°10'N	70°38'O
Turku	29 D3	60°27'N	22°17'L
Turquia	48 D5	41°30'N	27°8'L
Tuxtla	72 C2	16°44'N	93°3'O
Tver	32 C5	56°53'N	35°52'L

U

Uagadugu	38 C2	12°20'N	1°32'O
Ucayali, Rio	78 A5	4°30'S	73°30'O
Ucrânia	33 C3	49°9'N	30°34'L
Ufa	33 E4	54°46'N	56°2'L
Uganda	41 F5	2°4'N	32°15'L
Ujungpandang	57 E1	5°9'S	119°28'L
Ukhta	32 D6	63°31'N	53°48'L
Ul'yanovsk	33 D4	54°17'N	48°21'L
Ulan Bator	53 E4	47°55'N	106°57'L
Ulan Ude	47 F2	51°55'N	107°40'L
Ulsan	54 C2	35°33'N	129°19'L
Uluru	62 D3	25°20'S	130°59'L
Ungava, Baía de	69 F2	60°0'N	67°0'O
Ungava, Península	69 E2	60°48'N	75°11'O
Uppsala	29 C3	59°52'N	17°38'L
Urais, Montes	32 E6	63°0'N	60°0'L
Ural, Rio	46 C3	51°33'N	53°20'L
Ural'sk	46 C3	51°12'N	51°17'L
Urganch	46 C2	41°40'N	60°32'L
Urmia, Lago	49 E4	37°30'N	45°20'L
Uruguai	79 C3	31°59'S	56°23'O
Uruguai, Rio	79 C3	34°12'S	58°18'O
Uruguaiana	112 A2	29°45'S	57°05'O
Urumqi	52 C4	43°52'N	87°31'L
Ussuri	53 G4	47°35'N	134°38'L
Ussuriysk	47 G2	43°48'N	131°59'L
Ust-Ilimsk	47 E3	57°57'N	102°30'L
Ustyurt, Planalto	46 C2	43°56'N	55°50'L
Utah	70 D3	41°45'N	112°24'O
Utsunomiya	55 F2	36°36'N	139°53'L
Uzbequistão	46 C2	41°7'N	64°9'L

V

Vadodara	50 D3	22°19'N	73°14'L
Vaduz	31 E3	47°8'N	9°32'L
València	30 D1	39°29'N	0°24'O
Valladolid	30 C2	41°39'N	4°45'O
Valeta	31 F1	35°54'N	14°31'L
Van	49 E4	38°30'N	43°23'L
Van, Lago	49 E4	38°39'N	42°47'L
Vanadzor	49 E5	40°49'N	44°29'L
Vancouver	68 C1	49°13'N	123°6'O
Vancouver, Ilha de	68 C1	50°0'N	126°6'O
Vänern	29 C3	59°5'N	13°34'L
Vantaa	29 D3	60°18'N	25°1'L
Vanuatu	63 G4	13°31'S	168°37'L
Varanasi	51 F4	25°20'N	83°0'L
Varsóvia	33 B4	52°15'N	21°0'L
Várzea Grande	114 B3	15°38'S	56°7'O
Västerås	29 C3	59°37'N	16°33'L
Vaticano	31 F2	41°53'N	12°30'L
Vatnajökull	28 B6	64°22'N	16°41'O
Vättern	29 C3	58°24'N	14°30'L
Vaygach, Ilha	32 D7	70°8'N	59°17'L
Velikiye Luki	33 C4	56°20'N	30°27'L
Veneza	31 F3	45°26'N	12°20'L
Venezuela	78 B7	8°0'N	64°0'O
Venta	29 D2	57°16'N	21°36'L
Verkhoyanskiy, Montes	47 F4	67°35'N	128°16'L
Vermelho, Mar	39 G3	23°0'N	35°0'L
Vermelho, Rio	52 D1	24°0'N	105°0'L
Vermont	71 H5	44°18'N	73°0'O
Verona	31 F3	45°27'N	11°0'L
Vesterålen	28 C6	68°43'N	13°45'L
Vest, Fiorde	28 C6	67°54'N	14°12'L
Victoria, Canadá	68 C1	48°25'N	123°22'O
Viena	31 F3	48°13'N	16°22'L
Vientiane	56 D4	17°58'N	102°38'L
Vietnã	56 D4	14°46'N	108°29'L
Vijayawada	51 E2	16°34'N	80°40'L
Vilnius	29 E2	54°41'N	25°20'L
Vinnytsya	33 B3	49°14'N	28°30'L
Virgens, Ilhas (EUA)	73 G3	18°40'N	64°48'O
Virgínia Ocidental	71 G3	38°47'N	81°17'O
Virgínia	71 H3	37°54'N	78°30'O
Virgínia, Praia de	71 H3	36°51'N	75°59'O
Visakhapatnam	51 F2	17°45'N	83°19'L
Visconde Melville, Passagem de	68 D4	74°25'N	105°39'O
Viti Levu	63 H3	17°44'S	178°0'L
Vitória, Austrália	63 E2	36°41'S	144°54'L
Vitória, Cataratas de	41 E3	18°3'S	25°50'L
Vitória, ES	110 D3	20°19'S	40°20'O
Vitória, Ilha de	68 D3	70°41'N	108°0'O
Vitória, Lago	41 F4	1°2'S	33°1'L
Vitsyebsk	33 C4	55°11'N	30°10'L

Vladivostok	47	G2	43°9'N 131°53'L	Wilhelm, Monte	63	E5	5°51'S 147°25'L	Xuzhou	53	F3	34°17'N 117°9'L
Volga	33	D3	51°40'N 46°7'L	Willemstad	73	G1	12°7'N 68°54'O				
Volgograd	33	D3	48°42'N 44°29'L	Windhoek	40	D2	22°34'S 17°6'L				
Vologda	32	C5	59°10'N 39°55'L	Windsor	69	E1	42°18'N 83°0'O				
Volta Branco	38	C2	9°14'N 1°17'O	Winnipeg	68	D1	49°53'N 97°10'O				
Volta Negro	38	C2	10°19'N 2°48'O	Winnipeg, Lago	68	D1	52°22'N 97°35'O				
Volta, Lago	38	C2	7°26'N 0°8'L	Wisconsin	71	F4	45°19'N 92°17'L				
Vorkuta	32	E6	67°27'N 64°0'L	Wollongong	63	E2	34°25'S 150°52'L				
Voronez	33	C4	51°40'N 39°13'L	Woods, Lago	69	E1	49°9'N 94°49'O				
				Wrangel, Ilha	47	F5	71°0'N 180°0'				
				Wrocław	33	A4	51°7'N 17°1'L				
				Wuhan	53	E2	30°35'N 114°19'L				

W

Waddington, Monte	68	C1	51°17'N 125°17'O
Wagga Wagga	63	E2	35°11'S 147°22'L
Wanxian	53	E2	30°48'N 108°21'L
Washington DC	71	H4	38°54'N 77°2'O
Washington	70	C5	47°42'N 120°24'O
Weifang	53	F3	36°44'N 119°10'L
Wellington	63	G1	41°17'S 174°47'L
Wenzhou	53	F2	28°2'N 120°36'L
Whitehorse	68	B2	60°41'N 135°8'O

Wuliang Shan	52	D1	23°57'N 100°57'L
Wyndham	62	C4	15°28'S 128°8'L
Wyoming	70	D4	42°8'N 104°10'O

X

Xangai	53	F2	31°14'N 121°28'L
Xixabangma, Monte	52	B2	28°26'N 85°47'L

Y

Yablonovyy, Montes	47	F3	53°39'N 114°30'L
Yabrai, Montes	52	D3	39°38'N 103°1'L
Yaku, Ilha	54	C1	30°19'N 130°29'L
Yakutsk	47	F4	62°10'N 129°50'L
Yalong Jiang	52	D2	32°57'N 98°24'L
Yalu	54	B4	40°47'N 125°38'L
Yamagata	55	F3	38°15'N 140°19'L
Yamal, Península	46	D4	72°2'N 70°41'L
Yamoussoukro	38	C2	6°51'N 5°21'O
Yamuna	51	E4	25°32'N 81°4'L
Yancheng	53	F3	33°28'N 120°10'L
Yantai	53	F3	37°30'N 121°22'L
Yaroslavl	32	C5	57°38'N 39°53'L
Yazd	49	F4	31°55'N 54°22'L
Yekaterinburg	46	C3	56°52'N 60°35'L
Yellowknife	68	C2	62°30'N 114°29'O
Yenisey	47	E3	63°15'N 87°40'L
Yogyakarta	56	D1	7°48'S 110°24'L
Yokohama	55	F2	35°26'N 139°38'L
Yongzhou	53	E1	26°13'N 111°36'L
Yukon, Rio	70	A4	64°22'N 140°9'O
Yulin	53	E1	22°37'N 110°8'L
Yuzhno-Sakhalinsk	47	G3	46°58'N 142°45'L

Z

Zagreb	33	A3	45°48'N 15°58'L
Zagros, Montes	49	F3	33°33'N 51°57'L
Zambeze	41	F3	15°17'S 22°56'L
Zâmbia	41	E3	14°19'S 26°3'L
Zanjan	49	E4	36°40'N 48°30'L
Zanzibar	41	F4	6°10'S 39°12'L
Zaysan, Lago	46	D2	48°2'N 83°54'L
Zelândia	29	B2	55°44'N 11°27'L
Zhanjiang	53	E1	21°10'N 110°20'L
Zhengzhou	53	E3	34°45'N 113°38'L
Zhezkazgan	46	D2	47°49'N 67°44'L
Zimbábue	41	E3	18°27'S 29°25'L
Zonguldak	48	D5	41°26'N 31°47'L
Zurique	31	E3	47°23'N 8°33'L